Carl H. Hahn

Meine Jahre mit Volkswagen

Carl H. Hahn

Meine Jahre mit Volkswagen

Signum

Gewidmet
den Menschen
von Volkswagen

Inhalt

Prolog

Warum greife ich in meinem Alter noch zur Feder?

Über ein halbes Jahrhundert hatte ich das Glück, Industriegeschichte mitzuerleben und mitzugestalten. Volkswagen, als dessen Teil ich mich fühle, stieg in dieser Zeit aus dem Nichts zum viertgrößten Automobilhersteller der Welt auf. Über ein Jahrzehnt stand ich als Vorstandsvorsitzender an seiner Spitze.

Da ich prinzipiell keine »vertraulichen Background-Unterhaltungen« mit der Presse geführt habe und nie die Öffentlichkeit suchte, wenn ich angegriffen wurde, würde manches mit mir zu Grabe getragen, was zur Chronik von VW und der Nachkriegszeit gehört.

Ich schreibe diese Erinnerungen weitgehend aus meinem Gedächtnis, denn ein Tagebuch habe ich nie geführt. Da ich mich im Wesentlichen auf die strategisch wichtigen Entscheidungen während meiner Zeit als Vorstandsvorsitzender zwischen 1982 und 1992 konzentriere, glaube ich die Ereignisse in diesem Buch dennoch realitätsnah wiederzugeben, wenn ich auch Irrtümer nicht ausschließen kann.

Eine Materialsammlung von Veröffentlichungen, Interviews und anderen Dokumenten, die meine unermüdlichen Sekretärinnen Lieselotte Grothe und Ute Krause über die Jahre meiner Amtszeit zusammengetragen haben, sowie besonders auch Ergänzungen, Korrekturen und Anregungen von Weggenossen haben mir bei meinen Aufzeichnungen sehr geholfen. Zu nennen sind Karl Anker, Richard van Basshuysen, Kristian Ehinger, Peter Frerk †, Franz Hauk, Siegfried Höhn, Hans Holzer, Hans-

Viggo von Hülsen, Anton Konrad, Wenpo Lee, Norbert Massfeller, Martin Posth, Werner P. Schmidt, Hans-Erdmann Schönbeck, Paul-Josef Weber und Peter Weiher. Manfred Grieger, Historische Kommunikation, Volkswagen, war mir ebenfalls eine wichtige Hilfe, wie auch Ute Krause mit ihrem Erfahrungsschatz, Michaela Hermann und Christina Mislak. Ich danke jedem von ihnen. Schließlich wäre dieses Buch ohne die Zusammenarbeit mit meinem Assistenten Klaus-Dieter Kutscher wohl nicht zustande gekommen. Ihm gilt mein besonderer Dank.

I

Wurzeln, Ausbildungsjahre, Ein- und Aufstieg bei Volkswagen

Volkswagen wirkt weltweit: Zum Wohl von Hunderttausenden von Menschen und Familien, zum Wohl unserer deutschen VW-Standorte Niedersachsen, Bayern, Württemberg und Sachsen, aber auch zum Wohl von fernen Ländern und Regionen. Der Konzern war nicht nur Lokomotive für die deutsche Wirtschaft, sondern auch Kraftquelle für die Volkswirtschaften vieler Staaten.

Dass unternehmerisches Handeln oft eine politische Komponente hat, zeigt sich laserscharf am VW-Engagement in Zentraleuropa oder China. Schon Wendell Willkie, amerikanischer Präsidentschaftskandidat von 1940, schrieb in seinem Buch »One World« vor mehr als 50 Jahren: »Politischer Internationalismus ohne wirtschaftlichen Internationalismus ist ein auf Sand gebautes Haus, denn keine Nation kann ihre volle Entwicklung allein erreichen.« Ein Satz, der uns im Zeitalter der Globalisierungs-Verteufelung nachdenklich stimmen sollte.

Wie rückt man an die Spitze eines solchen erdumspannenden Unternehmens, ohne es geplant zu haben?

Ich wuchs in einer Unternehmerfamilie auf. Der Großvater mütterlicherseits leitete Textilfirmen im Erzgebirge. Der Vater meines Vaters dagegen war als Oberforstrat in Böhmen verantwortlich für den 30 000 Hektar großen land- und forstwirtschaftlichen Betrieb der Grafen von Buquoy. Die Verbindung zu dieser Familie reicht zurück bis zum Dreißigjährigen Krieg. Karl Bonaventura Buquoy hatte als Generalissimus der kaiserlichen Truppen vereint mit der Armee der Liga unter Tilly in der Schlacht am Weißen Berg 1620 den Sieg über Friedrich V. von der Pfalz errungen. Kaiser Ferdinand II. hatte ihn zuvor bereits für seine Verdienste großzügig mit Grundbesitz belohnt. Viele Generationen Hahn dienten den Buquoy fortan bis zum Jahre 1932.

In den 20er-Jahren und frühen 30er-Jahren führte mein Vater DKW unter Jörgen Skafte Rasmussen (1878–1964), dem Unternehmensgründer, auf den Weg zur größten Motorradfabrik der Welt. 1932 schloss sich das Unternehmen mit den sächsischen Kraftfahrzeugherstellern Audi, Horch und Wanderer zur Auto Union zusammen. Sie erlebte einen steilen Aufstieg.

Direkt gegenüber dem DKW-Werk hatte Rasmussen im engen Zschopautal für meine Eltern ein Haus an der Südstraße 30 bauen lassen. Schon vor meiner Schulzeit beging mein Vater mit mir am Sonntag nach der Heiligen Messe regelmäßig die Motorradfabrik unten im Tal. Bei Tisch schnappte der Dreikäsehoch Weisheiten über Unternehmensführung und Händlerstrategien, Produktprogramme, Zahltage und Betriebskonflikte auf.

Mein humanistisch erzogener Vater blieb zeitlebens praktizierender Katholik. Sein Glaube hat meinen jüngeren Bruder Wolfgang und mich geprägt. Nach dem Konkordatsvertrag, den Hitler 1933 mit dem Vatikan abschloss, trat mein Vater in die NSDAP ein, während meine feinfühlige, musikalische Mutter das neue Regime intuitiv ablehnte.

Trotz seines Eintritts in die Partei sollte auch mein Vater nicht ungeschoren davonkommen. Ständige Reibereien mit dem Aufsichtsratsvorsitzenden der Auto Union, dem Gauleiter von Sachsen, Martin Mutschmann, über seinen katholischen Glauben veranlassten ihn, 1934/35 als Vorsitzender zum Tabakkonzern Martin Brinkmann nach Bremen zu wechseln. Dort verloren sich die letzten Spuren meines sächsischen Dialekts.

Nach nur einem erfolgreichen Jahr an der Weser zog es meinen Vater aber zur Auto Union zurück. Er vermisste die Dynamik der Kraftfahrzeugbauer. Im Reichsverband der Automobilindustrie (RDA) wurde zu jener Zeit gerade das Volkswagen-Projekt erörtert. Mein Vater war aus Konkurrenzgründen dagegen – entschieden und vergebens.[1]

Nach dem Ausbruch des Krieges arbeitete ich als begeisterter Pimpf freiwillig in meinen Schulferien bei der Auto Union, um den Endsieg nicht zu gefährden. Diese Ferieneinsätze sollten für mein weiteres Leben eine kardinale Bedeutung erlangen. Durch sie erhielt ich Einblick in die Seele unserer Arbeiter, lernte ihren Fleiß, ihre Kameradschaft, ihr Verantwortungsbewusstsein und ihre Sorgen kennen. Achtung vor den Mitmenschen, Verantwortung und Pflichten aus unserer privilegierten Stellung waren zudem Gebote, die mein Vater mir stets vorgelebt hatte. Von ihm lernte ich außerdem schon früh, dass das Kapital dem Menschen zu dienen und der Unternehmer es zu diesem Zweck zu mehren habe.

Ab 1941 begleitete ich meinen Vater regelmäßig sonntags in die Barackenlager zu den Fremdarbeitern unserer uns schließlich zu 50 Prozent gehörenden Maschinenfabrik Germania. Sie kamen überwiegend aus Zentraleuropa. Als k.u.k.-Offizier kannte er ihre Sprachen und Mentalitäten gut genug, um die richtigen Worte zu finden. Wir brachten ihnen Zeitungen aus ihren Heimatländern, manchmal auch Zigaretten mit, was streng verboten war.

Nach dem Badoglio-Umsturz in Italien, im Sommer 1943, wurde mein Vater unter General Dr.-Ing. Hans Leyers Bevollmächtigter für die italienische Automobilindustrie. Konflikte mit Berlin beendeten seinen Italien-Aufenthalt jedoch vorzeitig nach nicht einmal einem Jahr, und er kehrte zur Auto Union zurück, deren Vorstand er seit Gründung des Unternehmens angehörte.

---

[1] Vgl. auch Hans Mommsen/Manfred Grieger, Das Volkswagenwerk und seine Arbeiter im Dritten Reich, 1996, S. 65 f.

Ich hatte unterdessen die klassische deutsche Schulausbildung absolviert und im Reform-Realgymnasium den Sprung an die Spitze der Klasse geschafft. Schließlich war ich als Luftwaffenhelfer zur schweren Heimatflakbatterie 211 in Fürth bei Chemnitz eingezogen worden, wo ich mit eben 15 Jahren Lagermannschaftsführer von 110 Teenagern wurde. Zugleich kommandierte ich als Geschützführer eine Krupp'sche 88-Millimeter-»Russenflak«, Geschütz Bertha.

Besonders liebten wir Jungen damals Filmvorführungen der Truppenbetreuung und englische Tanzmusik, da für uns beim Militär kein Jugendverbot existierte. In Major Wolff besaßen wir in jener Zeit einen väterlichen Chef.

Russische Kriegsgefangene trugen die für uns zu schweren 88-Millimeter-Granaten. Wir kannten zwar die diesbezügliche Genfer Konvention nicht, wunderten uns aber über die deutschen Literaturkenntnisse einiger unserer »Hiwis«, mit denen wir nicht mithalten konnten. Kein Wunder: Denn wenn die Lehrer morgens in die Stellung kamen, um uns uniformierte Schüler zu unterrichten, und es hatte nachts in der Flakbatterie Fliegeralarm gegeben, dann fiel die Schule aus. Das kam nicht selten vor. Notfalls, wenn eine Klassenarbeit bevorstand, verhängte unser Spieß Alwin Hartsch auch schon mal Fliegeralarm auf Bestellung. Die Schule war damit für diesen Tag erledigt. Was wir damals an Schulstoff versäumten, haben wir im späteren Leben leider nur bedingt nachgeholt. Dafür gaben uns allerdings Männer wie Wolff und Hartsch vieles auf unseren Lebensweg mit, was auf keiner Schule gelehrt wird.

Nach der Flak kam der Arbeitsdienst. Ich erfand innerhalb des arbeitstechnisch streng reglementierten Ablaufs der Schaufelbewegung, der wohl in sechs Abschnitte eingeteilt war, eine siebte Bewegungsstufe. Grundsätzlich bewegte das zwar wenig, trug mir jedoch die Vorstellung vor einem Arbeitsdienstgeneral ein. Die allergrößte Bewährung war für mich jedoch, als Siebzehnjähriger zwei SS-Offizieren gegenüberzusitzen und in einem einstündigen Gespräch – meine Eltern hatten mich gut vorbereitet – beim »Nein« zu einem »freiwilligen« Eintritt in die Waffen-SS zu bleiben.

Ich hatte mich zur Panzertruppe gemeldet. Eingezogen wurde ich aber Anfang 1944 zur Infanterie nach Leipzig. Als wir im Sommer 1944 bei Krakau ausgeladen wurden, entdeckte man, dass ich inzwischen zur Panzertruppe versetzt worden war. Sofort wurde ich also wieder zurück nach Leipzig in Marsch gesetzt, zu einer Truppe mit einer der niedrigsten Lebenserwartungen innerhalb der Wehrmacht. Jedoch auch von meinen Infanteriekameraden habe ich niemals wieder etwas gehört. Sie standen in jenen Tagen vor der Schlacht am Weichselbogen.

Auf dem Weg nach Leipzig gelang mir ein Abstecher ins heimatliche Chemnitz. An meinem 18. Geburtstag hatte ich dort ein Gespräch mit meiner Mutter in der Küche, das ich bis heute nicht vergessen konnte. Fortan war ich sicher, dass der Krieg verloren sei und die Stunde der Rache auf uns wartete.

Von Leipzig ging es zum Panzerersatz- und Ausbildungsregiment 18 (Oberst von der Decken) nach Kamenz. Dort fand ich im Herbst 1944 in meinem Bett eine Ausgabe von Erich Maria Remarques »Im Westen nichts Neues«, eine Lektüre, die mich sehr aufwühlte. Durch welche Hände dieses »wehrkraftzersetzende« Buch zu mir gelangt sein mochte, habe ich nie erfahren.

Als junger ROB-Gefreiter[2] gehörte ich zu einer Gruppe von Kameraden, die für Hitlerjugend-Divisionen ausgewählt wurden. Hitler suchte unverdorbenes Kanonenfutter. Unsere Papiere gingen direkt zum Oberkommando der Wehrmacht (OKW) nach Berlin. Niemand sonst durfte über uns verfügen. So beschäftigte man uns als Ausbilder. Unser verehrter Fähnrichsvater in dieser Zeit, Leutnant Feut, wurde später nach Montecasino versetzt, wo er fiel.

Ich wurde in meinem favorisierten Beruf tätig: Panzerfahrlehrer, mit Holzgasgenerator, System Imbert. Immer häufiger trafen jetzt Flüchtlingstrecks aus dem Osten ein. Auch gefan-

---

2 Reserveoffiziersbewerber.

gene englische Offiziere setzten sich in Richtung Westen ab. Einige von ihnen übernachteten in unserer Kaserne, und wir organisierten für sie Essbares. Dafür boten sie uns ihre Uhren an, die wir ablehnten.

Schließlich wurden wir mit unseren uralten »Panzer IV« nach Halle per Bahn verladen. Es muss nach dem 5. März 1945 gewesen sein – wir waren auf irgendeinem Güterbahnhof abgestellt –, als mein Vater uns unterwegs aufstöberte. Er war in Räuberzivil und erzählte von einem vernichtenden Luftangriff auf Chemnitz.

Wenige Tage darauf wurden wir mit unserer Einheit in Thüringen oberhalb eines Dorfes eingesetzt. Nachdem wir unsere Panzer eingegraben hatten, gaben wir einer schweren Heimat-Flakbatterie mit ihren Luftwaffenhelfern Schutz. Sie wurde besonders von Flugzeugen angegriffen, die nachfolgenden Panzern den Weg ebnen sollten.

Mit ein paar Kameraden meldete ich mich für einen Sondereinsatz. Wir besetzten das winzige Dorf mit seinen Gutsgebäuden unterhalb von uns. Es war fast vollständig von der Zivilbevölkerung verlassen worden. Dort richteten wir uns häuslich ein. Wie immer hatte ich Oetkers Puddingpulver dabei, den eine Bäuerin für uns zubereiten wollte. Als ich den fertigen Pudding am nächsten Morgen im Kochgeschirr abholte und halb nackt die Dorfstraße überquerte, stand nur 100 Meter von mir entfernt auf einer Straßenkreuzung ein Sherman-Panzer. Wenig später brachte uns ein Melder den Befehl, zur Flakstellung zurückzukehren. Oben angelangt, wurden bald schon weiße Flaggen geschwungen. Unsere Einheit kapitulierte.

Meine Kameraden vom Sondereinsatz und ich beschlossen, uns aus dem Staub zu machen. Damit begannen einige Nachtmärsche quer durch das mir vertraute Erzgebirge. In Jöhstadt (bei Annaberg) erreichten wir endlich wieder unsere Seite. Jetzt gehörten wir zu Generaloberst Schörner, der dort als Kommandeur einen der letzten Zipfel des großdeutschen Reichs befehligte.

Meine Freunde und ich erhielten Befehl, eine so genannte Panzerbeobachtungsstelle vor Adorf bei Chemnitz zu errichten, unmittelbar an der Autobahn Chemnitz-Zwickau, nur wenige Kilometer von meinem Elternhaus entfernt. Bei den Amerikanern begann der Krieg in aller Regel erst nach dem Frühstück und dauerte bis zum Abendessen. Danach knatterte mein Vater auf einer DKW RT 125 in unser Quartier bei einer Landwirtsfamilie, den Rucksack voll mit Weinen aus seiner Schatzkammer.

Am 6. Mai, zwei Tage vor der Kapitulation, wurden wir nach dem Protektorat Böhmen-Mähren in Marsch gesetzt. Da wir fünf Kameraden in einem zusammengewürfelten Haufen besonders gut bewaffnet waren, genossen wir einen gewissen Sonderstatus und übernachteten vor der Grenze nicht in einer Schule wie die anderen, sondern nebenan. Am nächsten Tag sollte um sieben Uhr weitermarschiert werden. Als wir um 6.30 Uhr am Sammelplatz aufkreuzten, erfuhren wir, dass unsere Truppe bereits anderthalb Stunden zuvor abgerückt war. Wir beschlossen daraufhin, im Vertrauen auf unsere Feuerkraft, nach Adorf zurückzukehren. Alles lief glatt. Der damalige Generalsekretär der Auto Union, Gerhard Müller, der am Stadtrand von Chemnitz wohnte, versorgte uns mit Zivilkleidern, und am 8. Mai 1945 begann unser Marsch in die Nachkriegszeit entlang der Autobahn, Richtung Zwickau.

Nach fünf Tagen, an einem Sonntag, wagten wir uns erstmals in eine Stadt. Es war Auerbach bei Zwickau. Um nicht dumm zu sterben, wollten wir die unendlich vielen Bekanntmachungen der Alliierten lesen. Als ich am letzten Plakat angekommen war, stand ich plötzlich hinter meinem Vater. »How do you do, Sir?«, waren meine ersten Worte, als ich die Sprache wieder fand. Er war von den Amerikanern gemeinsam mit seinem Kollegen Richard Bruhn samt Familien in einem Hotel untergebracht worden, wo wir uns natürlich nicht lange blicken lassen durften. Wir setzten deshalb bald schon unseren Fußmarsch fort.

Für meine Kameraden und mich hatte mein Vater Ausweise

auf Auto-Union-Briefpapier mit dem Vermerk erstellt: »Fremdarbeiter zurück auf dem Wege nach Wien«. Dieses Papier war so gut wie ein Pass, denn »Auto Union« hieß für die Amerikaner »Automobil-Gewerkschaft«, was wir aber erst viel später realisierten. Nach 400 Kilometern erreichten wir Schloss Sandizell bei Ingolstadt. Zwar nicht im Speisesaal – die Schlossherrin entschuldigte sich dafür –, sondern in der kleinen Bibliothek wurde mir der beste Schrobenhausener Spargel meines Lebens serviert. Nachdem fast alle Transporte zusammengebrochen waren, erstickte dieses Gebiet nicht nur im Spargel.

Sandizell war für unsere Familie als Treffpunkt vereinbart. Jedes Familienmitglied trug Westanschriften bei sich. In Sandizell waren außerdem ein Koffer für jedes Familienmitglied deponiert sowie etliche Kisten mit den Zeichnungen des Dreizylinder-DKW »3=6«, der für die kriegsbedingt ausgefallene Internationale Automobilausstellung 1940 in Berlin fertig entwickelt worden war und später, 1953, im Westen und Osten in Serie gehen sollte.

Am nächsten Morgen meldete mir die Zofe, als sie mir das Frühstück ans Bett brachte, der Graf erwarte mich am Swimmingpool. Es dürfte an diesem 22. Mai 1945 der wohl einzig funktionierende Pool nebst Dienerschaft gewesen sein, zumindest in Deutschland. Trotz all dieser Verwöhnungen machten wir uns bald wieder auf den Weg zurück nach Auerbach bei Zwickau. Meine Kameraden wollten zu ihren Familien nach Sachsen. Ich suchte meine Eltern, die ich immer noch in Auerbach vermutete, einem Gebiet, das zwar von den Amerikanern besetzt worden war, aber angeblich den Sowjets übergeben werden sollte. So fuhren wir mit einem einzigen Fahrrad zu fünft nach Zwickau. Unsere selbst produzierten Ausweise, nunmehr wunderschön amtlich in Zellophanhüllen und auf Englisch, erfüllten anstandslos ihren Zweck. Vorsichtshalber hatte ich unseren Papieren beim kommunistischen Bürgermeister von Sandizell während eines Ablenkungsmanövers mit Stempeln amtlichen Charakter verliehen. Außerdem versah ich sie mit dem für uns wichtigen Nachsatz »permitted to use military roads«, was bedeutete, dass wir auch Autobahnen nutzen durften. Das alles gestattete Tagesleistungen von 70 Kilometern.

In Rekordzeit kamen wir in Zwickau an. Dort trafen wir beim Werksleiter von Horch Paul Günther, den Exportchef der Auto Union, Werner Jansen. Er hatte gerade für den Kommandanten von Auerbach einen Horch 853 organisiert und sollte sich für uns als große Hilfe erweisen. Als er sich – ohne Wagenpapiere – mit seinem bildschönen Achtzylinder-Horch-Cabrio und uns auf den Rücksitzen über Nebenwege nach Auerbach schlich, missachtete er ein deutliches Stoppzeichen zweier US-Wachen. Als die nächsten beiden Soldaten vor uns auftauchten, sah ich unsere Freunde hinter uns ihre Gewehre in Anschlag bringen, was uns abrupt stoppen ließ. Unmissverständlich machten sie uns deutlich, dass die Straße für den Zivilverkehr gesperrt sei. Es war einzig dem guten Englisch von Werner Jansen zu verdanken, dass es die Wachen bei der Androhung einer kräftigen Tracht Prügel bewenden ließen und wir noch einmal lebend davonkamen. Auch in den Nachkriegswirren gab es viele Möglichkeiten umzukommen, allerdings weniger bei den Amerikanern als bei den Russen, die nur einige Kilometer entfernt waren, auf der anderen Seite des Flusses Mulde.

Ich fand meine Eltern wohlbehalten in demselben Auerbacher Hotel, in dem ich mich zuletzt von ihnen verabschiedet hatte. Es sollte nicht lange dauern, und eine Wagenkolonne mit den Familien Richard Bruhn, Werner Jansen und Carl Hahn sen. setzte sich in Richtung Sandizell in Marsch, ausgestattet mit offiziellen Passierscheinen und Benzin der Amerikaner, die nicht wollten, dass der Vorstand der Auto Union in russische Hände fiel.

Das Schloss in Sandizell wurde bald nach unserer Rückkehr NCO-Schule[3], und wir landeten im Dachstuhl des Gärtners, was damals ebenso viel wert war wie heute ein Gratisappartement mit Vollpension in einem Fünfsternehotel in Berlin. Unsere

3 Non-Commissioned Officer School (Unteroffiziersschule).

Versorgung mit Gemüse war von nun an kein Thema mehr. Auch der Lebensmittelnachschub von »Staples« war dank Don Munnerlyn, dem Küchenchef einer größeren US-Einheit, garantiert. Don hatte sich in die älteste Tochter der Gärtnereifamilie Kigele verliebt und uns seither in sein Logistiksystem aufgenommen. Der Name seiner Angebeteten war Resi, der ihrer jüngeren Schwester Sofferl. Fast jeden Abend kamen jetzt Amerikaner en masse vorbei. Die bayerischen Mehlspeisen taten das Ihre, und wir diskutierten nächtelang mit den von Bayern begeisterten Amis. Der Antifraternisierungsbefehl Eisenhowers konnte dem keinerlei Einhalt gebieten. Wann immer ich heutzutage in Dallas bin, wo ich seit 1993 im Aufsichtsrat von Perot Systems sitze, komme ich mit Resi zusammen, die sich dort mit Don ihre Nachkriegsexistenz aufgebaut hatte. Inzwischen ist sie Witwe. Die Sandizeller Gärtnerei Wegele von Sofferl und ihren Kindern ist heute ein angesehener großer Betrieb mit Kundschaft von weit her.

Auf meinen selbst produzierten Ausweis Lebensmittelkarten zu beziehen, wurde immer schwieriger, und ich sehnte mich nach legalen Papieren. Am Tag nach meinem 19. Geburtstag, am 2. Juli 1945, ging es darum per amerikanischen GMC-Lastwagen mit farbigen, meisterhaften Chauffeuren am Steuer in das US-Kriegsgefangenenlager Ingolstadt. Es war wohl mit Abstand das komfortabelste aller Gefangenenlager Europas. Unser Kommandant, ein deutscher Jude aus Berlin, fasste jeden Tag für mehr als 30 000 deutsche und ungarische Kriegsgefangene Verpflegung, obwohl wir nicht mehr als 20 000 waren. Wir lebten in den Baracken eines ehemaligen Zentralen Ersatzteillagers der Wehrmacht (ZEL), genau dort, wo heute die Fabriken von Audi stehen. Da die Ungarn bei Arbeitseinsätzen wie die Raben klauten, gab man uns sehr bald den Vorzug. Während wir nun etwas maßvoller »organisierten«, verwandelten die Ungarn ihren Lagerteil in eine Manufaktur, die dank zufriedener US-Kundschaft keinen Auftragsmangel kannte. Eine Sonderrolle spielten die Wehrmachts- und attraktive SS-Helferinnen, die sich mittels Tarnstoffen modisch auf die warmen Sommertemperaturen eingestellt hatten. Sie wurden von den Amerikanern hinter extra hohen Stacheldrahthindernissen sicher verwahrt.

Die damals erst seit kurzem und versuchsweise gleichberechtigten farbigen US-Soldaten betrachteten uns als ihre Kumpel und wurden unsere Lehrmeister. Sie zeigten uns, wie man Lebensmittelkisten so fallen ließ, dass sie sich in tausend Stücke zerlegten und nicht mehr repariert werden konnten. Abends saßen wir dann ziemlich satt gemeinsam am Lagerfeuer, und ich übersetzte die »Stars & Stripes«. Hatte der Kommandant nicht gerade ein Fußballspiel angesetzt, sangen wir oft mit den Honveds um die Wette. Natürlich jagten sich auch Latrinengerüchte, nach denen wir an die Sowjets ausgeliefert werden sollten. Aber Ende Juli war alles vorbei. Ich wurde aus dem Lager entlassen, hatte wieder legale Papiere und lief gen Sandizell nach Hause.

Im Herbst des Jahres 1946 verlegten mein Vater und ich unseren Wohnsitz nach Düsseldorf, in die britische Zone. Neben politischen Gründen waren hierfür auch finanzielle Erwägungen ausschlaggebend, denn unser Bargeld neigte sich dem Ende zu. Durch den Wohnortwechsel vom landwirtschaftlich geprägten Bayern in das Rheinland versprach sich mein Vater bessere Chancen, wirtschaftlich wieder auf die Beine zu kommen. Sehr bald bezogen wir in der vornehmen Düsseldorfer Cäcilienallee 23 bei Lieselotte Kuhn unser Quartier. Zwei Stockwerke über uns wohnte der Chef des englischen Geheimdienstes, Major Gould, der uns des Öfteren zu »tea and cake« einlud.

Wir lebten von der Kreativität meines Vaters und den Ein-Pfund-Speckpäckchen meiner Mutter aus Sandizell. Zuerst ließen wir Nummernschlösser produzieren und vertrieben sie, später dann Aluminium-Hochdruckkochtöpfe.

Neben der Auto Union war unsere Aufmerksamkeit bald auf ein Produkt konzentriert, das keine Saisonschwankungen wie das Motorrad kannte: Als der US-Geheimdienst CIC in Schrobenhausen, der Kreisstadt von Sandizell, meinen Vater zum

Verhör bestellt hatte, war er im Vorzimmer beim Blättern in US-Zeitschriften im »Life«-Magazin auf eine »Tampax«-Anzeige gestoßen. Sie sollte den Anstoß geben für ein weltweit erfolgreiches Unternehmen. Die unerschöpfliche unternehmerische Phantasie meines Vaters war offensichtlich nicht nur auf Motorräder, Autos oder Zweitaktmotoren mit Umkehrspülung, System Schnürle, Werkzeugmaschinen oder die Tabakindustrie beschränkt.

Wir besorgten uns über einen guten alten Freund der Familie, Pater Paul Schulte, bekannt als der »fliegende Pater«, die einschlägigen Patentschriften aus den USA. Paul Schulte hatte als überaus mutiger Missionar schon mit allen erdenklichen Verkehrsmitteln die Arktis und Afrika bereist und war während des Krieges US-Militärgeistlicher geworden. Seine handgekurbelten Filme, die er uns bereits in der Vorkriegszeit gelegentlich im Freundes- und Familienkreis zeigte, sind mir so unvergessen wie seine Bücher. Zurück in Deutschland, wurde er Jahre später als Präsident der MIVA[4] in Paderborn einer meiner VW-Großkunden mit jährlich um die 3000 Fahrzeugen. Bereits vor dem Krieg hatte er von meinem Vater DKW bezogen. Nach der Währungsreform eröffnete er mit zehn »Tiger Moth« eine Pilotenschule für Jugendliche bei Bonn. Diese Flugzeuge, die zu den weltweit wohl am häufigsten eingesetzten Schulungsflugzeugen gehörten, waren ein Geschenk von Ernst Göhner. Der war zwar kein Katholik, dafür aber ein begeisterter Anhänger von Paul Schulte und zusammen mit Baron Friedrich Carl von Oppenheim der erste Finanzier der Auto Union. Kennen gelernt hatte Ernst Göhner Pater Schulte bei einem Geburtstag meines Vaters.

Zu den Flugschülern Pater Schultes zählte auch die erste Nachkriegs-Offiziersgeneration der Luftwaffe, die bei ihm ihre Flugscheine erneuerte. Schließlich wurde er 1972 von der Luftwaffe und dem Verband der Deutschen Automobilindustrie

---

[4] Missions-Verkehrs-Arbeitsgemeinschaft.

(VDA) in Bonn feierlich nach Swakopmund, Namibia, verabschiedet, wohin er solo eine zweimotorige Propellermaschine für die Schulbetreuung des Bistums Windhuk überführte. Er arbeitete dort zwei weitere Jahre als Geistlicher, bevor er am 7. Januar 1974 verstarb. In der Luftwaffe und der Automobilindustrie bleibt er dank seines gewinnenden Humors, seiner Begeisterungsfähigkeit und seines hohen Ansehens als moderner Missionar unvergessen. Unvergessen bleibt er natürlich auch als Spendeneinsammler für seine Mission. Ferry Porsche hatte diesem Jagdflieger des Ersten Weltkriegs seinen Käfer übrigens unauffällig mit einem Porsche-Motor aufgerüstet, was mitunter beim Überholen Erstaunen hervorrief, besonders wenn man seinen »Gewerbeschein« sah.

Doch zurück zum »Tampax«-Projekt meines Vaters. Während seiner Zeit als Generaldirektor von Martin Brinkmann in Bremen war er auch mit Herstellern von Zigarettenmaschinen im Bergischen Land zusammengekommen. Da der Produktionsprozess von Zigaretten und Tampons durchaus gewisse Ähnlichkeiten aufwies, erneuerte er diese Kontakte. Mit der Firma Niepmann in Gevelsberg sollte sich bald darauf eine dauerhafte Zusammenarbeit ergeben. Ein junger Berufsoffizier des Generalstabs namens Heinz Mittag wurde sein Adlatus. Gemeinsam ließen sie eine vollautomatische Maschine zur Fertigung von Tampons konstruieren, wobei alle »Tampax«-Patente umgangen werden mussten. Wie gut dies gelang, zeigt sich daran, dass es später keinen einzigen Patentprozess gab. Diese völlig neuartige Maschinenkonstruktion begründete die Produktüberlegenheit der »o.b.«-(ohne Binde-)Tampons, die erstmals im März 1950 auf den Markt kamen.

Es folgte eine sensationell erfolgreiche Zeit für die junge Dr. Carl Hahn KG in Düsseldorf, deren Geschäftsführer Heinz Mittag wurde, denn mein Vater hatte sich schon wieder ganz dem Wiederaufbau der Auto Union zugewandt. Die Tampons von o.b. traten ihren Siegeszug um die Welt an. Bei unserem Mangel an Eigenkapital – es bestand aus dem Verkaufserlös von

32 000 Reichsmark für unseren Lancia Aprilia – und dem rasanten Wachstum landete die Firma auf einigen Umwegen schließlich in den weit geöffneten Armen eines US-Konzerns. o.b.-Tampons sind heute das einschlägige Weltspitzenprodukt, und die ehemalige Dr. Carl Hahn KG ist Teil des US-Konzerns Johnson & Johnson. Es ist sicher schade, eine solche Perle von Unternehmen verloren zu haben, allerdings habe ich keine Zeit damit verbracht, darüber nachzudenken. Ich bin vielmehr über meinen Weg mehr als dankbar und habe auch allen Grund dazu.

Ich glaubte damals, dass es für mich das Beste sei, mich von meiner Mädchen-für-alles-Funktion in Düsseldorf erst einmal abzunabeln und zu studieren. Bereits Ende 1945 hatte ich mich in Erlangen für das Studienfach Medizin eingeschrieben, konnte aber erst 1947 in Köln Volks- und Betriebswirtschaft für zwei Semester belegen. Heute weiß ich, dass ich vielleicht besser ein Ingenieurstudium absolviert hätte. Wie aber wäre ich dann zu meinen Fremdsprachen und meiner internationalen Ausbildung gekommen, die zu meinen »unique selling points« werden sollten? Fest stand für mich von vornherein, dass ich weder bei meinem Vater als Fils à Papa in der Auto Union noch in der Dr. Carl Hahn KG arbeiten würde. Mein vordringliches Ziel war es, erst einmal aus Deutschland herauszukommen, zu sehen, wie die Welt wirklich aussieht und funktioniert.

Ein jüdischer Freund meines Vaters, dem er 1934 Besitz und Leben gerettet hatte, Werner Jacoby, einst Berliner DKW-Großhändler, schenkte mir 1 000 Schweizer Franken für ein erstes Semester in Zürich. Während es nach der Währungsreform 1948 in Deutschland vielen besser ging, lebte ich, abzüglich der Miete für mein äußerst bescheidenes Zimmer neben dem Rangierbahnhof Zürich Enge sowie der Universitätsgebühren, von fünf Schweizer Franken pro Tag. Das setzte eine gewisse Akrobatik voraus, wobei mir der Schweizer Preisbrecher Duttweiler mit seinen »Migros«-Geschäften existenziell half. Aber schon die Züricher Fahrradregistriernummer, die fünf

Schweizer Franken verschlang, stellte einen Budgetrückschlag ersten Ranges dar. Ein grauer Job bei A. H. Meyers, Eigentümer der Franz AG, Badener Strasse 313, Zürich, Importeur von Nash/Rambler und Peugeot, besserte meine Finanzen etwas auf. Ich beschäftigte mich dort mit Gewährleistungen und sammelte so erste Erfahrungen im Umgang mit Automobilfabriken und ihren Vertretern.

Zürich war für mich das Fenster zur Welt und entscheidend für meine spätere berufliche Laufbahn. Mehr und mehr war mir damals klar geworden, dass man wissen muss, sich in dieser Welt zu bewegen. So beschloss ich, trotz chronischer Finanznot und allen Hungers, mein Studium im Ausland fortzusetzen: nach Bristol und Paris schließlich in Bern und Perugia. Es war meine erste strategische Entscheidung für meinen beruflichen Lebensweg, der mich erst Ende 1954 nach Deutschland zurückführte.

Die wertvollsten Erfahrungen sammelte ich in Paris auf der »École des Sciences Politiques«, auf die mich mein Züricher Freund Hugo Bohny aufmerksam gemacht hatte. Ihr Generalsekretär Curial de Brevannes hatte mich an der Schule aufgenommen, obwohl ich nur vier Worte Französisch sprach (la vie est belle) und deshalb die obligatorische Aufnahmeprüfung nicht absolvieren konnte. Auf der »Science Po« erlebte ich einen mir bis dahin unbekannten Leistungsdruck und Ausleseprozess, wie ich ihn erst wieder auf US-Eliteuniversitäten beobachten konnte, unter anderem als Board-Mitglied des Lauder Instituts der Wharton School in Pennsylvania. Die Spanne der Zensuren reichte von »20«, der Bestnote – sie wurde zu meiner Zeit jedoch nicht vergeben –, bis hinunter zur »0«. Alle Ergebnisse wurden am schwarzen Brett veröffentlicht.

Ich begann mit einer »3« und wurde von Curial persönlich getröstet. Ende des Jahres hatte ich zum Thema »Das politische Parteiensystem Frankreichs« bereits eine extrem seltene »16« geschrieben. Damit war ich etabliert. Als Lehrer unvergessen sind mir aus dieser Zeit Anton Baumgartner (Gouverneur der

Französischen Nationalbank), Pierre Renouvin (mittelalterliche Geschichte) und der damals über 80-jährige legendäre André Siegfried, Mitglied der Académie Française (politische Geografie). Seine spannenden Vorlesungen waren stets brechend voll. Er sprach über die Kollaborationswelle in Frankreich nach Rückkehr der französischen Kriegsgefangenen aus Deutschland 1940/41, die erst »Radio Free Europe« brach.

Als wir 1951 das Abschiedsdinner unserer Klasse mit dem Certificat d'Études Politiques in der Tasche im Kasino der 2. Französischen Panzerdivision, Rue de Lille, feierten, war ich als einer der Klassenbesten neben Curial platziert. Als ich ihn fragte, warum er mich denn seinerzeit überhaupt an der Schule aufgenommen habe, als unbekanntes, unbeschriebenes, nicht einmal empfohlenes Blatt, lautete seine Antwort, die ich bis heute in meinem Herzen bewahre: »Weil ich Kriegsgefangener in Deutschland war.«

Natürlich erkannte damals keine deutsche Universität meine Auslandssemester an. Deshalb steuerte ich meine DKW RT – inzwischen mit 200 Kubikzentimetern – 1951 nach Bern zu Professor Fritz Marbach, dem Dekan der dortigen Volkswirtschaftlichen Fakultät. Marbach war einer der Väter des 1937 zwischen der Metallarbeitergewerkschaft und den Arbeitgebern geschlossenen »Schweizer Friedensabkommen«, das jede Form des Arbeitskampfes ausschließt. Das Abkommen hat inzwischen bald sieben Jahrzehnte Bestand und ist zu einem Grundpfeiler des wirtschaftlichen Erfolgs der Schweiz geworden.

Entgegen der tiefen Skepsis von Fritz Marbach absolvierte ich in zwölf Monaten mein Diplom und promovierte bei ihm über das Thema »Der Schumann-Plan im besonderen Hinblick auf die deutsch-französische Stahlindustrie« mit summa cum laude. Nebenbei erwarb ich bei meinem Fluglehrer Vogel, in dessen »Kranich« ich den ersten Flug meines Lebens überhaupt erlebt hatte, die Segelflugscheine A, B und C.

Auch Fritz Marbach wurde zu einem meiner Mentoren. Wir

blieben einander bis zu seinem Tode in den 70er-Jahren verbunden. Ebenfalls in lebendiger Erinnerung ist mir Alfred Amon als Volkswirtschaftstheoretiker. Meine Dissertation, die ich an einem heißen Freitag, dem 13. Juni 1952, in Bern öffentlich verteidigte – sie erschien bei Richard Pflaum in München in zwei Auflagen –, ermöglichte mir drei Tage später meine erste Anstellung bei Professor Frederic Hausmann in Genf. Ich assistierte ihm bei seiner Veröffentlichung »Der Schumann-Plan im Zwielicht« und genoss einen Sommer lang Genf.

Noch ein zweiter Franzose sollte mich für mein Leben beeinflussen: Roger Gregoire, Conseiller d'État, Direktor der Produktivitätszentrale der OEEC. Auch dort war meine Doktorarbeit zu meiner Eintrittskarte geworden. Mit der Anstellung bei der OEEC 1953 erhielt ich die Chance, ein Jahr im besten Viertel von Paris mit Diplomatenstatus zu leben und zu arbeiten.

Während meiner »Science Po«-Zeit hatte ich noch in »Suresnes sûr Seine« billig übernachten müssen, wenn mich damals auch die allmorgendliche Fahrt durch den »Bois de Boulogne« mit meinem nach heutigen Maßstäben winzigen Motorrad immer aufs Neue begeisterte. Nunmehr wohnte ich – vornehmer geht es kaum – im XVI. Arrondissement, 2, Rue André Pascal, gleich neben dem Château de la Muette, dem Sitz der OEEC. Stolz wie ein Spanier fuhr ich ein zweisitziges DKW-3=6-Cabrio von Hebmüller.

Ich arbeitete bei Roger Gregoire als »Administrateur« zusammen mit meinem türkischen Freund Munir Benjenk und unserer armenischen Kollegin Nadine Ekserdjian. Sie war während des Zweiten Weltkriegs für das Absetzen von Fallschirmagenten über Frankreich zuständig gewesen. Benjenk hatte zuvor als Adjutant des türkischen Generals in Korea gedient und sprach ein Dreivierteldutzend Sprachen perfekt. Er setzte später seine berufliche Laufbahn als Executive Vice President der Weltbank fort. Als Nadine seinerzeit in das Büro dieses Türken gesetzt worden war, hatte zunächst eine Woche Totenstille geherrscht, die sich aber bald darauf schon in das

Gegenteil verkehren sollte. Selten hatte ich ein derart inspirierendes und herausforderndes Umfeld, noch dazu auf der Basis einer großartigen Freundschaft, die auch mit der Witwe Roger Gregoire, Menie, weiterlebt. Sie ist heute in Frankreich eine bekannte politische Schriftstellerin, die ihre Berühmtheit ursprünglich durch die Sexualaufklärung der Franzosen über Radio Luxemburg sowie ihre diesbezüglichen Bestseller erlangt hatte.

Es war ganz sicher eine unbezahlbare Erfahrung, das Getriebe einer solchen erfolgreichen internationalen Organisation kennen zu lernen. Doch auch mich hatte schon immer die Automobilindustrie in den Bann gezogen. Ihre besondere Dynamik reizte mich ebenso wie einst meinen Vater. Schon 1952/53 hatten mir die Kriegsverbindungen meines Vaters zu Italien eine Volontärausbildung bei Fiat ermöglicht und damit den Zugang zu einem meiner großen Vorbilder, Vittorio Valletta. Dieser asketische Mathematikprofessor hatte Fiat nach dem Zweiten Weltkrieg zur größten und modernsten europäischen Automobilfabrik gemacht, die wiederum Kern eines differenzierten, äußerst erfolgreichen Konglomerats war. Über lange Zeit beherrschte Fiat den europäischen Automobilmarkt in Ost wie West. Später beging man jedoch den strategischen Fehler, zu sehr in seiner nationalen Struktur zu verharren, mit den bekannten Konsequenzen für das Unternehmen wie für Italien.

Im Sommer 1954 landete ich schließlich in Wolfsburg. Auf Empfehlung von Alfred Pierburg, einem alten Freund der Familie und Inhaber der Firma Solex, erhielt ich die Gelegenheit zu einem Vorstellungsgespräch beim legendären VW-Chef Heinrich Nordhoff. Nach einem intensiven zweistündigen Gespräch besiegelte er per Handschlag meine Einstellung als sein Assistent.

Erst auf der Rückfahrt nach Paris – ich war bereits hinter Hannover – fiel mir ein, dass wir kein Wort über mein Gehalt verloren hatten, so sehr war ich von diesem Mann fasziniert und von der Dimension seiner Fabrik erschlagen gewesen. Ich sollte es aber nicht bereuen, obwohl ich in Paris steuerfrei gut verdient hatte.

Am 1. Dezember 1954 – ich hatte vor meinem Wechsel zu VW schnell noch eine Flugrundreise Korsika, Griechenland, Türkei und Ägypten eingeschoben – traf ich mit meinem eleganten Fremdfahrzeug in Wolfsburg ein. Mein Umzugsgut bestand fast ausschließlich aus Büchern. Sehr schnell bekam ich eine anderweitig nicht vermietbare, möblierte Wohnung und dazu, quasi als Dreingabe, meine treue Josephine Engerling, in der Frühschicht die Reinemachfrau der Generaldirektion. Sie war eine Meisterköchin internationalen Kalibers, die in mir sofort den Nachfolger Nordhoffs erkannte und dies auch unermüdlich propagierte. Das Eintreten ihrer Prophezeiung durfte sie leider nicht mehr erleben.

Es dauerte allerdings nicht lange, und ich kündigte meine Anstellung wegen »Arbeitsmangels«. Die hervorragende Chefsekretärin Nordhoffs, Anneliese Metzner, die man damals in mancher Hinsicht als die Nummer 2 bei VW betrachten konnte, hatte mich erfolgreich blockiert, wo immer es nur ging. Meine Entscheidung sollte sich für meine weitere berufliche Entwicklung als Vorteil erweisen. Nordhoff, der meine Kündigung zunächst völlig zu ignorieren schien, übertrug mir überraschend die Verantwortung für die Export-Verkaufsförderung. Nebenbei bereitete ich seine Vorlesungen vor, führte seine Seminare durch und traf ihn regelmäßig zu ausgedehnten, beinahe väterlichen Gesprächen. Immer noch passierte mir aber zu wenig, sieht man einmal von den gewaltigen Kapazitätserhöhungen bei VW ab, die die Regierenden in Bonn[5] atemlos und ungehalten machten. Man hielt Nordhoff dort für einen Hochstapler, als er seine Planung für eine arbeitstägliche Fertigung von 1000 Wagen vorlegte.

Ich ging deshalb 1957/58 erneut auf Jobsuche. Da kam meine

---

[5] Die Bundesregierung besaß seit 1949 die Verfügungsgewalt über die Volkswagenwerk GmbH.

Chance. Nordhoff hatte den Mut, mir mit 32 Jahren die kleine, sehr umstrittene Volkswagen of America (VWoA) per 1. Januar 1959 anzuvertrauen. Am liebsten hätte Wolfsburg sie liquidiert, besonders wenn es nach den Empfehlungen der US-Großhändler gegangen wäre. Aus dieser Einstellung heraus glaubte man auch, dass zehn Mitarbeiter für die VWoA eine ideale Größenordnung seien.

»Nun können Sie uns zeigen, was eine Harke ist!«, waren Nordhoffs Worte – und ich versuchte es. Was man mir für mein neues Amt zahlen sollte, wusste dort zunächst niemand, ich selbst am wenigsten. Also entschieden wir, mein bisheriges Gehalt vorerst weiterlaufen und ein Gutachten über mein künftiges Gehalt erstellen zu lassen. Unser Personalchef in Englewood Cliffs, Bill Valentin, fand dafür eine kleine, darauf spezialisierte Firma namens McKinsey. Verschämt zeigte ich Nordhoff am Ende meines ersten Jahres in den USA die fertige Expertise. Mit Beginn des neuen Jahres zahlte er mir zwar nur einen Bruchteil der Empfehlung, aber in D-Mark bemessen war ich wohl einer der bestbezahlten Mitarbeiter im Konzern und hoch zufrieden.

Die USA wurden für mich Schule und Sprungbrett zugleich. Bald eröffneten wir auf mein Betreiben in Englewood Cliffs, New Jersey, unser neues Hauptquartier, direkt am Hudson River gelegen, mit Kundendienstgebäude, Sauna, Weinkeller und Terrassen, auf einem Gelände von 40 Acres (16 Hektar) für 350 Mitarbeiter – statt für zehn. Unser Sitz konnte sich auch äußerlich sehen lassen. Leo Safrata, unserem aus Prag stammenden Architekten, der auch für unsere standardisierten Großhändler- und Händlerbetriebe in den USA verantwortlich zeichnete, war wieder ein Meisterwerk gelungen.

Meine Mitstreiter, »meine« Großhändler und Händler, ja die USA wurden meine entscheidenden Lehrmeister.

Mit ganzseitigen Anzeigen in großen deutschen Tageszeitungen warben wir in Deutschland um Mitarbeiter, was uns neben reicher Ernte obendrein eine gute PR einbrachte. Auch Hans

Holzer stieß auf eine solche Annonce hin 1962 von Ford Köln zur VWoA. Er sorgte dort durch den Einsatz modernster Datenverarbeitungstechnik für eine Optimierung unserer Prozesse, Systeme und Standards, durch die wir unseren Wettbewerbern deutlich voraus waren.

Die VW-Philosophie beschrieb ich unserer US-Organisation 1960 am Rande eines Großhändlertreffens auf Bermuda im Vorwort der VW-Händlerverträge. Eingraviert in eine Messingplatte hing sie fortan in jedem VW-Händlerbetrieb auch für unsere Kundschaft aus. Diese Philosophie war gleichzeitig mein persönliches Credo, dessen Produktteil ich zitieren möchte, weil er mir auch mehr als 40 Jahre später noch aktuell erscheint:

»Volkswagen knows that continuous refinement of its products will serve the best interest of its customers, its employees and its owners. It believes also in product innovation and its vehicles are designed to meet society's transportation needs while conserving the diminishing supplies of raw materials and fossil fuel. It recognises, too, the necessity to protect the quality of our environment while providing transportation in comfort, convenience and safety.«

Wir schrieben in der Folge auf dem Distributions- und Einzelhandelssektor in den USA Geschichte, und unsere Verkaufsorganisation avancierte in wenigen Jahren zur absoluten Nummer 1. Unsere Händlerbetriebe waren nicht nur die homogensten, modernsten und profitabelsten, sondern hatten gleichzeitig die beste Moral und vor allem die zufriedensten Kunden.

Schlüssel unseres US-Erfolgs waren nicht zuletzt eine erfolgreiche Werbekampagne von Doyle, Dane & Bernbach (DDB) – sie war die erste von VW überhaupt und wurde später von »Advertising Age« zur besten des 20. Jahrhunderts gekürt – sowie die Öffentlichkeitsarbeit unter unserem amerikanischen Gewissen, Art Railton. Ich hatte ihn von Popular Mechanics geholt, wo er mir durch seine unangenehmen Fragen und seinen großen Fleiß aufgefallen war. »Will success ruin Volkswagen?«, lautete der Titel einer seiner Artikel nach einem Wolfsburg-Besuch schon 1958.

Anfang 1964 rief mich Nordhoff nach Wolfsburg zurück, formlos, per Handschlag, ohne dass wir über Bedingungen auch nur eine Silbe gesprochen hätten. Ich verkaufte daraufhin unser Haus in Connecticut und kehrte mit meiner amerikanischen Frau Marisa und drei kleinen Amerikanern – Alexander, Pia und Peter (in Wolfsburg ergänzt durch Christopher) – nach Europa zurück. Ich sollte dort die Nachfolge des Vertriebsvorstands Fritz Frank antreten, der einmal Verkaufschef von Horch gewesen war. Mein Nachfolger bei der VWoA wurde Stuart Perkins, zuvor Leiter des Verkaufs unserer US-Tochter, mit dem ich stets Hand in Hand zusammengearbeitet hatte. Er garantierte Kontinuität. Perkins war einst der zweite von der VWoA eingestellte Mitarbeiter überhaupt gewesen, nachdem er sich zuvor als Goldsucher in Kanada versucht hatte. Ursprünglich kam er aus der britischen Automobilindustrie.

Dem VW-Aufsichtsrat wurde ich erst im Sommer vorgestellt. Er stimmte meiner Ernennung zu, ohne dass mir auch nur eine einzige Frage gestellt worden wäre. Stattdessen brachten die Herren des Präsidiums ihren Unmut über die »Verhältnisse« zum Ausdruck, worunter vor allem die Ohnmacht des Aufsichtsrats gegenüber Nordhoff verstanden wurde.

Ich hatte die »Verhältnisse« schon während meiner Zeit als sein Assistent beobachten können. Wenn ich am Vorabend von Aufsichtsratssitzungen im VW-Gästehaus den Vorsitzenden Heinz Maria Oeftering[6] zu betreuen hatte, unterlag auch er den ungeschriebenen Regeln Nordhoffs: kein warmes Essen (außer »Heinz Tomatensuppe«), keine Getränke nach 22 Uhr und Licht aus im Clubraum um 23 Uhr. Aufsichtsratssitzungen dauerten manchmal keine 30 Minuten, was sich als Problem für unsere Küche im Vorstandscasino erwies. Lediglich der nieder-

[6] Ministerialdirigent im Bundesfinanzministerium von 1950 bis 1957.

sächsische Finanzminister und spätere Ministerpräsident Alfred Kubel »störte« oft durch ebenso hartnäckige wie intelligente Fragen. In der Regel hatte jedoch Nordhoffs enger Mitarbeiter Frank Novotny alle kritischen Punkte vorab bereits in Bonn und Hannover geklärt. Meist ging es um Kapazitätserhöhungen, die bisweilen zum Zeitpunkt der Abstimmung im Aufsichtsrat schon zu besichtigen gewesen waren.

Das neue Familiendomizil verlegten wir vorerst nach Braunschweig. Dort hatten wir am Wilhelmitorwall eine alte, herzogliche Wohnung umgebaut. Das Wolfsburger Angebot für ein 120 Quadratmeter großes Häuschen von »Bau-Otto« war uns im Vergleich zu unserem Haus aus dem Jahr 1730 in Connecticut auf einem 16-Hektar-Grundstück etwas klein erschienen. Einen Chauffeur lehnte ich erst einmal ab. Ich fuhr viel zu gern selbst, auch wenn unsere damalige VW-Modellpalette noch keine große Auswahl zuließ. Bereits 1966 wurde jedoch die »Villa West« in Wolfsburg frei, die bald schon unser neues Zuhause werden sollte. Wolfgang Siebert, der als Finanzvorstand von Thyssen zu VW gekommen war, hatte sie Anfang der 60er-Jahre bauen lassen. Er leitete jedoch seine Vertragsauflösung bereits ein, als er das erste Mal mit seinem BMW 502, einer wunderschönen V8-Limousine, durch die VW-Wache Sandkamp fuhr.

Der VW-Erfolg in den USA hatte mir einen Ruf eingetragen, dessen Größenordnung ich damals noch nicht recht einzuschätzen wusste. Mit nicht einmal 38 Jahren war ich im Vorstand des angesehensten deutschen Unternehmens gelandet und auch international kein unbeschriebenes Blatt mehr.

VW in Wolfsburg war damals in für Europa unbekannte Dimensionen vorgestoßen. Es agierte längst global. Aber Wolfsburg lag, zehn Kilometer vom Eisernen Vorhang entfernt, recht isoliert und weitab von Bonn. Mit Ausnahme von Nordhoff dachte man in der Zentrale eher lokal. Zum Zeitpunkt meiner Rückkehr ahnte ich noch nicht die Fülle und Art des auf mich zukommenden Konfliktstoffes.

Ich kannte die bewährte Vertriebsgruppe unter Horst Kabisch (Inland) und Manuel Hinke (Export) sehr gut, hatte ich doch mit ihnen ein Jahrzehnt lang direkt und indirekt zusammengearbeitet. Angesichts der wachsenden Herausforderungen, vor denen wir standen, war ich aber überzeugt, dass ein Schuss US-Erfahrung kein Fehler sein konnte. So brachte ich ein bewährtes Team[7] von der VWoA mit.

Um unsere US-Tochter nicht übermäßig zu schwächen, sorgte ich gleichzeitig für eine Blutauffrischung durch Führungskräfte von Ford Deutschland[8]. Bei unserem Wettbewerber hatte seinerzeit die aus meiner Sicht durchaus richtige und konsequente Zentralisierung der Europa-Aktivitäten in England die deutsche Mannschaft völlig demoralisiert. Die Restrukturierung hatte Ford Deutschland zu einer reinen Fertigungsstätte degradiert, bei der mit Ausnahme des Vertriebs die Leitungsfunktionen in einer virtuellen Organisationsstruktur in Dagen-

---

7 Dieter Deiss (Kundendienst, heute Deiss Associates, St. Helena/Napa Valley. Er machte seine Firma zur führenden Marketing- und Kundendienstberatungsfirma der Automobilindustrie, auch jenseits Nordamerikas); Hans Hinrichs (Chef der Marktforschung bei der VWoA, später zuständig für Marketingplanung in Wolfsburg, nach 1972 Vertriebsvorstand bei Daimler-Benz); Hans Holzer (ihm verdanken wir unseren Vorsprung in der Informationstechnologie, nach 1972 Vorstand bei Dynamit Nobel); Helmut Schmitz, Werbechef bei VWoA und der Volkswagen AG (aufgenommen in die Hall of Fame der deutschen Werbung); Hermann Bruhns (Kundendienst und Teilechef). Dies waren nur einige der »Amerikaner«, die ich mitbrachte und die natürlich nicht nur mit großem Applaus empfangen wurden, wie man sich leicht vorstellen kann. Wie sagte doch immer Art Railton? »Germans make the best Americans«. Aber sie sind nicht leicht zu reimportieren, wie wir alle feststellen mussten.

8 Ich begann an der Spitze beim damaligen Vertriebschef von Ford Deutschland, Werner P. Schmidt (VW-Exportchef, Vorstandsvorsitzender der VW do Brasil, anschließend von AUDI, danach im Konzernvorstand zuständig für den Bereich Vertrieb und später Finanz); Peter Weiher (Produktplanung und Feuerwehrfunktionen im Konzern, unter anderem Chef der VWoA, Leiter Marketing weltweit und Vorstandsvorsitzender von Ford Köln); Gerd Burmann (Leiter der Marktforschung im Volkswagen-Konzern).

ham angesiedelt waren. In Köln saß man von den Entscheidungszentren Dagenham und Detroit viel zu weit entfernt, um Karriere machen zu können. Einigen dieser Entmutigten – oftmals ausgebildet an Fords McNamara-Schule[9], einer hervorragenden Managementschmiede – konnten wir nunmehr eine neue Perspektive geben.

Wir erhielten somit eine junge, schlagkräftige Mannschaft, deren Mitglieder ausnahmslos Karriere machen sollten. Das neue Team half uns, die bewährte Volkswagen-Philosophie weiterzuentwickeln und erfolgreich neue Vertriebswege zu beschreiten. Dabei verloren wir niemals die Interessen und Prosperität der Händlerpartner aus den Augen, denn sie sind schließlich die Lungen, durch die Automobilfabriken atmen. Für mich war das auch der entscheidende Grund, als Erster in Europa einen Händlerbeirat ins Leben zu rufen.

An anderer Stelle werde ich auf meine acht Jahre als Vertriebsvorstand bei VW und meine unfreiwillige Trennung vom Konzern eingehen. Danach wurde ich von 1973 bis Ende 1981 Vorstandsvorsitzender der Continental Gummi Werke AG in Hannover. Diese Funktion war für mich eine wichtige Vorstufe für meine spätere Tätigkeit als Vorstandsvorsitzender der Volkswagen AG.

Friedrich Wilhelm Christians von der Deutschen Bank, der mich aus meinen Vorstandsjahren bei VW kannte, hatte mich bei Alfred Herrhausen, dem damaligen Aufsichtsratsvorsitzenden von Conti, eingeführt. Schnell wurden wir uns einig. Ich sah zwar die Größe des Risikos einer heruntergewirtschafteten Firma. Conti gehörte aber zu einer der Automobilindustrie nahe stehenden Branche, für die ich glaubte, unternehmerisches Gespür entwickeln zu können. Steht man auf der Straße, werden einem eben Problemfälle angeboten.

Die Geschwindigkeit, mit der man bei Conti immer tiefer in

---

[9] Benannt nach Robert McNamara, Präsident von Ford und später amerikanischer Verteidigungsminister.

die Verlustzone geriet, ließ diesem stolzen deutschen Unternehmen nur noch eine nach Monaten zu bemessende Überlebensfrist. Lehrer offerierten meinen Kindern bereits Wetten, bis wann ich Contis Konkurs anmelden würde. Eine Beraterfirma hatte 1971 dem Vorstand empfohlen, das weniger ertragreiche, dafür aber technische Höchstleistungen erfordernde Erstausrüstungsgeschäft radikal zugunsten des ergiebigeren Reifenersatzgeschäftes zurückzufahren. Während ersteres problemlos umzusetzen war, misslang zweites gründlich und beschleunigte nun den Abstieg.

Als Schuldigen für die Misere hatten Aufsichtsrat und Vorstand den Inlandsvertriebschef Christoph Dahlmann ausgemacht, was besonders auch dem Bereich Technik sehr zu gefallen schien, aber mit der Realität nichts zu tun hatte. Alle, außer Dahlmann, konnten sich erst einmal bis zu meinem Kommen zurücklehnen.

Auf mich übte der Aufsichtsrat sehr bald nach meinem Amtsantritt Druck aus, das Reifengeschäft, das zwei Drittel des Umsatzes und Anlagevermögens ausmachte, zugunsten des technischen Gummigeschäfts[10] aufzugeben. Diese These wurde auch in der Wirtschaftspresse als einzig richtig empfohlen. Da die neuen, von Michelin auf den Markt gebrachten Stahlgürtelreifen drei- bis viermal so lange hielten wie herkömmliche Diagonalreifen, war eine Eliminierung von Kapazitäten unausweichlich.

Der ehemaligen Nummer 1 der Reifenbranche fehlte damals nicht nur die Technologie für Stahlgürtelreifen, sondern auch die notwendige Fertigungsqualität ganz generell. Darüber hinaus war bei Conti aber das technische Geschäft noch weiter heruntergewirtschaftet als das Reifengeschäft, was jedoch ein wohl gehütetes Geheimnis darstellte. Die Liquidation des Reifenbereichs hätte für das Unternehmen insofern das klare Aus bedeutet.

---

[10] Das technische Gummigeschäft umfasste damals ein breites Produktfeld, das von Wärmflaschen über Keilriemen, Motorlagern, Luftfedern, Türdichtungen und Schläuchen bis zu Förderbändern reichte.

Die Durchsetzung meiner Strategie zur Rettung von Conti (ein Wort, das ich damals nie in den Mund nahm) wäre ohne den legendären »Gottvater« der deutschen Industrie, Hans Merkle von Bosch, und die Arbeitnehmervertreter in unserem Aufsichtsrat unter »Benno« Adams nie möglich gewesen. Ohne sie gäbe es Conti heute nicht mehr, von mir ganz zu schweigen.

Den Turnaround schafften wir einerseits durch eine Gürtelreifenlizenz von Uniroyal, die mit ihrem Produkt Michelin als Einzige nahe gekommen waren. Unsere Führungsmannschaft empfand das allerdings erst einmal als Herabwürdigung, von einem vergleichsweise niedrig eingestuften Konkurrenten Know-how übernehmen zu wollen. Ebenso wichtig für die Rückkehr in die Gewinnzone war andererseits ein von mir initiiertes »Null-Fehler-Programm«, demzufolge der Fertigungsbereich nur noch zur Erstausrüstung geeignete Reifen produzieren durfte. Für die Reifenindustrie bedeutete das damals ein Novum, für Conti aber war es der dornenreiche Weg zum Erfolg, der uns auch wieder auskömmliche Preise erzielen ließ.

In der Reifenindustrie war es damals noch gang und gäbe, die für die Erstausrüstung geeigneten Reifen auszusortieren. Man produzierte einfach so lange, bis man genug einwandfreie Reifen beisammen hatte. Oft lag dieser »gute« Anteil bei unter 50 Prozent. Der Rest ging in das Ersatzgeschäft, die schlechtesten davon landeten zu Schleuderpreisen theoretisch in Afrika, praktisch aber in allen möglichen »grauen Märkten«.

Eine rühmliche Ausnahme in der Branche bildete Michelin, das als Pionier des Stahlgürtelreifens alle seine Kunden mit Erstausrüstungsqualität belieferte und dies über den Preis honoriert bekam. Von dieser Firma lernte ich viel, insbesondere von François Michelin, einem idealistischen, vorbildlichen Unternehmer aus dem kleinen Clermont-Ferrand im französischen Zentralmassiv. Sein Haus war im Begriff, mit kompromissloser Qualität und preußischer Sparsamkeit die Welt zu erobern. Mit einer gewissen Genugtuung stellte ich obendrein fest, dass auch die europäischen Fabriken von Michelin nicht klimatisiert waren, was mir bei Conti als Ausrede aufgetischt wurde, um das »Null-Fehler-Programm« von vornherein ad absurdum zu führen.

Qualität war für mich das Nonplusultra. Von den Maschinen über die Heizform bis zum Pressentisch galt sie für jeden Fertigungsschritt. Niemand durfte ein Stück Material vor der Vulkanisation anfassen, weil es dann zu Formveränderungen gekommen wäre. Das wiederum hätte den von der Automobilindustrie unter anderem geforderten Rundlauf- und Handlingeigenschaften entgegengestanden, von Sicherheitsfragen ganz zu schweigen. Wie die Formel 1 symbolhaft demonstriert, wurde der Stahlgürtelreifen zur wichtigsten Einzelkomponente des Fahrgestells eines modernen Automobils.

Mit einem neuen Vorstandsteam lag der Schwerpunkt meiner Arbeit folglich auf der technischen Entwicklung, der Produktion, Logistik und Qualität, wobei letzterer Bereich mir direkt berichtete. Nachdem ich mich zuvor in meiner beruflichen Laufbahn mit Verkauf, Marketing und Produktplanung beschäftigt hatte, bedeutete das neue Aufgabenfeld eine besondere Herausforderung. Zu jeder Tages- und Nachtzeit tauchte ich nun in den Fabriken auf – oft auch auf dem Heimweg, um mich direkt an der Basis zu informieren. Meine »Operationszentrale« war ein winziges Büro, das, ausgestattet mit alten Möbeln, am Königsworther Platz in Hannover lag. Direkt gegenüber befand sich die Gewerkschaftszentrale der IG Chemie unter ihrem damaligen weitsichtigen Vorsitzenden Karl Hauenschild, mit dem wir konstruktiv zusammenarbeiteten.

Um das breit gefächerte technische Geschäft wettbewerbsfähig zu machen, kauften wir ohne Berührungsängste Know-how hinzu, überwiegend in den USA. Als es uns schließlich Mitte 1979 gelang, die sieben Uniroyal-Reifenfabriken in Europa sowie eine Reifentextilfabrik in Luxemburg von der US-Muttergesellschaft zu kaufen, bedeutete das die Rettung von Conti. Über Nacht war das Unternehmen europäisiert und zur Nummer 2 in Europa aufgestiegen mit einem europäischen

Management. Durch die Zusammenarbeit mit Toyo Tires in Japan begann auch eine globale Vernetzung.

Alle deutschen Automobilhersteller sowie die Firma Bosch hatten mir durch Zeichnung einer Wandelanleihe über die Sal. Oppenheim Bank geholfen, die Finanzierung für diesen riesigen Brocken zusammenzubringen, denn Conti selbst war unterkapitalisiert und ausgezehrt. Die Idee zu dieser konzertierten Aktion hatten mein Finanzkollege Horst Urban und ich auf dem Rückflug von den Uniroyal-Verhandlungen in New York entwickelt. Der Mut der Zeichner wurde durch unseren erholten Börsenkurs belohnt.

Uniroyal verfügte in Albert Englebert über eine herausragende Persönlichkeit. Er hatte seine Unternehmen in den 50er-Jahren an die US-Uniroyal-Gruppe verkauft und war an der Spitze seiner europäischen Firmen geblieben. Seine Wahl in den Conti-Aufsichtsrat erwies sich als gut für die Moral der Uniroyal-Mannschaft. Gleichzeitig besaßen wir mit ihm auf der Kapitalseite im Aufsichtsrat nunmehr einen Reifenfachmann. Helmut Werner war für uns das zweite wichtige Aktivum. Mit ihm gewann ich einen ausgezeichneten Stellvertreter und löste gleichzeitig die Frage meiner Nachfolge. Als ich Anfang Januar 1982 bei VW meine Arbeit als Vorstandsvorsitzender aufnahm, war ich dank Conti um entscheidende Erfahrungen reicher für meine neue Verantwortung. Als Abschiedsgeschenk verzichtete ich auf meine Pensionsansprüche. Conti war gerettet, wenn auch noch nicht kerngesund. Noch einmal sollte ich eine groß angelegte Rettungsaktion für den einzigen deutschen Reifenentwicklungspartner unserer Industrie organisieren müssen – 1989, als Pirelli zur feindlichen Übernahme ante portas stand. Finanziert werden sollte diese von Conti, dessen damaliger Aufsichtsratsvorsitzender intra muros schon zur Kapitulation bereit war. Schließlich aber bewahrte der außerordentliche Einsatz des Vorstandsvorsitzenden Horst Urban doch noch Contis Unabhängigkeit. Urbans Unternehmenspolitik wurde allerdings nicht allseits geschätzt, schon gar nicht belohnt. Sein Vertrag wurde vorzeitig (»im beiderseitigen Einvernehmen«) beendet …

II

Comeback zu Volkswagen

Als ich im Sommer 1981 auf der Fahrt zum Flughafen Hannover im Radio vom Herzinfarkt Schmückers hörte, dem damaligen Vorstandsvorsitzenden von Volkswagen, ahnte ich unterbewusst, dass dies für mich ein Comeback zu Volkswagen einleiten könnte. Mein Gefühl täuschte mich nicht.

Im Herbst jenes Jahres bat mich Schmücker zu einem ersten Gespräch ins Hotel Intercontinental in Hannover, nicht weit von meinem Conti-Büro. Er eröffnete mir, dass die Idee meiner Berufung zu seinem Nachfolger von Siegfried Ehlers, dem Betriebsratsvorsitzenden des Volkswagen-Konzerns, ausgegangen und auf allgemeine Zustimmung im Präsidium des Volkswagen-Aufsichtsrats gestoßen sei. Auch er wäre dafür. Bis zur endgültigen Ernennung im November wucherten wilde Spekulationen in den Medien.

Die Rückkehr zu VW erfüllte mich mit Befriedigung, war sie doch eine nachträgliche Bestätigung meiner früheren Politik, die 1972 zu meinem Rauswurf geführt hatte. Insgesamt hatte ich dem Konzern 18 Jahre angehört, die letzten acht als Vorstandsmitglied und weltweiter Verkaufschef. Nach Differenzen über die VW-Strategie trennten sich dann unsere Wege. In den darauf folgenden neun Jahren als Vorstandsvorsitzender der Continental Gummi-Werke in Hannover hatte ich den Vorteil, die gesamte europäische Automobilindustrie aus der Perspektive eines Zulieferers kennen zu lernen. Zugleich blieb ich mit vielen meiner alten VW-Kollegen in Verbindung. Meine Einarbeitungszeit als VW-Chef war daher gleich null. Von der Wolfsburger Einfahrt, der »Wache Sandkamp«, bis zu den Montagehallen war mir jeder Winkel vertraut. Ich kannte fast alle Führungskräfte oder Betriebsräte. Bis auf einen waren alle Vorstandskollegen noch aus meiner Zeit. Ich wollte mit ihnen ohne die heute oft über die Medien gesponnenen taktischen Manöver von »Machtkonstellationen« oder demonstrativen Rausschmissen zusammenarbeiten, und zwar unmittelbar, ohne eigene Stäbe.

Neu im Vorstand war lediglich der von meinem Vorgänger dem Aufsichtsrat vorgeschlagene und zum Vorstand und Arbeitsdirektor berufene ehemalige IG-Metall-Funktionär und Journalist Karl-Heinz Briam, mit dem ich einen guten Start hatte, war ihm doch deutlich geworden, dass ich im Betriebsrat Achtung und Vertrauen genoss. Allerdings bat mich der Betriebsrat bald, nicht mehr zu erwähnen, dass meine Berufung zum VW-Chef auf eine Initiative seines Vorsitzenden Ehlers zurückging. Es passte nicht in unsere politischen Schablonen.

Vom ersten Tag meiner Rückkehr an versuchte ich, eine Kultur der offenen Diskussion einzuführen. Das bedeutete eine tiefgreifende Umstellung. Die Vorstände waren gewohnt, im Vorfeld von Vorstandssitzungen Positionen zu beziehen und Kompromisse zwischen Vorstandsbereichen auszuhandeln, nachdem in der Nordhoff-Ära noch das militärische Führungsprinzip gegolten hatte. In Sitzungen ging man in der Regel »festgelegt«, teilweise kann man sagen eingeschworen, wie in eine Brüsseler Landwirtschaftsministerkonferenz. Innerhalb der abgeschotteten Vorstandsbereiche herrschte eiserne Disziplin, keine Information durfte ohne Genehmigung nach außen dringen. Nun forderte ich, das Argument zu wiegen, Meinungsfreiheit zu praktizieren und Argumente nicht mehr mit einem Rangfaktor zu multiplizieren, zu korrigieren oder im

Chor zu singen. Wir kamen voran, und echte Debatten zeigten positive Wirkungen, wenn auch nicht über Nacht.

Neben meinen Besuchen der VW-Standorte weltweit sollten auch informelle monatliche Mittagessen mit den »oberen 100« helfen, zu einem menschlichen Miteinander zu finden, nicht nur der Cocktail prolongé bei mir zu Hause im Sommer und das Weihnachtsessen zum Jahresabschluss, jeweils in Begleitung der Damen. Das jährliche Treffen der Führungskräfte des Konzerns, ab 1986 erstmals auch außerhalb Deutschlands – ebenfalls mit Damen –, erlangte dabei besondere Bedeutung.

Die Situation bei VW zum Zeitpunkt meiner Rückkehr 1982 war ernst. Man war auf vielen falschen, wenn auch teilweise höchst applaudierten Wegen in einer Sackgasse festgefahren. Dazu sind speziell die Anstrengungen zur Diversifikation zu zählen, die in den 70er-Jahren in Deutschland zu einem Modetrend geworden war. Nachdem der Versuch, die Gute-Hoffnungs-Hütte zu erwerben und sich so in die Schwerindustrie zu diversifizieren, Gott sei Dank fehlgeschlagen war, hatte VW 1979 Triumph-Adler (TA) gekauft, eine international renommierte deutsche Schreibmaschinenfabrik mit elektronischen Ambitionen.

Der damalige Sprecher der Deutschen Bank, Wilfried Guth, war der Erste, der auf die Gefahren der Diversifizierung als Rettungsanker hinwies[11]: »Wer branchenfremde Diversifikation auf seine Fahnen schreibt, wird nicht selten zu der Erkenntnis kommen, dass es äußerst schwierig ist, auf mehreren völlig unabhängigen Bereichen technische und kommerzielle Höchstleistungen zu vollbringen. Im Endergebnis hat man dann vielleicht einen ›Renner‹, aber daneben auch kranke Produktbereiche, die die Gewinne des Ersteren aufzehren. Außerdem verliert die Führungsmannschaft selbst fast zwangsläufig an Homogenität; es wirken Spezialisten nebeneinander, die den Bereich der anderen nicht wirklich verstehen können.«

---

[11] Vortrag aus Anlass des 65. Geburtstags von Prof. Dr. Joachim Zahn, 24. Januar 1979, Stuttgart-Untertürkheim.

Dem Automobil gab man damals keine Zukunft mehr, auch politisch war es in Verruf geraten. Bei VW fehlten strategische Führung und automobile Begeisterung. Vor allem mangelte es am Idealismus der Pioniergeneration, der uns groß gemacht hatte. So manche stolze Wurzeln und die einzigartige »Nordhoff-Kultur« mit ihrer weltweiten Ausstrahlung waren verloren gegangen, mehr an der Spitze als an der Basis.

Mit Mühe gelang es noch, für 1981 ein positives Ergebnis auszuweisen und eine bescheidene Dividende von fünf Mark zu zahlen. Für das schlechte VW-Ergebnis 1981 und das noch schlechtere 1982 war nicht allein die schwache Konjunktur verantwortlich. Als weitere schwere Hypothek erwies sich eine noch unter Schmücker mit der IG Metall vereinbarte Ergänzung des »Haustarifvertrags«. Die ausgehandelten Pausenregelungen à la Baden-Württemberg nahmen de facto die 35-Stunden-Woche vorweg, die später noch hinzukommen sollte. Der soziale Frieden war teuer erkauft worden. Allein im Geschäftsjahr 1981 sorgte die Vereinbarung für eine Belastung von einer Milliarde Mark. Vorstand und Führungskräfte verzagten und sahen keine Perspektive mehr. Man war am Ende seines Lateins, gefangen im Hochkostenland Deutschland.

Immer neue »soziale Errungenschaften« zeigten immer stärkere Bremsspuren. Über ein Jahrzehnt waren keine Produktivitätsfortschritte mehr erreicht worden. Während Toyota in einer Zehnjahresspanne mit 5000 zusätzlichen Mitarbeitern seine Produktion um 1,2 Millionen Automobile gesteigert hatte, war gleichzeitig bei der VW AG die Produktion um 245 000 Fahrzeuge gesunken, aber begleitet von einem Belegschaftsanstieg um 4 000 Mitarbeiter.

Zusätzlich hatte die ursprüngliche Perle des Volkswagen-Konzerns, die VW do Brasil, 1981 zusammen mit den gerade von Chrysler gekauften argentinischen und brasilianischen Gesellschaften einen Verlust von 539 Millionen DM eingefahren. Hinzu kamen Abschreibungen auf südamerikanische Finanzanlagen bei der VW AG von über 420 Millionen DM, sodass sich allein die Belastungen durch unsere südamerikanischen Tochtergesellschaften auf knapp eine Milliarde Mark summierten. Sie riefen nach überlebensnotwendigen, kräftigen Finanzspritzen der Muttergesellschaft, die der Aufsichtsrat ohne große Debatte genehmigte. Doch damit nicht genug. Triumph-Adler kostete im selben Jahr einschließlich eines Forderungsverzichts und notwendig gewordener Abschreibungen seitens VW weitere fast 800 Millionen DM. Insgesamt entstand damals allein durch die Tochtergesellschaften eine Ergebnisbelastung von 1,75 Milliarden DM, was bei einem Konzernumsatz von nicht einmal 38 Milliarden DM einer Quote von 4,6 Prozent entsprach.

Dies alles waren Zahlen, die ich dem Aufsichtsrat, den Führungskräften, den Betriebsräten, den Vertrauensleuten und sehr bald auch in einer Betriebsversammlung den Mitarbeitern detailliert vortrug. Überall schenkte ich klaren Wein ein, warb für ein Kostensenkungsprogramm, dessen Durchführung ich meinem Kollegen Münzner übertrug, der sowohl über Briam, aber auch selbst guten Kontakt zum Betriebsrat pflegte. Dieses erste Kostensenkungsprogramm sollte VW beispiellose Produktivitätsfortschritte bescheren, um sich dann, drei Jahre später, mit dem Einstieg in die 35-Stunden-Woche bei vollem Lohnausgleich in nichts aufzulösen. In dieser Zeit erzielten unsere europäischen Konkurrenten, insbesondere durch Arbeitszeitverlängerung, beeindruckende Kostensenkungen.

Unsere in Deutschland produzierenden amerikanischen Konkurrenten erzwangen auf dem Weg zur 35-Stunden-Woche unter Hinweis auf ihre Fabriken in Niedrigkostenländern durch Produktivitätssteigerungen einen vollständigen Kostenausgleich und mehr. Bei uns hingegen wurden selbst Sanitäter, Küchenhilfen und Feuerwehrmänner aufgestockt. Der Personalbestand im indirekten Bereich wurde parallel zum produktiven buchstabengetreu erhöht.

Unerwähnt ließ ich damals, außer im Vorstand und Aufsichtsrat, dass wir 1981 wegen theoretisch richtiger, viel gelobter Kurssicherungsgeschäfte für den Export eine halbe Milliarde Mark verloren hatten. Bis zu meiner Rückkehr war dies im Vorstand nur dem Finanzchef bekannt gewesen. Ich war stets ein Befürworter einer elastischen Kurssicherungspolitik und des Aufbaus gegenläufiger Warenströme gewesen. Diese Politik sollte sich in der folgenden Zeit der Dollar-Abwertung besonders bewähren. Allerdings wird immer wieder vergessen, dass jede Form der Kurssicherung eine Spekulation darstellt.

Wir steckten somit zu Beginn der 80er-Jahre in der gefährlichsten Krise unserer Geschichte und schlitterten immer rascher bergab, was ich in der Öffentlichkeit erfolgreich herunterspielte, herunterspielen musste. Die Situation war für Volkswagen zu ernst, um durch öffentliche Diskussion einen heilsamen internen Druck erzielen zu wollen – wenngleich es für mich persönlich sicher hilfreich gewesen wäre. Sehr schnell wird man in solchen Fällen von den Medien zum Sanierer oder gar Retter erklärt, ein Attribut, auf das ich schon bei Conti verzichtet hatte. Ich habe gegenüber unserer Belegschaft auch nie das Argument der Angst angewandt, sondern sie zwar stets nüchtern informiert, gleichzeitig aber immer Wege zu Chancen aufgezeigt und Mut gemacht.

Für eine Rosskur war der Patient, damals die Nummer fünf unter den Automobilfabriken Europas, zu schwach, der Preis zu hoch, das Spiel mit dem Feuer zu gefährlich. Schon seit Käfer-Zeiten war die Marke Volkswagen weltweit zu einem Wertbegriff geworden. Klangvolle Marken ohne Erfolg verlieren jedoch schnell ihren Wert und damit ihr Preisniveau.

Überdies stand die IG Metall in ihrer Mehrheit noch längst nicht auf dem Boden der sozialen Marktwirtschaft, sondern klammerte sich weiterhin an die illusorischen Vorteile einer Zentralverwaltungswirtschaft zur angeblichen Durchsetzung sozialer Gerechtigkeit. Dies galt besonders für die Zentrale der IG Metall, mit Ausnahme des damaligen IG-Metall-Chefs Eugen Loderer, mit dem mich noch aus meiner ersten Vorstandszeit bei VW ein vertrauensvolles Verhältnis verband.

Als wir im Frühjahr 1982 wegen der Anhebung der Stahlpreise als Marktführer die Preise für unsere VW-Fahrzeuge um 3,9 Prozent und die der Audi-Modelle um 4,3 Prozent anhoben, löste dies stürmische Proteste aus – nicht etwa bei unseren Händlern oder unserer Kundschaft, sondern bei unseren Betriebsräten. In Kassel gingen 5000 Mitarbeiter auf die Straße, um gegen unsere Preispolitik fernsehwirksam zu protestieren. Dies diente kaum der Absatzförderung oder Arbeitsplatzsicherung.

Damals bestand für den deutschen Markt noch das Ventil der Preiserhöhung. Mit Blick auf den gemeinsamen Markt blieb für eine solche Politik jedoch nur noch eine begrenzte Zeit. Deutschland war zu einem Hochkostenstandort und damit Hochpreisland geworden, sehr zur Freude unserer ausländischen Konkurrenz.

Für Volkswagen ging es in dieser existenzgefährdenden Situation um eine neue Strategie an Haupt und Gliedern:

- Wiedererwecken von Stolz und Zuversicht,
- Konzentration auf das Automobil, Ende der Diversifizierung,
- Neutralisierung der tödlichen Kostenfalle Deutschland,
- Erhöhung der Entwicklungs-, Produkt- und Marketinganstrengungen,
- Einleitung einer echten Mehrmarkenstrategie mit Audi als Premiummarke,
- Sanierung der südamerikanischen Tochtergesellschaften,
- Bereinigung in Nordamerika.

Ich begann sofort mit Antrittsbesuchen bei unseren sieben VW- und Audi-Fabriken in Deutschland sowie unserem Montagewerk in Belgien, das wir 1970 unfreiwillig von unserem belgischen Importeur »geerbt« hatten. VW Bruxelles sollte sich als »Benchmark« herausstellen, was weder unsere Belgier noch mich beliebt machte. Im damals eingeleiteten konzerninternen Vergleich war diese Montagefabrik die in vielen Bereichen produktivste, obwohl sie als so genannte »Drehscheibe« zum Volumenausgleich für die Fertigung des Golf wie des Passat ausgelegt war. Daneben hatte man das Handicap, in der Stadt Brüssel selbst »eingemauert« zu sein. Der Chef von VW Bruxelles, Louis Frenay, war ein ebenso herausragender Unternehmer wie sein Nachfolger Pierre-Alain De Smedt, der sich große Verdienste als späterer Präsident von Autolatina und Seat erwarb, ehe er nach meiner Zeit den Volkswagen-Konzern verließ, um die Nummer zwei von Renault zu werden.

Meine erste 14-tägige Überseereise trat ich im März 1982 an. Es gehörte immer zu meinen Gepflogenheiten, Besuchsreisen allein, ohne Tross durchzuführen, was die Belastung zwar erhöht, aber noch mehr die Produktivität. Als globales deutsches Unternehmen vertrete ich zugleich Deutschland im Ausland. Das legt uns eine politische Verantwortung auf. Wir haben Maßstäbe zu setzen und eine Vorbildfunktion zu erfüllen – nicht nur gegenüber unseren Führungskräften, sondern bis zum letzten Mitarbeiter –, damit die Unternehmensphilosophie noch im entferntesten Winkel unseres Unternehmens gelebt wird. Als Exponent von Volkswagen arbeitet man dabei in gefährlichen Höhen, die bedrohliche Höhenkrankheiten verursachen können, bis zum totalen Realitätsverlust. Zuallererst unternahm ich einen Wochenendabstecher zur VW Canada, unserer ältesten Vertriebstochter, gegründet 1952 von Werner Jansen, der vor dem Krieg Exportleiter der Auto Union gewesen war. Danach besuchte ich »meine« alte Volkswagen of America (VWoA). Sie hatte inzwischen Englewood Cliffs, New Jersey, hinter sich gelassen und war nach Troy, einem Vorort von Detroit, umgezogen.

Nachfolger meines Nachfolgers Stuart Perkins bei der VWoA war James McLernon geworden. Perkins hatte sich ihm nicht unterordnen wollen und war gegangen. McLernon, ehemaliger, angesehener Werksleiter bei General Motors, genoss eine große Unabhängigkeit von Wolfsburg. Ich lernte in ihm einen im besten Sinne typischen GM-Manager kennen, der sich alle Mühe gab, auftragsgemäß einen Volkswagen-Konzern in den USA aufzubauen. Wenn man bei GM allerdings fast ein ganzes (Berufs-)Leben lang viele Etagen unter der Spitze in einem engen Korsett eingeschnürt gewesen war und dann plötzlich relativ »ganz oben« angelangt ist, kann sich ein solcher Auftrag für alle Seiten als risikoreich erweisen, wie ich sehr bald feststellen musste. Abgesehen davon war der Auftrag wohl von vornherein mehr als unrealistisch gewesen, weder strategisch noch planerisch durchdacht.

Bereits bei meiner ersten Fahrt von Wolfsburg zum Flughafen Braunschweig mit einem Golf aus amerikanischer Produktion – in den USA und Kanada Rabbit genannt – landete ich fast im Straßengraben. Wie die Fahreigenschaften war auch die Innenausstattung amerikanisiert. Der amerikanischen (GM-) Führungsmannschaft hatte man die Freiheit eingeräumt, den Rabbit »zu verbessern«, so abzustimmen, wie sie es ihr Leben lang gewohnt gewesen waren und wie es der GM-Philosophie entsprach. Der amerikanische Kunde wollte aber mit einem VW das Gegenteil dessen kaufen, was ihm Detroit sein Leben lang an recht fader Kost serviert hatte. Wenn dann zusätzlich die Qualität nicht stimmte, selbst wenn sie das damalige Detroiter Niveau übertraf, kann man sich die daraus folgende Entwicklung leicht vorstellen.

Unsere Produktprogrammplanung in der deutschen Zentrale hatte auf den riesigen US-Markt viel zu wenig, um der Wahrheit die Ehre zu geben, fast gar keine Rücksicht genommen. Wir besaßen deshalb in den USA und Kanada vorerst kein Expansionspotenzial, sondern standen eher vor einer Fortsetzung der Kontraktionsphase. Unsere Rabbit-Verkäufe hatten sich in den letzten beiden Jahren bereits halbiert, sodass unser Werk in Westmoreland, Pennsylvania, bei weitem nicht ausgelastet war und gefährliche Verluste produzierte.

Zu meinem Entsetzen war in Sterling Heights, einem Vorort von Detroit, gerade ein Montagewerk in gleicher Größenordnung wie Westmoreland fertig gestellt worden und befand sich bereits im Anlauf. Eine neue Kapazität von 1000 Einheiten pro Tag oder jährlich einer Viertelmillion Wagen stand damit in den Startlöchern.

Natürlich sind Produktionsleiter in ihre Fabriken verliebt. Sie müssen es sein. Es war daher nicht einfach, dieses Werk sofort zu schließen und zum Verkauf zu stellen. Unserem amerikanischen Finanzchef Ian Anderson war es zu verdanken, dass der Verkauf an Chrysler dennoch mit Gewinn über die Bühne ging. Die Modernität der Fabrik half dabei natürlich entscheidend mit, ein Umstand, der unsere Techniker besonders schmerzte.

Stolz hatte McLernon mir noch einen weiteren Standort für ein drittes »1000er«-VW-Montagewerk gezeigt. Zusätzlich besichtigten wir ein vormaliges Versuchsgelände von Studebaker, über das verhandelt wurde, und schließlich ein Grundstück, auf dem ein Verwaltungsgebäude für unseren US-Konzern, einschließlich Triumph-Adler, errichtet werden sollte. Wir wollten damit offenbar der Konkurrenz rundum, einschließlich IBM, Angst einflößen – was leider nur bei mir gelang. Diesen Projekten sofort Einhalt zu gebieten war Gott sei Dank nicht mit großen Kosten verbunden. Schwieriger sollte es in Fort Worth, Texas, werden. Dort war unsere kleine »Bude« für die Fertigung von Klimaanlagen aus den frühen 60er-Jahren, die damals beispielhaft von Gerold Schlager geleitet wurde, durch eine überdimensionierte Fabrik auf einem riesigen Areal – beinahe mit Flughafenanschluss – ersetzt worden. Zwischenzeitlich hatte man jedoch das Thema Klimaanlagen für Kleinwagen auch in Europa verstanden. Fort Worth verkauften wir deshalb später an die französische Valeo, einen unserer Lieferanten. Dies war Teil unseres nordamerikanischen Desinvestments.

Für die amerikanische Zulieferindustrie waren wir ein viel zu kleiner, uninteressanter Kunde. Wir hatten dies erstmals bereits 1955 feststellen können, als wir von Studebaker ein Montagewerk in New Brunswick, New Jersey, kauften. Wenige Monate später mussten wir es aufgrund der fehlenden Wirtschaftlichkeit der amerikanischen Zulieferungen wieder veräußern. Diese Erfahrung war offensichtlich in Vergessenheit geraten. Unser Währungsrisiko in den USA blieb also mangels eines ausreichenden nationalen Einkaufsvolumens bestehen. Dessen ungeachtet hatten wir diesen Schritt in die USA erneut gewagt.

Für die sofortige Schließung von Westmoreland hätte ich zu diesem Zeitpunkt weder im Aufsichtsrat noch im Vorstand oder auch bei unserer Führungsmannschaft Verständnis gefunden. Ich wollte überdies dem neuen Golf II, dessen Anlaufvorbereitungen in Westmoreland gerade begonnen hatten, eine Chance geben und mich dann den herrschenden Realitäten stellen. In aller Regel machen Fabriken, deren Schließung zur Diskussion steht, ungeahnte Kostenfortschritte. Leider zeigten uns die dortigen Verluste in den Folgejahren, dass wir in einer unter damaligen Verhältnissen ausweglosen Situation waren.

Der Entscheidungsprozess, der das Ende von Westmoreland besiegeln sollte, ging gleichwohl sehr zäh vonstatten. Die Aufgabe des Werks Westmoreland erfolgte schließlich 1988. Für die betroffenen Mitarbeiter war zuvor ein umfassender Sozialplan erarbeitet worden. Darüber hinaus organisierten wir für sie, gemeinsam mit den lokalen Behörden, ein Zentrum zur Arbeitsvermittlung. Der damalige Gouverneur von Pennsylvania, Robert P. Casey, hatte mir nach offizieller Bekanntgabe unserer Schließungsabsichten sofort ein kurzes Telegramm mit der Botschaft gesandt: »Volles Verständnis für Ihre Maßnahme, was können wir für Sie tun?« Am bewegendsten aber bleibt in meinem Gedächtnis die realistische Reaktion der Belegschaft. Noch Jahre später erhielt ich immer wieder Briefe von ehemaligen Beschäftigten, in denen sie Volkswagen ihre Dankbarkeit über die guten Arbeitsbedingungen und faire Behandlung zum Ausdruck brachten.

Die Fertigungseinrichtungen wurden von Westmoreland nach China verschifft und am Standort unseres Gemeinschaftsunternehmens in Changchun wieder aufgebaut. Sie sollten ihren Dienst schließlich über die Rekordzeit von mehr als einem Vierteljahrhundert verrichten. Das Werk selbst wurde mit Verlust an die Regierung von Pennsylvania verkauft, die es an Sony verleaste.

Der Schließung unserer Betriebsstätten auf dem US-Markt waren sowohl im Vorstand als auch in unserem Aufsichtsrat ernste Debatten vorausgegangen, wenn auch mit unterschiedlichen Schwerpunkten. Vor allem ging es dabei um den Vergleich mit den japanischen Automobilherstellern, die seinerzeit in den USA – ganz im Gegensatz zu uns oder den US-amerikanischen Herstellern – eine Fabrik nach der anderen errichteten und die Wettbewerber kräftig unter Druck setzten. Während die Japaner von 1982 bis 1989 acht Fabriken in den USA bauten, wurden von 1987 bis 1990 von US-Herstellern und VW auf diesem Markt neun Fabriken geschlossen. Die Japaner hatten dank ihrer inzwischen auf den US-Markt ausgerichteten Produkte und ihres zukunftsweisenden Produktionssystems sehr bald eine Größenordnung erreicht, die nicht nur für die lokale Zulieferindustrie attraktiv war. Auch japanische Zulieferer siedelten sich dort zunehmend an.

Ab 1987 gab es auf dem nordamerikanischen Markt jedoch auch für uns zumindest wieder eine Chance am Horizont: die künftige nordamerikanische Freihandelszone (NAFTA), die neben den USA und Kanada auch Mexiko umfassen sollte. Wir spekulierten fortan auf ihre baldige Realisierung, würde sich dann doch dank unseres mexikanischen Fertigungsstandorts unsere Wettbewerbsfähigkeit in Nordamerika wesentlich verbessern lassen.

Noch vor Westmoreland hatten wir bereits 1987 unser Presswerk in South Charleston, South Carolina, geschlossen und die Einrichtungen zu unserem Werk Puebla in Mexiko verlagert. Wir schafften damit für die mexikanische Tochtergesellschaft, die 1964 zunächst am Standort Xalostoc gegründet und 1967 nach Puebla verlagert worden war, eine erste wichtige Voraussetzung, um expandieren zu können.

Die VW de Mexico hatte bis 1980 immer wieder mit Verlusten zu kämpfen gehabt und konnte in dieser Zeit oft nur durch Kapitalzuführungen der Mutter am Leben gehalten werden. Als die VW AG, Mitte der 70er-Jahre selbst noch in einer schweren Krise, 1976 aufgrund einer Maxiabwertung des Peso erneut mehrere hundert Millionen Mark zuschießen musste, suchte man in Wolfsburg nach einer endgültigen Lösung. Der Plan, die Gesellschaft an die mexikanische Regierung zu verschenken, wurde dann aber doch nicht realisiert. Wesentliche Konzessionen seitens der Regierung bei Preiserhöhungen und der auszugleichenden Devisenbilanz sorgten schließlich für den Verbleib der VW de Mexico im Volkswagen-Konzern, was uns einige Jahre später neue strategische Chancen eröffnen sollte. Als Niedrigkostenstandort war dieses Werk in einer nordamerikanischen Freihandelszone prädestiniert für die Belieferung des US-Marktes.[12]

Die 80er-Jahre verliefen für unsere US-amerikanische Organisation jedoch noch enttäuschend. Der Golf II war einfach nicht ausreichend auf die Bedürfnisse des US-Kunden ausgelegt gewesen – eine bittere Erkenntnis, wenn einem 20 Jahre zuvor, während meiner Zeit als Chef der Volkswagen of America, die Käfer noch aus den Händen gerissen wurden. Unter Führung des neuen Chefs der VWoA, Noel Philips, und seines Stellvertreters James R. Fuller[13] konnte zwar das Schlimmste verhindert werden, aber wir verloren doch – zu einem beträchtlichen Teil mangels Volumen aus wirtschaftlichen Gründen – die Exklusivität unserer Händlerorganisation. Was blieb, war ihre großartige Loyalität.

Erst der auf die Bedürfnisse auch des amerikanischen Marktes ausgerichtete Golf III sollte nach einem mühsamen Start, der

---

[12] Während unserer freundschaftlichen Kontakte mit Daimler, in der zweiten Hälfte der 60er-Jahre, war an der Werksfront der VW de Mexico neben dem VW-Zeichen schon ein Platz für einen Mercedes-Stern reserviert gewesen.

[13] James R. Fuller wurde zusammen mit seinem Marketingdirektor Lou Marengo Opfer eines terroristischen Flugzeuganschlags über dem schottischen Lockerbee. Beide starben als Passagiere des PanAm-Flugs 103 am 21. Dezember 1988.

für die USA 1993 unter meinem Nachfolger stattfand, die Trendwende im US-Markt einleiten. Piëch hatte noch zu meiner Zeit die Qualitätsprobleme während des Anlaufs in Mexiko persönlich in die Hand genommen. Mit dem Golf III begann eine sehr erfolgreiche, expansive Entwicklung der VW de Mexico, nachdem 1994 die NAFTA in Kraft getreten war. Da das Werk in Puebla immer noch Zulieferungen aus Deutschland erhielt, die bis dato wertmäßig durch den Export von Motoren nach Deutschland nicht ausgeglichen werden konnten, brachten die Exporte in die USA nunmehr auch eine Lösung unseres chronischen Devisenproblems. Dieses hatten wir zuvor manchmal nur mittels unserer guten Beziehung zur Regierung regeln können, ein Gebiet, das der Chef der VW de Mexico, Hans Barschkis, meisterhaft beherrschte. Barschkis, ein ehemaliger U-Boot-Kommandant, spielte damals in vielerlei Hinsicht quasi auch die Rolle eines deutschen Botschafters. Er hatte die VW de Mexico vom ersten Tag an geleitet, bis zu seiner Pensionierung 1986.

Im NAFTA-Raum hatten wir unsere Unternehmensstrukturen damit geordnet und konkurrenzfähig gemacht. Sie haben bis heute unverändert Gültigkeit. Von vornherein bestand auch eine Schiene von der VW de Mexico zur VW do Brasil für den Austausch von Komponenten und Fahrzeugen. Heute werden in Mexiko exklusiv zwei VW-Modelle für den Weltmarkt hergestellt: der New Beetle und der Jetta. Auch war dies der letzte Standort, an dem der Ur-Käfer noch bis zum Sommer 2003 vom Band lief. Er wurde 1972 nicht nur zum Weltmeister als meistproduziertes Automobil und löste damit das Ford Model T ab, sondern errang mit einer Produktionslaufzeit von fast 70 Jahren einen weiteren Weltrekord, den ihm wohl kein anderes Fahrzeug jemals mehr streitig machen wird. Auf Platz zwei in dieser Wertung steht ein bei der VW do Brasil nunmehr seit über 50 Jahren gefertigter VW-Transporter. Den dritten Platz belegt der Golf I, der seit 30 Jahren in Südafrika produziert wird und dort weiterhin ein Bestseller ist.

Die VW de Mexico hatte das Geschäftsjahr 1981 erfolgreich abgeschlossen und schien auch 1982 auf einem guten Weg zu sein. Bereits seit Mitte der 60er-Jahre war das Unternehmen Marktführer in Mexiko. So diente mein damaliger Besuch in erster Linie der Information. Konsultationen beim Staatspräsidenten und den für uns wichtigen Ministern, die sich anschlossen, waren in diesen Ländern zu einer routinemäßigen Notwendigkeit geworden, während man sich in Westeuropa, Nordamerika und Japan in aller Regel »nur« um die Märkte zu kümmern hatte.

In Brasilien war nach dem kritischen Rezessions- und Inflationsjahr 1981, das unserer dortigen Tochtergesellschaft einen dramatischen Ergebnis- und Liquiditätseinbruch beschert hatte, noch keine wesentliche Verbesserung auf dem Automobilmarkt eingetreten. Die Situation blieb ernst. Ich fand aber um Wolfgang Sauer, den ich noch nicht kannte, eine motivierte VW-Mannschaft. Sauer war von der brasilianischen Bosch-Niederlassung gekommen und ursprünglich für den Vorsitz bei Audi vorgesehen gewesen.

In Brasilien, wie zuvor schon in Mexiko, war mir eines negativ aufgefallen: die mangelnde »Nationalisierung« der Führungspositionen. Man hatte es bisher völlig versäumt, das gewaltige intellektuelle Potenzial dieser riesigen Länder zu nutzen. In Wolfsburg fehlte außerdem jegliche Planung für die Wahrnehmung der einzigartigen Chancen einer weltweiten Personalrotation zur Weiterbildung des Managements.

Dafür waren Wolfgang Sauer wie auch seine beiden Vorgänger Werner P. Schmidt und der Gründer dieser größten VW-Auslandsgesellschaft, Wilhelm (Bobby) Schultz-Wenk, wie Brasilianer angesehen und hoch geachtet. VW und den Käfer betrachtete man ohnehin als Brasilianer. Schließlich blieben trotz Globalisierung alle unsere Märkte »lokal«.

Wir hatten in Brasilien, lange nach GM und Ford, die bereits nach dem Ersten Weltkrieg gekommen waren, erst 1953 begonnen. Dank des Käfer wurden wir dort dennoch sehr schnell die Nummer 1 und blieben es fast ein halbes Jahrhundert lang. Da der brasilianische Markt aufgrund eines per Gesetz verordneten nationalen Fertigungsanteils von fast 100 Prozent abgeschottet war, folgte uns unsere Zulieferindustrie, von Bosch über Benteler, Karmann, ThyssenKrupp, Mannesmann bis Metzler, um nur wenige zu nennen. Dadurch waren schon bald alle Aushängeschilder, insbesondere der deutschen Industrie, in Brasilien vertreten. Als Schlüsselindustrie brachten wir also zum Nulltarif auf breiter Front Kapital und Know-how ins Land. Schwer zu verstehen, dass auch heute noch viele politische Kräfte diese weltweit nachweisbare, segensreiche Entwicklung durch Multis nicht wahrhaben wollen. Die Globalisierung kann dank der neuen Dimension des technischen Fortschritts mehr denn je zum Wohl aller an diesem Prozess Beteiligten beitragen. Allerdings müssen ein Mindestmaß an wirtschaftspolitischen Voraussetzungen, sozialer Friede und Ausbildungsgrundlagen vorhanden sein, nicht aber Korruption und Misswirtschaft.

Im Krisenjahr 1981 hatten massive Nachfrageeinbrüche und staatliche Preiskontrollen Sauer gezwungen, die Belegschaft beträchtlich zu reduzieren. Ein von Schmücker in Auftrag gegebener Sanierungsplan sah bei der VW do Brasil für 1982 weitere drastische Maßnahmen zur Kostensenkung vor. Alle Leiter »kritischer« Tochtergesellschaften hatten nunmehr im Monatsrhythmus über die Ergebnisse ihrer Arbeit im Vorstand in Wolfsburg zu berichten.

Im März 1979 hatte Volkswagen die Chrysler-Lkw-Fabrik in Brasilien gekauft. Diese lag in Anchieta, einem Vorort von São Paulo, unserem Werk direkt gegenüber. Knapp ein Jahr später übernahm Volkswagen zusätzlich die argentinischen Chrysler-Werke und wurde damit auch in jenem Land erstmals zum Produzenten von Personenwagen. Kurz zuvor hatte GM in Argentinien allerdings »die Koffer gepackt«, weil man die politische Situation als hoffnungslos erachtete. Parallel zu unserem Kauf der dortigen Chrysler-Werke schien sich aber ein grundlegender Stimmungswandel pro Argentinien einzustellen, der besonders europäische Investoren animierte.

Doch bereits Anfang der 80er-Jahre sollte der argentinische Automobilmarkt erneut dramatisch, um mehr als die Hälfte, einbrechen. Die Situation hätte kaum schwieriger und verlustreicher sein können. Unser Produktionschef Jürgen Berger arbeitete verzweifelt an einem Fahrzeug, für das Teile noch aus England importiert werden mussten. Es gelang schließlich, in diesen – unseren einzigen – Personenwagen einen 1,6-Liter-/Vierzylinder-VW-Motor (mit Heckantrieb!) einzubauen, sodass wir der argentinischen Öffentlichkeit bald stolz unseren »VW 1500« vorstellen konnten. Tatsächlich handelte es sich bei diesem Wagen um einen britischen Hillman-Minx, der zuvor unter Chrysler den stolzen Namen »Dodge 1500« geführt hatte. Damit besaßen unsere Händler in diesem Land zumindest wieder eine Existenzbasis. Mühsam suchten wir mit brasilianischer VW-Hilfe, eine Programmausweitung zu bewerkstelligen.

Für uns als Marktneuling war die Situation in Argentinien somit, entgegen unseren Erwartungen, äußerst brisant. Es galt primär die »Blutungen« zu stoppen und die Händlerorganisation zu retten. Die Kaufkraft im Inland war gering und infolge der Wechselkurspolitik der Regierung an Exporte – außer mit großen logistischen Hindernissen nach Brasilien – nicht zu denken. Dennoch versuchten wir, einen größtmöglichen Teil unserer Belegschaft zu halten. Im Kapitel »Kooperationsstrategien« werde ich auf das Thema Argentinien zurückkommen.

Die schönste Erinnerung an meinen ersten Besuch blieb das Joggen mit jungen Polizisten frühmorgens nach meiner Ankunft in den herrlichen Parks von Buenos Aires. Die Avenuen und Bauten dieser Stadt reflektieren den Wohlstand des vor dem Ersten Weltkrieg fünftreichsten Landes der Welt noch heute.

In Brasilien stand jetzt mit größter Dringlichkeit die Modernisierung der Lkw-Sparte an. Ich traf auf der anderen Straßenseite des VW-Werks in Anchieta, das fast Wolfsburger Dimensionen hatte, in der ehemaligen Chrysler-Fabrik einen erfahrenen amerikanischen Manager und Profi auf dem Lkw-Gebiet: Don Dancey. Von ihm konnte ich eine Menge dazulernen. Gott sei Dank hatte ich bei Conti durch das Lkw-Reifen-Geschäft bereits Erfahrungen in der Lastwagenindustrie sammeln können. Meine Kenntnisse über Produkte, Hersteller, Märkte und das Wichtigste, ihre Kunden, sollten sich nun als hilfreich erweisen.

Dancey war noch völlig konsterniert über einen Besuch, den er gerade gehabt hatte. Er verstand die Welt nicht mehr: Ein hochgestellter Manager war eigens aus Wolfsburg angereist, um ihn zu überzeugen, besser gesagt zu zwingen, für sich und seine Mannschaft einen Bonus für das abgelaufene Geschäftsjahr zu akzeptieren, trotz eines Rekordverlusts von 10 000 DM pro Lkw. Verwöhnt durch die einstigen Käfer-Erfolge, betrachteten einige VW immer noch als eine Versorgungsanstalt mit Existenzgarantie durch das VW-Gesetz.

Mercedes besaß in Brasilien, das bis zum heutigen Tag über so gut wie keine Eisenbahn verfügt, mit seinem quasi Lkw- und Busmonopol sicher die Ertragskraft, um eines Tages auch einen Angriff auf unser Pkw-Geschäft finanzieren zu können. Ich sah für uns deshalb die klare strategische Aufgabe darin, dieses Lkw-Monopol zu brechen. Ehrlich gesagt dachte ich damals noch nicht an die Erringung der Marktführerschaft, jedoch an »normale« Wettbewerbsverhältnisse. Das Ziel der Marktführerschaft nahmen wir realistischerweise erst mit der Gründung der Autolatina ins Visier. Es sollte fast 20 Jahre später – besonders auch dank José Ignacio Lopez – erreicht werden.

Für mich war klar, dass sich uns mit der von Chrysler erworbenen Lkw-Sparte eine Chance bot. Um mit Lkw jedoch Geld verdienen zu können, waren erst einmal erhebliche Vorleistungen vonnöten. Ganz obenan stand die Ablösung der alten Achtzylinderbenziner und alkoholbetriebenen (Zuckerrohrschnaps) Lkw von Chrysler durch ein modernes Lkw-Programm. Dabei halfen uns insbesondere unsere Erfahrungen aus der Zusammenarbeit mit dem Lkw-Hersteller MAN. Schrittweise wurde die Lkw-Modellpalette zu einem voll wettbewerbsfähigen Angebot in der Gewichtsklasse von 6 bis 26 Tonnen ausgebaut, wobei Axel Balk, ein junger Ingenieur aus Hannover, den ersten schweren VW-Lastwagen seines Lebens entwickelte, der sich als Meisterleistung erweisen sollte.

Ebenso wichtig war der Aufbau einer hochkalibrigen, exklusiven Lkw-Händlerorganisation, obwohl wir mit einem Mini-Marktanteil starten mussten. Eine ausreichend große Zahl besonders erfolgreicher und damit wohlhabender VW-Händler half uns, eine moderne und beeindruckende exklusive VW-Lkw-Absatzorganisation aus dem Boden zu stampfen. Die Erfolge im Markt gegen den großen Konkurrenten Mercedes blieben nicht aus.

Gleichzeitig versuchten wir, Nordamerika als Exportmarkt aufzubauen. Dafür meldete ich mich – »cold call«, wie man so schön sagt – bei Chuck Pigott, dem Chairman der Paccar-Holding in Seattle (Peterbuilt, Kenworth und inzwischen auch DAF). Ihm fehlte in seinem Programm die Lkw-Mittelklasse, die er besonders für seine Händler wegen der japanischen Konkurrenz brauchte, während es uns an Marktpotenzial mangelte. Paccar war zwar nicht immer die Nummer 1 für Lkw der Klasse 6 bis 8 in den USA gewesen, bis zum heutigen Tag aber zumeist die Nummer 1 beim Gewinn. Dieses von der Familie Pigott beherrschte Unternehmen sollte von 1985 bis 1995 unser Partner werden und damit eine wichtige Brücke in die Zukunft. Leider rechnete es sich nicht überzeugend, uns mit Paccar in Brasilien zu kombinieren.

Im Pkw-Bereich eröffneten sich der VW do Brasil mit der Markteinführung des Santana (Passat-Klasse) im Sommer 1984 vielfältige Chancen. Auf seiner Plattform wurde ein breit gefächertes Angebot entwickelt, bis hinunter zum »Gol« in der Polo-Klasse, der inzwischen sogar seinen Weg nach China gefunden hat. Auch der Käfer blieb Brasilien weiterhin erhalten. Nachdem seine Fertigung 1986, nach 27 Jahren, zunächst eingestellt worden war, wurde sie im Frühjahr 1993, wenn auch befristet, erneut aufgenommen. Dies geschah nicht zuletzt, weil der Käfer Teil des Warenkorbs für die Ermittlung der brasilianischen Lebenshaltungskosten war und uns die Regierung handfeste Vorteile bot.[14]

Bei meinen nunmehr regelmäßigen Reisen nach Brasilien begann mein Tag in der Fabrik unmittelbar nach der Landung. Ich wohnte teilweise in einem billigen Hotel in Anchieta, was man zwar nicht allzu gerne sah, mir aber jeden Tag stundenlanges Hin- und Herpendeln zwischen Fabrik und Innenstadt ersparte. Programmpunkt eins waren stets die Technische Entwicklung sowie Probefahrten sowohl mit konzerneigenen Modellen als auch mit Pkw und Lkw der Konkurrenz. Dabei zahlte sich aus, dass ich bei der deutschen Wehrmacht meinen Panzer- und meinen Lkw-Führerschein gemacht hatte.

Nur am Rande sei erwähnt, dass auf meiner zweiten Reise auch mein erster und letzter Besuch unserer Rinderfarm »Companhia Vale do Rio Cristalino« in Parana auf dem Programm stand. Es handelte sich dabei um einen 140 000-Hektar-Betrieb, den wir, beginnend mit einer Schule mitten im Urwald bis zur Überstundenbezahlung (!) der Cowboys, vorbildlich, aber unrealistisch für die Branche führten. Unter der professionellen Leitung eines von der Eidgenössischen Technischen Hochschule (ETH) Zürich diplomierten Landwirtes wurde Umweltgesichtspunkten größte Aufmerksamkeit gewidmet. Die Farm wie auch ein Schlachthof nebenan, an dem wir gemeinsam mit einer Reihe namhafter brasilianischer Unternehmen beteiligt waren, erwiesen sich als finanzielles Desaster. Sie wurden schließlich zum Verkauf gestellt, der sich für uns als langwierig und ebenfalls teuer erweisen sollte. Aus einem Steuerspar-Entwicklungsmodell des brasilianischen Staates war für uns ein Verlustgeschäft in dreistelliger Millionenhöhe geworden. Die

---

[14] Die Wiederaufnahme der Käfer-Fertigung erfolgte im Rahmen des »Popular Car Programme« zur Förderung der Produktion von niedrigvolumigen beziehungsweise traditionsreichen Fahrzeugen.

Verträge mit der International Finance Corporation (IFC) ließen uns auf den Schulden des größten Schlachthofs von Südamerika sitzen.

Nord- und Südamerika sollten für uns kritische Regionen bleiben. Ein schriftlicher Reisebericht an die Vorstandskollegen gab die Eindrücke meiner ersten Reise ungeschminkt wieder. Es war das erste Mal in der VW-Geschichte, dass ein Vorstandsvorsitzender nach dem Besuch von Tochtergesellschaften im Ausland einen schriftlichen Bericht vorlegte und zur Debatte stellte.

Neben den Konzerngesellschaften auf dem amerikanischen Kontinent war Triumph-Adler ein Sorgenkind in akuter Gefahr. Mein Kollege Münzner hatte von seinem Finanzkollegen Friedrich Thomée nach dessen Eintritt in den Ruhestand den Aufsichtsratsvorsitz bei Triumph-Adler übernommen und blieb redlich bemüht, diese Firma zu sanieren. Sie hatte uns inzwischen weit mehr als den Kaufpreis von 650 Millionen DM zusätzlich gekostet. Überall traf ich im Volkswagen-Konzern auf TA-Schreibmaschinen, was aber nur einen Tropfen auf dem heißen Stein bedeutete.

Wir hatten auf diesem Gebiet keinerlei Erfahrung. Es mangelte uns einfach an unternehmerischem wie technischem Gespür und somit am notwendigen Urteilsvermögen. Dieses war allerdings auch bei TA selbst nur unzureichend vorhanden. Man war der Vergangenheit, der Tradition verhaftet. Dessen ungeachtet wurden beachtliche Anstrengungen unternommen, die Verkäufe der elektronischen Schreibmaschinen erheblich erhöht und eine Computerfamilie für multifunktionale Arbeitsplatzsysteme geschaffen. Wir bemühten uns verzweifelt, die Firma auf einen verkaufsfähigen Stand zu bringen, Arbeitsplätze zu retten.

Die neue, die Welt revolutionierende Zukunftsindustrie der Informations- und Kommunikationstechnologie auf »Silicon-Basis« sollte sich in erster Linie in den USA und später in Asien im Rahmen einer extrem spezialisierten Arbeitsteilung entwickeln, wie uns jeder Blick auf und in unser Notebook oder unsere Büros überzeugend zeigt. Sie hat nicht nur Millionen Arbeitsplätze geschaffen, sondern ganze Regionen direkt und die Weltwirtschaft und unser aller Leben indirekt in eine neue Dimension katapultiert. Grundlegende Forschungen, die diese Technologie erst ermöglichten, hatten ihren Ursprung häufig in deutschen Labors, wenn wir an den Computer von Zuse oder die Erfindung des Faxgeräts denken.

Es war für uns klar, dass TA verkauft werden musste, je schneller, desto besser und um jeden Preis, denn wir erhöhten zwar unsere Umsätze, reduzierten aber nicht die Verluste. Wir hätten TA jedoch auch verkauft, wenn es profitabel geworden wäre. Ich verbreitete den damals gar nicht zeitgemäßen Glauben an das Automobil und war im Einklang mit meinen Kollegen entschieden gegen jede Diversifizierung oder auch nur Vertikalisierung unserer Fertigungstiefe, sprich die Beteiligung oder Übernahme von Lieferanten oder Händlern. Sehr bald schrieben wir sogar die Verringerung unserer Fertigungstiefe auf unsere Fahnen, nachdem wir die Vorteile einer solchen Politik bei unseren japanischen Konkurrenten studiert hatten.

Um nicht Gefahr zu laufen, TA blamabel schließen zu müssen, blieb 1986 nur noch der Verkauf an meinen Freund Carlo de Benedetti, damals Mehrheitsaktionär von Olivetti, dem zu guter Letzt einzigen Kaufinteressenten weit und breit. Wir erhielten einen symbolischen Betrag als Kaufpreis, hatten im Gegenzug jedoch eine beträchtliche Zahlung an Olivetti zu leisten für den vertraglich vereinbarten Erwerb von Olivetti-Aktien im Gegenwert von 595 Millionen DM. Unfreiwillig wurden wir dadurch mit einem fünfprozentigen Anteil zum zweitgrößten Olivetti-Aktionär. Angesichts unserer laufenden Verluste und der Managementbindung war es nicht schwer, den Kollegen im Vorstand und dem Aufsichtsrat diese Transaktion klar zu machen, sosehr sich mir die Federn sträubten. Sie stellte für uns die wirtschaftlichste Lösung dar. Auch für Olivetti erwies sich die Akquisition als kein gutes Geschäft. Trotz des tüchtigen Olivetti-Managers Franco Tatò, der aus Italien nach Nürnberg gekommen war, konnte ein weiterer Leidensweg für TA nicht verhindert werden.

Wie erwartet erforderten unsere Olivetti-Aktien noch einmal eine große Wertberichtigung. Die Endabrechnung für unser TA-Engagement habe ich mit einem Verlust von insgesamt 2,5 Milliarden DM in Erinnerung, wie wir unseren Aktionären auf der Hauptversammlung 1987 mitteilten. Das ursprünglich erhoffte zweite Standbein des Konzerns hatte damit mehr gekostet als der Erwerb von Seat und Škoda zusammen.

Gott sei Dank sollte der wesentliche Teil meines Arbeitstages mehr und mehr mit strategisch expansiven und erfolgreichen Projekten ausgefüllt sein, die Volkswagen in eine neue, globale und starke Position führten, aufgestellt für die Welt des inzwischen angebrochenen 21. Jahrhunderts.

III

Produktstrategie

Volkswagen blickt zurück auf eine (Produkt-)Geschichte ohne Parallele: Nach Hitler, dem Inferno des Zweiten Weltkriegs und einem Intermezzo der Amerikaner besetzten die Briten Wolfsburg. Major Ivan Hirst von REME (Royal Electrical and Mechanical Engineers) verantwortete unter Colonel Charles Radclyffe die Entwicklung von 1945 bis 1949. Hirst entdeckte Heinrich Nordhoff, setzte ihn am 1. Januar 1948 als Generaldirektor ein und ließ ihm freie Hand.[15] Damit begann der Wiederaufbau aus Ruinen und der Aufstieg zu einem Symbol des deutschen Wirtschaftswunders. So manche »After-Dinner-Speech« begann ich mit der Feststellung, dass Volkswagen zum erfolgreichsten Unternehmen der Welt wurde ... das britische Streitkräfte je gründeten.

Ohne den Willen und Idealismus der Nachkriegsbelegschaft – an Hugo Bork, den Betriebsratsvorsitzenden, verdient an dieser Stelle besonders erinnert zu werden – wäre eine solche Entwicklung nicht denkbar gewesen. Bork verband mit Nordhoff das Interesse »ihres« Unternehmens, dem jede Priorität galt und das damals praktisch herrenlos war, sowie soziales Engagement

[15] Vorgänger von Heinrich Nordhoff war der von den Briten als Vermögensverwalter eingesetzte Dr. Hermann Münch.

und gegenseitige Achtung. In meinen unzähligen Gesprächen mit Bork und seinen Kollegen gab es in der Nordhoff-Zeit eigentlich nur ein Thema – Sonderschichten. Ich verehrte Bork wegen seiner Menschlichkeit und Selbstlosigkeit.

Das erste VW-Nachkriegsprodukt war der KdF-Wagen des Dritten Reichs. Er barg in sich die Summe der Erfahrungen eines der kreativsten Pioniere der Automobilgeschichte der ersten Hälfte des 20. Jahrhunderts: Ferdinand Porsche aus Maffersdorf (heute Vratislavice) in Böhmen. Sein von den Amerikanern später liebevoll »Käfer« getauftes Fahrzeug, intern »Typ 1« genannt, enthielt sogar Elemente seines Auto-Union-Rennwagens, der damaligen Formel 1. Es steckte so viel jugendliche Vitalität in ihm, dass es erst knapp 70 Jahre nach seiner Geburt eingestellt wurde – was viele immer noch als zu früh erachteten.

Der globale Erfolg dieses Fahrzeugs ist ein Verdienst des Unternehmers Heinrich Nordhoff.[16] Nach dem Ford Model T war der Käfer das zweite »Weltautomobil«. Aber anders als sein amerikanischer Vorgänger bedeutete er Prestige, war Symbol für Fortschritt und Qualität. Als klassenloses Fahrzeug, beliebt bei Arm und Reich, erwarb sich der Käfer den höchsten Status, den ein Automobil erreichen kann: statusfrei zu sein. Seine als sympathisch akzeptierte Form fiel auf. Kein anderes Automobil sah ihm ähnlich.

Der Siegeszug des Käfer machte seine Ablösung zu einer Existenzfrage. Die Prognosen waren dabei durchweg von Skepsis geprägt, hatte doch auch der Auslauf des Ford Model T in Amerika zunächst einmal zur Schließung der betroffenen Werke geführt. Zwar waren mit dem VW-Transporter, einem Käfer-Derivat und dem VW Karmann Ghia oder dem Cabrio inzwischen neue Modelle geschaffen worden. Dabei handelte es sich, abgesehen vom VW-Transporter, der eine eigene Produktklasse kreierte, aber um Programmergänzungen an der Peripherie auf Käfer-Plattform. Die Entwicklung eines Nachfolgers für ein

---

16 Siehe auch »Heinz Nordhoff und Volkswagen. Ein deutscher Unternehmer im amerikanischen Jahrhundert«, Heidrun Edelmann, 2003.

Fahrzeug mit einer Tagesproduktion von bis zu 4 300 Einheiten bedeutete eine neue Dimension der Aufgabenstellung in Europa, noch dazu für ein Unternehmen, das dieses einzigartige Automobil nicht selbst konstruiert hatte. Es ging um Gedeih oder Verderb.

Nordhoff war sich dieses mit dem Erfolg exponentiell wachsenden Risikos bewusst. Bereits in den Anfangsjahren, mit noch kleinen Produktionszahlen, riefen die Händler am lautesten nach einem neuen Wagen: »Vier Türen und den Motor an der richtigen Stelle!« Dafür war kein Geld vorhanden. Entwicklungen aber, die über bald zwei Jahrzehnte fast alle auf dem Konzept des Käfer aufbauten, konnten nie überzeugen, wurden immer wieder von dessen wachsenden Verkaufserfolgen überholt und endeten in der Schrottpresse. Der schließlich Anfang der 60er-Jahre auf den Markt gebrachte Typ 3 war zu knapp oberhalb des Käfer angesiedelt, basierte ebenfalls auf der Käfer-Technik mit all den damit verbundenen Nachteilen und stellte für den Kunden nicht viel mehr dar als eine wenig überzeugende konventionelle Karosserievariante.

Ich vertrat deshalb den Standpunkt, dass es besser sei, erst einmal weiter auf den Käfer zu setzen und sein Potenzial mit allen Instrumenten des Marketings auszuschöpfen, als ihn zu früh mit zweitklassigen Fahrzeugkonstruktionen ablösen zu wollen. Sie hätten nur seine Marktposition untergraben, ohne eine annähernd vergleichbare Marktstellung erreichen zu können.

Solange wir in den USA ausreichendes Wachstum mit dem Käfer beinahe garantieren konnten, verzichtete ich dort jahrelang sogar auf den Import des Typ 3, was auf herbe Kritik in Wolfsburg stieß. Unsere amerikanische Organisation aber blieb dadurch kostenoptimal, und wir schafften planmäßig einen Reservemarkt für zu erwartende europäische Überschusskapazitäten. 1971 sollte uns diese Ventilfunktion des US-Marktes den Verkauf von über einer halben Million VW-Fahrzeugen und eine Käfer-Rekordproduktion ermöglichen. Das entsprach etwa einem Drittel der gesamten VW-Fertigung in Deutschland.

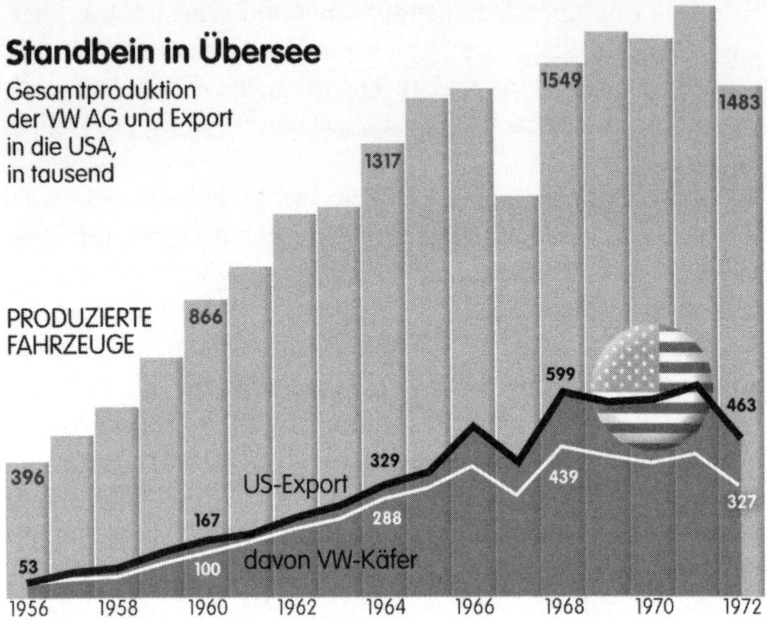

Detroit hatte den amerikanischen Kunden durch seine Werbung und eine Modellpolitik der jährlichen kosmetischen Änderungen zum Prestigedenken erzogen. Man könnte in diesem Zusammenhang fast von Konsumterror sprechen. Die Kontinuität des Käfer – durch den Verzicht auf eine Politik des Änderns um des Änderns willen – hatte den Käufer von diesen Fesseln befreit und damit eine Revolution ausgelöst, die das Haushaltsbudget der Kunden entlastete.

Großen Zuspruch fand der in der untersten Preisklasse des Marktes angesiedelte Käfer zuerst im Segment der besser Ausgebildeten und höheren Einkommensgruppen.[17] Er erlangte dadurch ein hohes Prestige, das schließlich auch die unteren Käuferschichten anzog und damit zu einer Nachfrageexplosion

[17] Der Käfer stand in den USA in seiner Preisklasse im Wettbewerb mit großen Sechszylinder-Chevrolets.

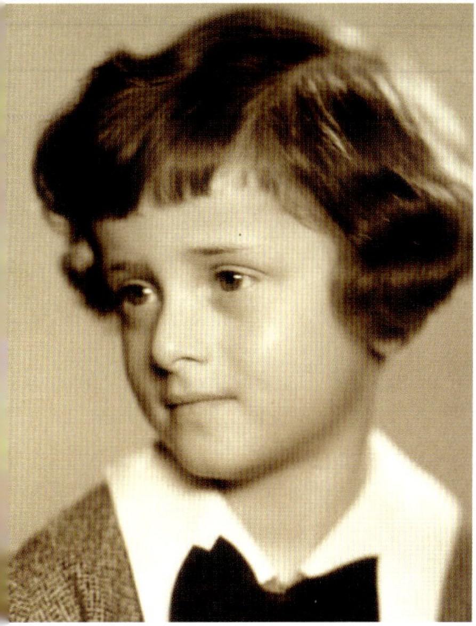

Als Fünfjähriger in Zschopau. Ich stellte mich
mer vor: »Ich heiße Carl Horst und werde Bubi
nannt.«

2 Meine Mutter besuchte mich im Spätsommer 1944 in Kamenz. Ich diente dort im Panzerersatz- und Ausbildungs-Regiment 18 unter Oberst von der Decken.

3 Werner und Hilde Jacobi, die sich nach ihrer Flucht aus Deutschland in Montevideo als Gerber eine neue Existenz aufbauten, besuchen uns 1955. Werner Jacobi hatte mir nach dem Krieg mein erstes Semester in Zürich mit 1.000 Schweizer Franken finanziert und mir damit das Fenster zur Welt und zu meiner Karriere geöffnet. ▾

4 Mutter und Sohn, Mitte 1946: Damals lebte die fünfköpfige
nilie als Flüchtlinge im bayrischen Sandizell bei Ingolstadt. Unsere
te Wohnung bestand dort für vier Jahre aus einem Allzweck-
mer plus Küche. Die war wichtig. Denn meine Mutter war eine
nadete Hausfrau und kannte alle Geheimnisse der österreichischen
he. Als mein Vater und ich im Herbst des selben Jahres ins
inland übersiedelten hatten wir leider viel zu selten etwas davon.

◂ 5 Mein Vater führt den Va
des Wirtschaftswunders P
fessor Ludwig Erhard um 19
durch seine erste Motorra
Ausstellung.

Mitte: 6 Der erste nach Krie
ende von uns im Westen a
Ersatzteilen »gefertigte« DK
erwies sich für uns als zuverl
siges Arbeitspferd. Ein
Kraftfahrzeug-Brief für ihn h
te uns der legendäre Rennfah
Tazio Nuvolari geschenkt. S
DKW war bei einem Brand
Modena zerstört worden.

7 Bill Bernbach, Mitbegrün
»meiner« amerikanischen W
beagentur Doyle, Dane a
Bernbach (DDB) - damals
Winzling in der Branche mit
Millionen Dollar Umsatz
tauchte im Sommer 1959 in
Wolfsburger VW-Welt ein.
links: Helmut Schmitz, späte
VW-Werbechef und in die H
of Fame der deutschen W
bung aufgenommen, der leg
däre Bill Bernbach, C.H.H.
Ned Doyle. ▾

8 Ehrengast beim 50. Ge-
rtstag des Käfers war der bri-
che Major Hirst. Eine Straße
Wolfsburg trägt seinen Na-
n. Er spielte eine Schlüssel-
le für VW nach der Kapitu-
on. Volkswagen entging der
montage dank des Desinteres-
der britischen Automobil-
ustrie am Käfer. Sie befand,
s er »of no commercial value«

en rechts: 9 Vorstellung des
ten Nachkriegs-DKW in den
olstädter Kasematten im Juli
50: Richard Bruhn, Walter
swald, der Senior der Motor-
rnalisten, August Horch und
in Vater.

Heinrich Nordhoff (m.) und
nk Novotny (r.) eröffneten mit
1962 den neuen Geschäftssitz
Volkswagen of America in
glewood Cliffs (N.J.). An-
ließend hielt Nordhoff vor
tretern der US-Automobil-
ustrie in Detroit einen viel-
chteten Vortrag, der wegen
eskalierenden Kuba-Krise
Art Railton und mir über
cht noch einmal überarbeitet
rden war.

11 Im hellen Anzug lacht u
strahlt bei unserem Antrit
besuch an meiner Seite in S
Francisco Reynold C. Johnsc
unser Vertragsgroßhändler f
Nordkalifornien. Neben ih
Mein väterlicher Freund, d
großartige VW-Exportchef M
nuel Hinke (aus Peru). Ga
rechts: Alfred Kalmbach, ve
antwortlich für die USA we
lich des Mississippi. Karma
Ghia Coupés und Cabrios wu
den damals zu 50 Prozent
den USA verkauft. Heute hab
sie Kult-Status.

12 Wegbegleiter: Horst Urban und Helmut Werner (v.l.n.r.), beide aus der Zeit bei Conti sowie Klaus von Dohnanyi. Ihn, der sich schon in frühen Jahren einen Namen bei Ford gemacht hatte, holte ich in den Aufsichtsrat von Audi. Von Dohnanyi war auch einer der Pioniere der Einkaufsoffensive Neue Bundesländer.

13 Der 50. Käfer-Geburts
wird 1985 in Wolfsburg gefei
Von links: Anton Konrad, H
Münzner, Louise Piëch, Ju
Münzner, Ferdinand (Fer
Porsche, meine Frau Mar
Niedersachsens Ministerpr
dent Ernst Albrecht, C.H
und der VW-Betriebsratsv
sitzende Siegfried Ehlers.

Der 50 Millionste Volkswagen lief 1987 in Wolfsburg vom Band. VW-Betriebsratschef Walter Hiller, ter niedersächsischer Sozialminister, hält meine Hand. Auf meiner anderen Seite: Gerd Ganninger, ef der Montage, und Werkleiter Helmut Amtenbrink. 18 Jahre später, im Mai 2005, überschritt VW die)-Millionen-Marke.

Italiens Präsident Cossiga und Außenminister Andreotti wurden in Wolfsburg begeistert empfangen. es doch die größte italienische Stadt nördlich der Alpen.

16 Oberbürgermeister Werner Schlimme (links) und Oberstadtdirektor Professor Dr. Peter Lamb überreichten mir die Ehrenbürger-Urkunde von Wolfsburg. In einem halben Jahrhundert ist es meiner ersten Heimatstadt geworden.

17 Salvatore Pravata (rec war 1991 während ei Samstagsschicht mein M ter in Halle 54. Auf me anderen Seite steht m Schicht-Kumpel Torsten kobs. Mit beiden bin ich heute freundschaftlich bunden. Ich montierte K für den Golf.
Bei einer Schicht im N fahrzeugwerk Hannover es 1983 die Hinterachse VW LT gewesen. Dan noch relativ neu im Ur nehmen, wurde ich von m nem Kumpel Hubert J bowski zunächst für e evangelischen Bischof ge ten.

Manchmal wurde auch mein praktisches Können getestet – so beim Punktschweißen in einer ›rikhalle unserer mexikanischen Tochtergesellschaft 1991. Über mangelndes Publikumsinteresse ›nnte ich mich nicht beklagen.

Berlin spielte in der Un- ›nehmenspolitik von VW ›mer eine Sonderrolle: Der ›nalige Regierende Bürger- ›ister Eberhard Diepgen ›t dem VW-Aufsichtsrats- ›sitzenden Karl Gustav ›tjen und mir.

20 Bundesbahn-Chef Heinz Dürr 1991 im Volkswagen-Werk. Mit Dürrs Hilfe gelang es mir, die Gel der neuen ICE-Strecke entgegen den Planungen aller Parteien von Berlin durch Wolfsburg trassieren lassen. So wurde die Hauptstadt von Volkswagen – größter Kunde der europäischen Bahn seit ewi Zeiten – ICE-Station.

21 Meine Sicherheitsbegleiter waren gleichzeitig meine Sportkameraden. Von links nach rechts: Helr Kaussel, Hubert Sprenger, Frank Georg, Peter Stemmler, Michael Landmann, Detlev Stahmer, Ha Funke, Klaus-Dieter Hoffmann, Klaus Rüger, Michael Neuse, Manfred Kühn, Thomas Krahl, Ha Jürgen Wehlauer.

führte. Der Käfer war zu einem geliebten Mitglied der Familie geworden, das zufällig in der Garage wohnte.

Als später die erste Generation japanischer Kleinwagen in den USA angeboten wurde, verschwand sie mangels Qualität so schnell, wie sie gekommen war. Erst die zweite Welle in den 70er-Jahren sollte den amerikanischen Automobilmarkt ein weiteres Mal revolutionieren. Erneut verkannten die US-amerikanischen Hersteller die Signale des Marktes und verloren so im Pkw-Bereich bis zum Ende des 20. Jahrhunderts 50 Prozent ihres Heimatmarktes. Auch in Europa hatten wir die Erfolgsgründe der Japaner über eine zu lange Zeit ignoriert oder sprachen vorzugsweise von Dumping.

Der Rückgang der Käfer-Verkäufe in Europa, um 1960, traf einige von uns nicht unerwartet. Bereits 1959 hatte ich als Chef der Volkswagen of America prophylaktisch den Ausbau der US-Absatzorganisation von 300 auf 1000 VW-Händler veranlasst, obwohl theoretisch dafür gar keine Fahrzeugkapazitäten zur Verfügung standen, was mir Wolfsburg deutlich zu verstehen gab.

Wir schienen jedoch den Markt realistischer einzuschätzen. Die so genannten »Grauimporte« von Käfern erschienen uns als ein deutliches Indiz. Sie hatten 1958 in den USA fast 50 Prozent der gesamten VW-Zulassungen von 100 000 Wagen erreicht. Ohne den »grauen Import« aus Europa, dank großer europäischer VW-Geschäftspartner, hätte uns Renault mit seiner Dauphine damals sogar überholt. Im Hamburger Hafen gab es seinerzeit große Werkstätten, die europäische Käfer auf amerikanische Spezifikationen serienmäßig umrüsteten. Dieses Geschäft sollte erst mit meiner Rückkehr nach Europa, im Frühjahr 1964, ein jähes Ende finden.

Wolfsburg hatte den Chefs der VW-Tochtergesellschaften aus Kanada (Werner Jansen), Asien, Australien/Neuseeland und Afrika (Klaus Detlef von Oertzen), Brasilien (Wilhelm Schultz-Wenk) und mir schon 1960 den Prototypen der späteren Typ-3-Limousine gezeigt. Wir alle hielten nicht viel davon, was zur

Einführung eines »Geheimgrußes« unter uns führte. Werner Jansen regte damals die Entwicklung des Typ-3-Variant an und gab damit den Startschuss für eine Fahrzeuggattung, die im VW-Programm bis zum heutigen Tag eine wichtige Rolle spielt.

Nachdem ich nach Europa zurückgekehrt war, wurde ich bald mehr und mehr mit Fragen der Automobilentwicklung konfrontiert – ein für einen Vertriebschef kardinales Aufgabengebiet, ist er doch meist der Erste, der fliegt, wenn entscheidende Fehler in der Produktpolitik gemacht werden. Porsche unterbreitete damals den Vorschlag eines luftgekühlten Sechszylinder-Heckmotorfahrzeugs der heutigen Audi-A6-Klasse, das uns neue, wenn auch damals recht kleine Märkte erschlossen hätte. Ich war der einzige Wolfsburger, der für diesen Wagen votierte, und zwar nicht nur, weil er uns als Testfall für die Einführung eines neuen Modells hätte dienen können, sondern auch, weil er im Markt weit genug vom Käfer entfernt angesiedelt gewesen wäre.

Noch während meiner Zeit in den USA hatte mich der Formel-V-Rennsport fasziniert, dessen Anhängerschaft dort eine immer größere Verbreitung fand. Begeisterte amerikanische VW-Händler und US-Luftwaffenoffiziere bis hinauf zu General Grisworld vom Strategic Air Command in Omaha (Nebraska), die damals eine Vorliebe für den Käfer entwickelt hatten, waren die Väter dieser Rennsportkategorie.[18] Bei einem Osterurlaub in Nassau, Bahamas, waren auch meine Frau und ich begeistert Formel V gefahren, wenngleich nicht im Rennen … Zurück in Deutschland, entstand bald die Idee, diesen populären Motorsport aus den USA auch auf den europäischen Kontinent zu bringen. 1966 erteilte mir Nordhoff dazu die Genehmigung, mit einem Budget von 100 000 DM.

---

[18] Der Käfer war zu einem absoluten Kult- und Hobbyobjekt geworden, was auch zum Dune Buggy führte, der schon bald die US-Strände überschwemmte. Mithilfe von Karmann brachte ich ihn zum Nulltarif nach Europa.

Mithilfe von Ferry Porsche und dem Porsche-Rennleiter Huschke von Hanstein, einem guten Freund, wurden die preiswerten Formel-V-Rennwagen über Nacht weltweit die zahlenmäßig größte Rennwagenklasse. Es gab 2500 von ihnen. VW konnte mit diesem Fahrzeug einfach nicht verlieren. Eine ganze Generation von Formel-1-Fahrern rekrutierte sich in den 60er- und 70er-Jahren aus dieser Formel V, unter ihnen Lauda, Rosberg, Scheckter, Piquet, Fittipaldi und Mass.

Anton Konrad, PR-Chef des Volkswagen-Konzerns während meiner Zeit als Vorstandsvorsitzender, wurde Manager dieser Rennserie, die begeisterte Unterstützung bei unseren Großhändlern und Importeuren fand. Das Eis war damit gebrochen, erstmals hatten sich VW und Motorsport gefunden. Für mich schloss sich dieser Kreis 1990, als wir Michael Schumacher zur deutschen Meisterschaft in der Formel 3 (mit Golf-Motor) ehrten. Erfolge errang VW auch im Rallyesport, wo Audi parallel ebenfalls große Triumphe feierte. Vor der Formel 1 hatten wir uns allerdings immer erfolgreich bewahrt …

Doch zurück zur eigentlichen VW-Produktpolitik. Absolut nicht einverstanden war ich nach meiner Rückkehr 1964 mit einem serienreif entwickelten Fahrzeug, dem EA[19] 97. Es basierte wieder auf der Käfer-Plattform und war mit einer konventionellen Karosserie teurer und schwerer ausgefallen als geplant. Dieser Versuch schien mir in keiner Weise geeignet, einen Rückgang der Käfer-Verkäufe auszugleichen. Untauglich für die ihm zugedachte Aufgabenstellung würde dieser Wagen, so fürchtete ich, unseren Ruf demontieren. Schon der Typ 3 war zu nahe am Käfer gewesen, EA 97 kam ihm jedoch noch näher. Ich betrachtete diese Konzeption deshalb als eine tödliche Gefahr für das Unternehmen, weil sie als Eingeständnis eines nahenden Käfer-Endes gedeutet werden konnte, ein in jener Zeit ohnehin beliebtes Pressethema.

Treppauf, treppab verbrachte ich bei meinen Kollegen nunmehr unverhältnismäßig viel Zeit mit »Agitation« gegen diesen

---

[19] Abkürzung für Entwicklungsauftrag.

Wagen. Er lief bereits als Nullserie in unserem Wolfsburger Werk vom Band und war für die Automobilausstellung 1965 eingeplant. Mein Antrag, das Projekt einzustellen, fand schließlich Nordhoffs Zustimmung. Der EA 97 verschwand nach einer Vorstandssitzung im Mai 1965 ohne Debatte, aber zum Entsetzen der Techniker, die ein langes Gedächtnis hatten. Die bereits gefertigten Fahrzeuge wurden verschrottet. Der Aufsichtsrat nahm die Entscheidung kommentarlos zur Kenntnis.

Im Gegensatz zu Europa sah ich unsere Position in Brasilien mit einem Marktanteil von mehr als 40 Prozent als so gefestigt an, dass ich glaubte, es verantworten zu können, Bobby Schultz-Wenk zu bitten, Werkzeuge und Einrichtungen des EA 97 zu übernehmen. Das Projekt stand zunächst jedoch weiterhin unter keinem guten Stern. Der Frachter mit den Fertigungseinrichtungen sank und konnte erst ein Jahr später gehoben werden. Aber da es auf dem brasilianischen Markt keinen Typ 3 gab und nur ein schwaches Konkurrenzumfeld existierte, machte dann der EA 97, besonders in einer in Brasilien entwickelten Variant-Version, unter dem Namen »Brasilia« doch noch seinen Weg. 1982 wurde seine Fertigung dort eingestellt.

Eine zweite laufende Entwicklung war der EA 158. Die Idee, ein modernes Fahrzeug mit einem 900-Kubikzentimeter-Motor unterhalb des Käfer anzusiedeln – bedingt durch die Kraftfahrzeugsteuer klassifizierte man damals Fahrzeuge gern nach dem Hubraum –, hielt ich zunächst für durchaus erfolgversprechend. Als ich allerdings hörte, dass das Gewicht des Wagens nicht wie geplant bei 750 Kilogramm liegen würde – dem damaligen Käfer-Gewicht –, sondern sich der 900-Kilo-Marke näherte, wurde ich als Verkaufschef bei Nordhoff vorstellig. Tags darauf flog ich nach Südafrika. Nach meiner Rückkehr erfuhr ich, dass mein »Informant«, der verdienstvolle Chef unseres Prototypenbaus, Rudolf Ringel, in Pension geschickt worden war. Er hatte aus Sorge gegen den ungeschriebenen Kodex verstoßen, nach dem nur das jeweilige Vorstandsmitglied über sein Ressort informieren durfte. Es gab in solchen Fällen keine Berufungsinstanz, keine Chance der Rehabilitation. Wir waren damals – wie alle großen Unternehmen – eine Schornsteinorganisation, streng funktional gegliedert, mit einer an militärische Strukturen angelehnten Hierarchie. Die beiden Cheftechniker des Hauses pochten auf ihr Informationsmonopol.

Nur wenige Monate später stellte VW die Arbeiten am EA 158 sang- und klanglos ein. Das Fahrzeug hatte das Gewicht von 900 Kilogramm überschritten und alle Budgets gesprengt. Damit war Volkswagen weiterhin auf den Käfer angewiesen. Weder der Mitte 1968 auf dem Markt eingeführte, immer noch auf dem Käfer-Konzept basierende VW 411 noch der von NSU »geerbte«, kompromissbehaftete K 70 der gleichen Preisklasse (mit Frontmotor und Vorderradantrieb) stellten tragfähige Ergänzungen dar. Ihre Verkaufszahlen demonstrierten zwar die Stärke unserer Vertriebsorganisation, aber weder sie noch wir hätten von ihnen leben können.

Obwohl seit meiner Rückkehr aus Amerika die Käfer-Zahlen wieder angezogen hatten, war uns klar, dass wir im Falle eines nicht auszuschließenden Infarkts der Käfer-Nachfrage eine Strategie für einen solchen Notfall brauchten. Unsere vielzitierten Schubläden waren gähnend leer.

Vor diesem Hintergrund wurde an der Nahtstelle zwischen Nordhoff und Lotz 1967 ein Ausschuss für Produktplanung (APP) gebildet, intern auch Prinzengarde genannt, nach seinem Schöpfer Gerhard Prinz.[20] Lotz hatte ihn bei seinem Wechsel zu VW von BBC mitgebracht. Unter der Leitung des von Krupp gekommenen Wilfried Ulbricht setzte sich der APP aus Vertre-

[20] Zu den weiteren Mitgliedern des APP gehörten Claus Borgward (Qualitätssicherung), Wolfgang Lincke (Forschung und Entwicklung), Helmut Müllmann (Finanz), Ludwig Abmeier und Rainer Tiede (beide Einkauf), Arthur Schuld, gefolgt von Helmut Amtenbrink und Peter Krohn (alle Produktion), Edgar Freiherr von Schenck zu Schweinsberg, Peter Weiher (beide Vertrieb) sowie als Protokollführer Kurt Bohlmann (Forschung und Entwicklung).

tern aller Geschäftsbereiche zusammen. Seine Aufgabe bestand darin, den Übergang vom Käfer zu einer neuen, modernen Produktpalette zu planen und zu koordinieren. Es ging dabei für VW um Leben und Tod, denn die Käfer-Uhr lief nun wirklich ab, auch wenn es uns gelang, sie wieder und wieder aufzuziehen.

Angesichts der Größe der Aufgabe wurden mehrere Entwicklungsabteilungen mit der Erarbeitung von Konzeptvorschlägen beauftragt:

- die Technische Entwicklung (TE) von Volkswagen in Wolfsburg,
- die Produktentwicklung der Auto Union in Ingolstadt und
- die Entwicklung von Porsche in Stuttgart, die bereits häufiger Aufträge für VW abgewickelt hatte.

Alle drei lieferten unterschiedliche technische Konzepte für den Käfer-Nachfolger, die bis zum Prototypenstadium entwickelt wurden. Der APP überwachte dabei streng die Einhaltung des Lastenhefts, in dem sämtliche Merkmale und Anforderungen an das Produkt festgelegt waren.

Der Wolfsburger Entwicklung war es unter der Leitung des kurz zuvor von NSU gekommenen Hans-Georg Wenderoth mit viel frischem Blut gelungen, alte Zöpfe abzuschneiden und neue Wege zu beschreiten. Als Käfer-Nachfolger präsentierte sie eine kompakte, leichte Limousine mit Heckklappe, Frontantrieb, Quermotor und mit einer genial einfachen Verbundlenker-Hinterachse. Schlüsselfiguren des VW-Entwicklungsteams waren neben dem VW-(und Horch/Audi-)Urgestein Kurt Schwenk, zuständig für das Fahrwerk, Gerhard Choné und Ekkehard Döhring, als Verantwortliche für die Aggregate- und Fahrwerkentwicklung. Beide Ingenieure, damals noch neu im Unternehmen, verunglückten 1973 bei Testfahrten tödlich.

Obwohl vom technischen Konzept Spitzenreiter, litt das VW-Modell zunächst unter einem unattraktiven Design. Dieses Problem sollte jedoch bald gelöst werden, nachdem man Giorgetto Giugiaro den Zuschlag für das Design gab. Giugiaro gelang es, mit der Golf-Karosserie eine Form zu schaffen, die in ihrer Grundkonzeption nunmehr bereits seit über drei Jahrzehnten für die gesamte daraus hervorgegangene »Golf-Klasse« Bestand hat.

Der Entwicklungsvorschlag der Auto Union hielt sich weitgehend an das im Hause bereits praktizierte technische Konzept mit Frontantrieb und längs eingebautem Motor. Gegenüber den vorhandenen Serienmodellen war die Neukonstruktion jedoch deutlich leichter und kompakter.

Der bei Porsche von Ferdinand Piëch entwickelte EA 266 schließlich hatte wie der Käfer einige »unique selling points«, was der Vertrieb durchaus schätzte, bot aber durch eine Mittelmotor-Konstruktion mit wassergekühltem Vierzylinder-Reihenmotor Anlass zu heftigen Glaubenskämpfen, nicht nur unter den Entwicklern.

1971, in der Ära von Rudolf Leiding, fiel schließlich die Entscheidung zugunsten der VW-Entwicklung. Es war die eigentliche Geburtsstunde des Golf. Mit ihm vollzog Volkswagen die unumgängliche Zäsur vom luftgekühlten Heckantrieb zum wassergekühlten Frontantrieb. Der Prototyp der Auto Union unterlag nur knapp, hauptsächlich, weil er im Design zu konventionell war. Einige seiner Elemente fanden aber dennoch im Käfer-Nachfolger Verwendung, insbesondere der wassergekühlte Vierzylinder-Reihenmotor EA 827. Das Audi-Modell wurde für die nächsthöhere Fahrzeugklasse weiterentwickelt und kam erst als Audi 80, später mit Fließheck als Passat auf den Markt.

Alle Arbeiten am EA 266 von Porsche endeten hingegen abrupt. Das einzige Exemplar dieses Typs, das dem von VW befohlenen Niederwalzen durch Leopard-Panzer im Porsche-Entwicklungszentrum Weissach entging – nicht nur im alten Ägypten wurde also Geschichte ausgemeißelt –, findet man heute nach über 30 Jahren, immer noch zeitgemäß aussehend, abwechselnd im »Zeithaus« der Volkswagen Autostadt und im VW-Automuseum in Wolfsburg.

Leiding war richtigerweise immer skeptisch gewesen, ob es mit einem Modell allein gelingen konnte, den Käfer abzulösen und die Auslastung der riesigen Produktionskapazitäten weltweit zu gewährleisten. Schon als Chef der Auto Union hatte er deshalb die Entwicklung eines noch kleineren, kostengünstigeren Fahrzeugs betrieben. Der Wagen kam dann als Audi 50 und Volkswagen Polo auf den Markt. Beide Modelle, ausgestattet mit dem EA-111-Motor der Auto Union, halfen, die Wettbewerbsposition des Volkswagen-Konzerns weltweit auszubauen. Entgegen den Erwartungen vieler Skeptiker hat der Golf die Rolle des Käfer-Nachfolgers aber ganz allein geschultert. Die Golf-Plattform fand gleichzeitig beim zweisitzigen Sportwagen Scirocco Verwendung, der seine Karosserie ebenfalls Giugiaro verdankte.

Die in den neuen Modellen verwendeten und aus Ingolstadt stammenden Motorreihen EA 827 (Passat/Audi 80) und EA 111 (Audi 50/Polo) bilden, vielfach modernisiert, noch immer die Standardaggregate des Konzerns. Bis heute dürften von ihnen sicher 100 Millionen Stück produziert worden sein. Konstrukteur dieser auf Anhieb so erfolgreichen ersten wassergekühlten VW-Motoren war Franz Hauk, der einst mit Ludwig Kraus von Daimler-Benz nach Ingolstadt zur Auto Union entsandt worden war, ein Jahr bevor wir das Unternehmen kauften. Die völlig neue Technik, bis hin zum Graugussmotorblock anstelle von Magnesium, erforderte komplett neue Fabrikeinrichtungen. Allein die Investitionen für die Kühlerfertigung im Werk Hannover, in Zusammenarbeit mit der französischen Firma Valeo, waren beispiellos. Das neue Produktprogramm löste jedoch nicht nur bei uns gigantische Investitionen aus, sondern auch bei unseren Lieferanten und in unserer Kundendienstorganisation.

Rückblickend muss man es als ein weiteres von recht vielen Käfer-Wundern betrachten, dass das Unternehmen und seine weltweite Organisation mit ihm 1974 das rettende »Golf-Ufer«

erreichen konnte, neun Jahre nach dem Ende des Nachfolgeversuchs EA 97. Allein diese Zeitspanne übertrifft einen normalen Modellzyklus. Sie zeigt gleichzeitig die Größenordnung des Existenzrisikos in dieser Phase der VW-Geschichte, aber auch die einzigartige Vitalität des Käfer.

Das Wunder hatte unterschiedliche Wurzeln. Da waren in erster Linie das ausgereifte, unverwechselbare Fahrzeugkonzept, die einzigartige Käfer-Form, die für damalige Verhältnisse fast sagenhafte Zuverlässigkeit sowie ständige Produktaufwertungen bis hin zum »Superkäfer« Anfang der 70er-Jahre. Last, not least war es aber die einmalige Produktpersönlichkeit, die der Käfer im Markt erreicht hatte. Er war zum klassenlosen Auto geworden, mit dem sich jeder sehen lassen konnte. Die hergebrachte Klassifizierung wurde dadurch gesprengt und unsere amerikanische Werbeagentur DDB (Doyle, Dane & Bernbach), die mir nach Europa und schließlich in die gesamte VW-Welt gefolgt war, wusste mit dem Pfund zu wuchern.[21] Nicht vergessen werden sollte überdies natürlich die Stärke und der Geist unserer weltweiten VW-Händlerschaft, die halfen, eine rettende Brücke zu schlagen.

Man mag sich heute kaum vorstellen, was in der damals kritischen Phase des Umbruchs ohne die Unterstützung von Audi in Ingolstadt aus Volkswagen geworden wäre. Dabei hätten wir das dortige Entwicklungs- und Fertigungs-Know-how auf dem Gebiet des Frontantriebs und wassergekühlter Motoren, das Einzige, das wir im Konzern besaßen, 1965 um Haaresbreite »liquidiert«.[22] Ist dies vielleicht einer der Gründe für die etwas komplexbelasteten Beziehungen zum Süden, gegenüber dem Zwerg, der dem stolzen Riesen über den Abgrund half?

---

21 Werbeslogan unter anderem »Er läuft und läuft und läuft ...«; die Anzeige »Think small« wurde vom Fachmagazin »Advertising Age« zur besten Werbeanzeige des 20. Jahrhunderts gewählt.

22 Vgl. auch Kapitel 4, »Audis halsbrecherischer Aufstieg in die Oberklasse«, Seite 97 ff.

Das produktstrategische Denken und Handeln von Volkswagen blieb dem neuen Programm und seiner Philosophie bis zum heutigen Tag treu. Das Leitmotiv bildete eine »down to earth«-Politik, die streng auf lukrative Marktsegmente und die Erwartungen unserer Kunden ausgerichtet war und weniger auf Ruhm oder Modetrends. Auch ohne die Einzigartigkeit der Käfer-Form bewahrten wir damit die VW-Exklusivität in den Märkten der Welt. Wir konnten damals noch nicht ahnen, dass der von unseren Ingenieuren konzipierte Käfer-Nachfolger mit seiner Giugiaro-Karosserie nicht nur den Welterfolg des Käfer einstellen sollte, sondern eine neue, eigenständige Fahrzeugklasse kreieren würde, die Golf-Klasse. Bis heute, mehr als 30 Jahre später, ist die inzwischen um den Golf Plus erweiterte Golf-Familie unverändert Benchmark ihrer Klasse weltweit.

Ein weiteres Ergebnis des neu geschaffenen Produktteams war seinerzeit ein VW-Sportwagen mit Frontmotor, aber Heckantrieb, bei dem das Getriebe zur besseren Gewichtsverteilung hinten an das Differenzial angeflanscht war. Ich hatte diese Konstruktionsbauweise nach Kriegsende bei dem Fluchtwagen meiner Eltern schätzen gelernt, einem Lancia Aprilia mit einem VR-4-Motor. Es war der einzige (nicht mit Holzgas angetriebene) Benzinwagen gewesen, den mein Vater noch auftreiben konnte, als die Sowjets dabei waren, Chemnitz einzunehmen. Der neue VW-Sportwagen, von Porsche mit VW-/Audi-Komponenten entwickelt, sollte allerdings das Licht der Welt nicht wie geplant als Nachfolger des ebenfalls von Porsche stammenden zweisitzigen Mittelmotorwagens VW 914/916 erblicken (mit elektronischer Benzineinspritzung, die 1967 erstmals überhaupt im VW 1600LE eingesetzt worden war), sondern als Porsche 924.[23] Produziert wurde er von Audi im Werk Neckarsulm.

Wir sahen unsere Mission bei VW nicht in neuen Weltrekorden, auch wenn sie uns vielfältig in den Schoß fielen. Denn die

[23] Vgl. auch Kapitel 7, »Kooperationsstrategien«, Seite 199 ff.

automobile Welt erwartet von uns eine Schrittmacherfunktion in der Massenmotorisierung. Für den Kunden bedeutet dies Vertrauen in den Hersteller, Sicherheit in jeder Dimension, Zuverlässigkeit, Haltbarkeit, Wertbeständigkeit, Wirtschaftlichkeit, Kundendienst, Komfort, verlässliche Technik. Die Harmonie und Synthese aus diesen Parametern forderten bahnbrechende Entwicklungen, Ressourcenschonung und ökologischen Fortschritt in einer akzeptablen Relation aus Aufwand und Ertrag. Auch mit einem offensichtlich konventionelleren Produktprogramm behielt Volkswagen seine Exklusivität und sein einzigartiges Image. Da weiß man, was man hat: ein ehrliches Automobil, das läuft und läuft und läuft.

Die zunächst Zwei-, dann Viermarken-Plattformstrategie versetzte den Volkswagen-Konzern in die Lage, die Märkte sowie ihre immer neu entstehenden Segmente und Nischen überlegen bedienen zu können. Allen unseren Marken steht dabei ein Baukastensystem aus Achsen, Getrieben, Motoren und Modulen zur Verfügung, unterstützt durch einen global agierenden Konzerneinkauf. Eine gesteuerte Freiheit des konzerninternen Wettbewerbs fördert gleichzeitig die Differenzierung und Ausprägung der jeweiligen Marken: Da der lateinische, mediterrane Charakter von Seat, dort der slawische von Škoda, hier die Volkswagen in den großvolumigen Segmenten einschließlich ihres auch technischen Mehrwerts und schließlich Audi im Premiumsegment.

Wir haben damit von vornherein vermieden, dass sich unsere Marken nur kosmetisch differenzieren, wie im Falle General Motors, wo die kurzsichtige Optimierung durch die dominierenden Finanzbereiche zu einer zu weit gehenden Produktvereinheitlichung (bis zur Karosserie) der Marken führte. Die Marken wurden dadurch entseelt mit der Folge schwerer Marktanteilsverluste im letzten Viertel des 20. Jahrhunderts. Erst im Jahr 2003 billigte GM der Cadillac-Division eine eigenständige technische Entwicklung zu, was sie sicher nur dem neuen Vice-Chairman und GM-Entwicklungschef, meinem Freund Bob

Lutz[24], zu verdanken hat. Durch die völlige Zentralisierung der GM-Technik wurden zwar Kosten gespart, Initiativen jedoch gelähmt, Marken verwässert und entwertet. Anhänger dieser Philosophie sind zwar bereit, jederzeit 1000 bis 4000 Dollar pro Fahrzeug in die Verkaufsförderung zu investieren, genehmigen aber keine zusätzlichen 100 Dollar für eine bessere Hinterachse, die der Markt den Europäern im Preis vergoldet. Europäische und japanische Hersteller und ihre Händler müssen das Gros ihrer Fahrzeuge nicht über das Flotten-, Leasing- und Vermietgeschäft verschleudern und haben dennoch in den letzten Jahrzehnten ständig Marktanteile gewonnen.

Der von Piëch perfektionierte konzerninterne Wettbewerb bei Fahrzeugentwicklungen ist die härteste, weil transparenteste Form des Konkurrenzkampfes, die ich kenne. Deshalb besitzen wir ein hohes Fortschrittstempo. Dagegen hat die US-Automobilindustrie durch die Missachtung dieser Realitäten und kurzfristiges Shareholder-Value-Denken die Hälfte des inländischen Pkw-Marktes verloren und kaum Exportmärkte gefunden, während gleichzeitig Aktienkurse und Kreditwürdigkeit in den Keller gingen.

Als ich 1982 zu VW zurückkam, war dank der Professoren Ernst Fiala und Ulrich Seiffert auf dem Gebiet der passiven Sicherheitsforschung bereits international beachtete Pionierarbeit geleistet worden. Schon 1968 hatten wir uns in den USA offiziell an der Entwicklung eines Sicherheitsfahrzeugs auf Kosten der US-Automobilbehörde beteiligt und dabei wertvolle Erkenntnisse gewonnen. Zu diesem Zeitpunkt standen diese Themen bei europäischen Behörden noch auf keiner Tagesordnung, obwohl die Zahl der Verkehrstoten alarmierend hoch war.

Noch ein Jahr früher, 1967, hatte ich über die Volkswagen of America einen Forschungsauftrag an die Cornell University

[24] Bob Lutz war zuvor Präsident bei Chrysler, Vorstand bei Opel, BMW und Ford Europa.

genehmigt, Unfallfolgen mit VW-Käfer-Beteiligung zu analysieren und die Ergebnisse der Öffentlichkeit zugänglich zu machen. Das Projekt hatte Art Railton bei mir entriert. Es war nicht nur ein »First« für Volkswagen, sondern für die Branche. Damals hatte mich der bekannte Verbraucheranwalt Ralph Nader in den USA sehr beeindruckt, besonders auch sein Buch »Unsafe at any Speed«.

Bei der Entwicklung der Golf-III-Generation, Mitte der 80er-Jahre, rückte ich das Thema Sicherheit in den Vordergrund. Ich vereinbarte mit dem Kollegen Seiffert, den Konsumenten weltweit nicht länger die bis dahin allein in den USA geltenden strengen Unfallsicherheitsvorschriften vorzuenthalten. De facto forderte die US-Öffentlichkeit über ihre Konsumentenorganisationen, dass Personenwagen nicht nur die Sicherheitsvorschriften der Regierung für einen 30-mph-Crash erfüllen sollten, sondern dass sie auch den Anforderungen eines 35-mph-Frontalcrashs genügen müssten. Die Verwendung von Airbags wurde dadurch unumgänglich.

Während also in Europa und dem Rest der Welt praktisch keine Sicherheitsstandards für Automobile existierten, machten wir als erster Massenhersteller nunmehr die weltweit schärfsten Normen von morgen zur Zielvorgabe für alle unsere Märkte. Als 1991 der Golf III erschien, war er serienmäßig mit Airbags ausgerüstet und erfüllte als Erster seiner Klasse nicht nur den 35-mph-Frontalcrash, sondern bestand auch den Seitenaufpralltest bei 33,5 mph, der erst fünf Jahre später in den USA für alle Fahrzeuge Standard werden sollte.

Wenn ich auf etwas stolz bin, dann auf diese damalige Entscheidung. Der Konkurrenzdruck sorgte in unverhältnismäßig kurzer Zeit für die generelle Einführung von Airbags durch alle Massenhersteller. Hunderttausenden von Menschen rettete dies das Leben oder bewahrte sie vor schwerwiegenden Unfallfolgen. Airbags waren bis dahin nur wenigen Wagen der Oberklasse vorbehalten gewesen, meist zu Aufpreisen von mehr als 2000 DM. Automobilzeitschriften wie »auto, motor & sport«

und der ADAC nahmen sich des Themas aktiv und konstruktiv an. Sie gaben Impulse und dem Käufer Transparenz.

Auf dem Gebiet der Fahrzeugsicherheit hatte VW damit eine Revolution ausgelöst, angetrieben allein durch die Kraft des Marktes, ohne ein Wort des Gesetzgebers und die damit verbundenen Kosten, Kompromisse sowie Zeitverluste. Der Fortschritt in der aktiven und passiven Sicherheit verläuft inzwischen immer schneller, besonders dank neuer Sensoren und leistungsfähigerer Rechner, die mittlerweile um die zehn Airbags in einem Fahrzeug individuell steuern. Wir haben damit aber noch längst nicht das Ende einer technischen Entwicklung erreicht, die zu einem weiteren Rückgang schwerer Unfallfolgen und zunehmend zur Unfallvermeidung führen wird. Dies bedeutet nicht nur menschlichen Segen, sondern auch volkswirtschaftlichen Nutzen.

In Krisenzeiten, wie bei meiner Rückkehr zu VW, läuft man immer Gefahr, das Falsche über Bord zu werfen. Wie schon bei Conti vermied ich auch bei VW, unsere Forschung und Entwicklung durch Kostensenkung zu bremsen. Natürlich gab es in unseren Gremien heftige Auseinandersetzungen, besonders, wenn mit technischen Neuerungen auch noch Kostenerhöhungen für neue Produkte verbunden waren. Aber erst überlegene Technik gestattete uns im Hochkostenland Deutschland, unser Preisniveau mit einem entsprechend hohen Kundennutzen zu unterlegen und damit unserem Ruf gerecht zu werden. Trotz unserer führenden Stückzahlen kauft der VW-Kunde Exklusivität, aber keine kurzlebigen Modetrends, die den Wiederverkaufswert seines Fahrzeugs schmälern würden.

Die Reduktion des Luftwiderstands war einer der »Fortschritte durch Technik« von Audi auf seinem Weg zur Premiummarke. Kundenorientierte Innovationen, selbst wenn sie mit Kostenbelastungen verbunden sind, schaffen in aller Regel einen Mehrwert für das Produkt. In depressiven Phasen eines Unternehmens sind sie mehr denn je ein Schlüssel zum Erfolg. Für mich stand deshalb fest: Wir befanden uns zwar in einer

Kostenklemme, würden aber ohne zukunftsweisende technische Innovationen nicht aus ihr herausfahren können.

Zum Zeitpunkt meines Amtsantritts boten sich mir über die Produktpolitik überraschenderweise sogar erst einmal Möglichkeiten zu erheblichen Investitions- und Kosteneinsparungen, die uns zugleich dramatische Umsatz-, Ertrags- und Marktanteilsvorteile einbringen und last, not least Arbeitsplätze schaffen sollten.

Dies war die Situation: Die zweite Golf-Generation stand 1982 ein Jahr vor der Einführung. Damit war auch das Golf-II- Cabrio zur Verabschiedung bereit. Die dafür veranschlagten Investitionen hätten den Preis dieses Fahrzeugs dramatisch nach oben getrieben. Ich plädierte deshalb für die Beibehaltung des Golf-I-Cabrios, obwohl der neue Golf unter unserem VW-Chefingenieur Wolfgang Lincke sowohl in Komfort als auch Technik gegenüber seinem Vorgänger deutlich zugelegt hatte. Das Risiko meines Vorschlags wurde dadurch nicht gerade geschmälert. Ein solcher Schritt entsprach darüber hinaus auch absolut nicht dem Routinedenken unserer Industrie. Das alles führte zu Prognosen, die mir automatisch und exklusiv die Verantwortung für den erwarteten Verfall der Golf-Cabrio-Verkäufe übertrug.

Ich stand allein gegen den Rat aller Fachbereiche. Gott sei Dank für mich, aber noch mehr für das Unternehmen und die Firma Karmann sollte es uns gelingen, die Produktion dieses ausgereiften Fahrzeugs, das in unseren Büchern bereits abgeschrieben war, um ein Jahrzehnt zu verlängern, bei ausgezeichneten Renditen und viel erspartem Kapital. Wir erreichten Verkaufszahlen in bis dahin nicht gekannter Größenordnung. Unser Cabrio wurde zum weltweit Meistverkauften – wobei ich stets den Eindruck hatte, dass wir noch höhere Zahlen hätten erzielen können.[25] Dies galt ebenso für ein seiner Zeit weit vorauseilendes Golf-Derivat mit

---

[25] Das Golf-I-Cabrio blieb insgesamt 14 Jahre im Modellprogramm und avancierte mit 388 522 Exemplaren – alle bei der Firma Karmann, Osnabrück gefertigt – zum meistverkauften Cabrio der Welt.

Geländewagenoptik, einem Lieblingskind des Kollegen Fiala. Insgesamt aber legte unsere Vertriebsorganisation kräftig zu, wenn man auch nie zufrieden sein sollte. Andererseits darf man seine Mannschaft nicht überfordern.

Der Auslauf eines Fahrzeugs ist immer mit einem gewissen Attentismus verbunden, den man mit finanziellen Hilfen und preiswerten Sondermodellen zu begegnen versucht, so auch beim Golf I. Ich glaube sogar, diese Taktik bei der Produktionsweltmeisterschaft des Käfer 1972 als Vertriebsvorstand erfunden zu haben. Leider kann man sich so etwas nicht patentieren lassen.

Bei der Planung des Golf-I-Auslaufs stellte ich fest, dass der Golf GTI, der einst von autobegeisterten Ingenieuren und unserem PR-Chef Anton Konrad kreiert worden war, sich als völlig neue sportliche Fahrzeugklasse etabliert hatte. Er erzielte die mit Abstand höchsten Margen. Wir stellten deshalb als Sonderauslaufmodell einen GTI zu einem günstigen Preis zusammen, der über alle Erwartungen Kunden anzog. Die Nachfrage stieg so rasant, dass wir durch Kapazitätsengpässe bei unseren Zulieferern Lieferprobleme bekamen. Etwas Schöneres kann man sich bei einem Modellauslauf kaum vorstellen. Gleichzeitig schafften wir die besten Voraussetzungen für einen guten Start des neuen Golf II. Obwohl es dafür im Grunde schon zu spät war, überzeugte ich unsere Designer noch von der Notwendigkeit stilistischer Änderungen an der C-Säule. Auch wenn Journalisten damals mit mir wetteten, dass der Golf II keine vier Jahre durchhalten würde, sollte er zu einem ebenso großen Erfolg werden wie sein Vorgänger. Vom Golf I sind in neun Jahren 6,8 Millionen Wagen gebaut worden. Sein Nachfolger brachte es auf 6,3 Millionen Einheiten in acht Jahren.

Auf dem Gebiet der Motorenentwicklung standen wir vor einer Reihe wichtiger, aber auch kapitalintensiver Aufgabenstellungen: Nachdem VW den Pkw-Diesel-Sektor bereits dominierte, folgten nun die Diesel- (Audi) und Benzin-Direkteinspritztechnik (VW), der VR6-Zylinder bei VW, V6- und V8-Zylinder bei Audi, aufgeladene Benzin- wie Dieselmotoren sowie die Vier- und Fünfventiltechnik. Dies waren alles Entwicklungen, die wir anführten, so, wie es der Markt von uns erwartet. Hinzu kamen der Allradantrieb bei VW und die Einführung der Leichtbauweise (Umstellung der Kurbelgehäuse auf Aluminium), Maßnahmen zur Verbesserung der Fahrzeugsicherheit, die elektronische Fahrzeugdiagnose[26] und Verkehrssteuerung sowie vieles mehr.

Es ging aber auch strategisch um den Ausbau der Führungsposition des Golf: Sechszylindermotorisierung als Erster in seiner Klasse und Praxistest mit 20 Hybrid-Golf in Zürich durch Privatfahrer 1991 bis 1993, nachdem wir bereits 1987 gemeinsam mit Bosch einen solchen kombinierten Antrieb entwickelt und erstmals in einem Golf erprobt hatten. Wie weit wir mit dieser Kombination aus Benzin- und Elektromotor der Zeit voraus waren, demonstriert uns inzwischen, bald zwei Jahrzehnte später, die stürmische Nachfrage nach Hybridfahrzeugen auf dem US-Markt, von der fast ausschließlich die japanischen Hersteller, allen voran Toyota, profitieren.

Bei VW bemühten wir uns überdies schon früh um den Auf- und Ausbau der Positionen in Marktsegmenten, in denen wir entweder schwach oder gar nicht vertreten waren. Breiten Raum nahm darüber hinaus die Verbesserung der Zuverlässigkeit unserer Fahrzeuge sowie die Optimierung ihrer Kilometerkosten ein. Dazu gehörten unter anderem auch günstigere Versicherungsklassifizierungen, die eine enge Zusammenarbeit zwischen Konstrukteuren, Kunden- und Ersatzteildienst erforderten. Daneben beschäftigten wir uns intensiv mit auf den ersten Blick eher peripheren Projekten wie Spaltmaßen, Aufräumarbeiten im Motorraum (Beseitigung des Schilderwirrwarrs,

---

[26] Unter der Leitung von Hans-Dieter Deiss entwickelten unsere Kundendienstingenieure das erste elektronische Diagnosegerät überhaupt für Vertragswerkstätten.

Kabel- und Leitungsverlegung) bis hin schließlich zur Abdeckung des Motorraums, die inzwischen praktisch total geworden ist. All diese nebensächlich scheinenden Verbesserungen bilden einen wichtigen Teil der Qualitätsanmutung, aber auch der Qualität selbst.

Dank der beiden neuen Marken Seat und Škoda vermochten wir die unteren Preisklassen der klassischen Massensegmente besser zu durchdringen, die wir zuvor gar nicht erreichen konnten. Aufgrund seines Markenwerts, der sich aus dem objektiven und subjektiven Mehrwert für den Kunden ableitet, war VW preislich stets im oberen Teil des jeweiligen Marktsegments positioniert. Unterhalb von Golf und Polo gibt es jedoch ein weites Feld, vor allem im Mittelmeerraum, aber auch in Südamerika, wo wir Nachholbedarf hatten und noch haben. Bis zur Hälfte des Gesamtmarktes wird dort von den unteren Fahrzeugklassen bestritten. Schließlich ist inzwischen China nicht zu vergessen, Asien generell und nicht zuletzt Zentraleuropa.

Ausgerechnet in ärmeren Ländern, wie etwa in Brasilien, fehlten kleinere Fahrzeuge über Jahrzehnte gänzlich im Angebot der Automobilhersteller. Der dort auf einer verkürzten Einheitsplattform des Santana entwickelte Gol, ein Kleinwagen in der Polo-Klasse, sollte Mitte der 80er-Jahre der erste Schritt in die richtige Richtung werden. Inzwischen schickt sich der ebenfalls in Brasilien klammheimlich entwickelte und ausschließlich dort gefertigte VW Fox an, den europäischen Markt im Kleinstwagensegment zu erobern. Dieses Segment, unterhalb des Polo, zählt auf vielen Märkten, einschließlich Japan, zu den größten. Der Fox wird auch in China erhältlich sein.

In Europa eröffnete uns Seat mit seinem Marbella, einem Fiat-Panda-Derivat, ein für uns neues Marktsegment. Durch die neuen Standorte in Spanien und Zentraleuropa besaßen wir die Kostenbasis, um in diese unteren Preisklassen einzudringen. Die Verlagerung der Polo-Fertigung zum spanischen Seat-Standort Pamplona gestattete uns außerdem, auch in dieser Fahrzeugklasse wieder Gewinne einzufahren, statt sie aufgeben zu müssen.

Sobald wir mit unseren Marken in einem relativ großen Fahrzeugsegment mehrfach vertreten sind, führt dies häufig zu der irrigen Annahme, wir würden uns kannibalisieren. Fälschlicherweise wird dabei jedes Segment als ein monoliter, homogener Block gesehen. Das Gegenteil ist jedoch der Fall, und genau da setzt die Mehrmarkenpolitik an – man muss diese Waffe allerdings zu führen wissen.

Es kommt darauf an, den einzelnen Marken eine scharfe, unverwechselbare Identität zu geben, preispolitisch unterlegt. Wegen der wachsenden Vielschichtigkeit unserer Märkte und ihrer Segmente und Nischen, die sich auch in unterschiedlichen Preishöhen innerhalb eines Segments ausdrückt, ist es sogar immer weniger möglich, diese mit den Modellvarianten nur einer Marke auszuschöpfen. Ebenso wie ein McDonald's-Restaurant in seiner Preisklasse Qualität bietet, wird Qualität auch in einem Luxusrestaurant als selbstverständlich vorausgesetzt. Niemand würde jedoch auf die Idee kommen, beide Marken, beide Preisklassen aus Rationalisierungsgründen zu fusionieren. Es würde sie verwässern und schließlich hochgradig gefährden, im genannten Beispiel vernichten.

Der aus der Produkt-, Qualitäts- und Marketingpolitik hervorgehende Markenwert bestimmt die Preishöhe und das Akzeptanzvolumen im jeweiligen Konkurrenzumfeld innerhalb eines Segments bis hin zum Wiederverkaufspreis. Bei Automobilen scheinen dies manche vergessen zu haben.

Die Preisgestaltung basiert dabei nicht allein auf internen Kostenkalkulationen, die den Markt gar nicht interessieren. Besonders bei Mehrmarken-Unternehmen bestimmt eine komplexe Produkt-, Preis- und Positionierungspolitik wesentlich den Gesamterfolg der Marktpenetration. Es gilt dabei Substitutionen zu vermeiden, die definierten Untersegmente glaubhaft anzusteuern und auch finanziell optimal auszuschöpfen. Erfolg lässt sich nur durch konsequentes langfristiges Handeln erzielen, auch wenn der Markt eine gewisse Elastizität erfordert. Im Falle des Volkswagen-Konzerns kommt den Marken Seat und Škoda in diesem Konzert eine wichtige, flankierende Aufgabenstellung zu, und zwar im Wettbewerb mit all den Konkurrenten, die preislich unter VW liegen. Gleichzeitig können beide Marken innerhalb des Konzerns eine wichtige Testfunktion im Markt wahrnehmen, die risikomindernd wirkt.

Als Automobilhersteller tragen wir mit unserer Produktportfolio- und Preispolitik auch Verantwortung für die Zukunft unzähliger selbstständiger Händler in der ganzen Welt, die ihr Kapital, ihr Personal und ihre unternehmerische Kraft für uns oft über ein ganzes Berufsleben, nicht selten über Generationen einsetzen.

Bis in die zweite Hälfte der 80er-Jahre besaßen Audi und VW im Passat-/Audi-80/90-Segment eine gemeinsame Plattform.[27] Leiding hatte 1973 die Audi-Plattform und -Karosserie für den VW-Passat durch Giugiaro mittels eines Steilhecks mit einem Minimum an Investitionen und Zeit elegant modifiziert. Was in den frühen 70er-Jahren, zu Zeiten der ersten Ölkrise, für VW lebensrettend war, erwies sich jedoch 1986 im Rahmen unserer Zielsetzung, Audi zur Nobelmarke zu entwickeln, als nicht mehr tragfähig. VW- und Audi-Modelle, noch dazu im selben Ausstellungsraum, substituierten sich und begrenzten sich in ihrer Preispolitik und Markenprofilierung durch zu große Ähnlichkeit. Auch deshalb veranlasste ich die Trennung der Plattformen, um eine glaubwürdige VW-Audi-Differenzierungs- und Preispolitik zu ermöglichen.

Audi blieb beim Längseinbau des Motors, während beim VW-Passat, entsprechend dem Golf und Polo, das von mir vorgeschlagene Quermotorkonzept verwirklicht werden sollte. Der Vorteil dieser Konstruktion bestand insbesondere in der hohen Raumausnutzung.

---

[27] Als ich 1981 als Vorstandsvorsitzender von Conti den Chef der Forschung und Entwicklung bei Audi besuchte, machte er mir klar, dass die mit beiden Modellreihen (Audi 80/90 und Passat) verfolgte Gleichteilepolitik den Planungen bei weitem nicht gerecht wurde …

Die Trennung zwischen Passat und Audi 80/90 bedeutete größtmögliche Freiheiten für die Kreativität der Techniker beider Marken ohne ins Gewicht fallende Kostennachteile aus den jeweils kleineren Serien. Diese reduzierten wir, indem wir Gleichteile zwischen Golf und Passat »vertikal« anstrebten. Auf Anhieb schafften wir es mit mehr als 25 Prozent. Hinzu kamen allerdings dramatische Umstellungsinvestitionen in der Produktion und bei unseren Lieferanten, die zu intensiven Diskussionen im Vorstand führten, bevor ich mich durchsetzen konnte. Damals gingen wir noch davon aus, dass diese Aufwendungen einmalig seien.

Der Markt honorierte unsere Politik sofort, wie die Passat- und Audi-Verkaufszahlen überzeugend zeigten. Audi konnte sich nunmehr klassengerecht eine aufwendigere Plattform leisten. Damit schufen wir die glaubwürdige Alternative zu den jeweiligen Konkurrenzfahrzeugen von Daimler oder BMW.

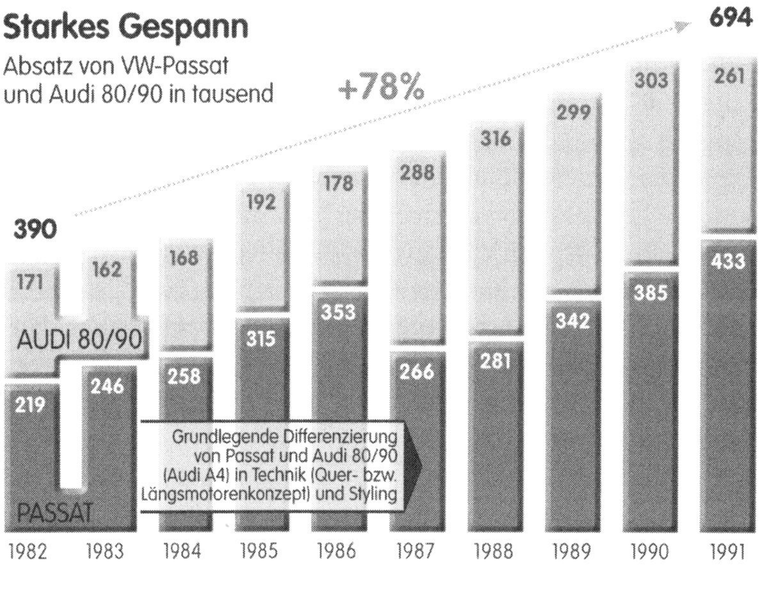

Sofort nach meinem Ausscheiden bei VW wurde die Trennung der Plattformen der beiden Baureihen Passat und Audi 80 (heute Audi A4) rückgängig gemacht, um dann, nur eine Fahrzeuggeneration später, wieder in Kraft gesetzt zu werden. Ein astronomisch teures Zickzack für die erneute Bestätigung meiner Theorien in der Praxis. Man kann nicht gleichzeitig mit nur einer Plattform gegen BMW und Daimler sowie alle VW-Konkurrenten gewinnen.

In der Entwicklungsphase der neuen Passat-Generation hatte ich Probleme, die mir vorgestellten Stylingversionen des künftigen VW-Spitzenmodells zu akzeptieren. Wir waren damals in dieser Größenklasse einfach noch nicht erfahren genug.

Daraufhin wurde entschieden, unsere Designkapazitäten auszubauen – qualitativ, quantitativ und geografisch. Audi ging zusätzlich nach München-Schwabing, VW nach Düsseldorf und Barcelona. Beide Marken eröffneten darüber hinaus ein gemeinsames Designcenter in Simi Valley, nahe Los Angeles. Viele weitere Standorte folgten, denn auch die neuen Marken erhielten ihr eigenes Designcenter, genauso wie unsere Fabriken in China, Mexiko und Brasilien. Eine erste Frucht unseres Los-Angeles-Stylings war die »New Beetle«-Studie. Anlässlich eines Kalifornienabstechers im Sommer 1992 nutzte ich die Gelegenheit, dieses damals noch »streng geheime« Fahrzeugkonzept in Augenschein zu nehmen, und ich war hoch beeindruckt. Die Liebe zum Beetle schien in Amerika nicht zu erkalten, besonders bei der Jugend. Deshalb hatte mich, als dem Weltmeister im Käfer-Verkauf, die Käfer-Idee ständig verfolgt. Ursprünglich war das Fahrzeug von begeisterten Audi-Designern aus Simi Valley auf der Polo-Plattform aufgebaut worden. Das Konzept wurde später von Piëch akzeptiert, richtigerweise aber auf die Golf-Plattform übertragen.

Glücklicherweise hatte ich bereits bei Giorgetto Giugiaro, mit dem ich seit der Golf-I-Entwicklung freundschaftlich verbunden war – seine Originalzeichnung des Golf I hängt in meinem Büro –, auf dem Genfer Salon 1983 ein Fahrzeug der Passat-Klasse mit quer eingebautem Motor gesehen. Der unter dem Namen »Orca« ausgestellte Wagen war ein perfektes Automobil, das meiner Vorstellung vom zukünftigen Passat technisch und stilistisch voll entsprach und von uns angekauft wurde. Für unsere VW-Mannschaft war dieser Schritt sicher nicht einfach zu verdauen. Der neue Passat aber wurde ein herausragender Erfolg und von der Presse als »wahres Raumwunder« gefeiert. Die »auto, motor & sport« titelte damals: »Der Stoff, aus dem die Räume sind«. Von einer Überschneidung mit Audi konnte keine Rede mehr sein.

Schon vor meiner Rückkehr zu VW, im Herbst 1981, hatte VW der Presse, sozusagen vor meinem Sommerhaus auf Sardinien, im Hotel »Cala di Volpe«, den damals neuen Polo vorgestellt. Vorstand und einige Betriebsräte waren nach Sardinien angereist, wo wir einen Herbsturlaub eingeschoben hatten. Nur Toni Schmücker fehlte wegen seines gerade erlittenen Herzinfarkts. Alte Kollegen trafen mich zufällig und luden meine Frau und mich ein. Dabei sprach ich mit dem für die VW- und Konzernentwicklung zuständigen Kollegen Fiala über die Notwendigkeit einer Sechszylinder-Motorenentwicklung für Volkswagen. Warum sollte der Golf-Fahrer nicht das genießen dürfen, was für Motorradfahrer längst eine Selbstverständlichkeit war? Würden die Japaner in der Golf-Klasse einen solchen Motor nicht sowieso bald bringen? Gott sei Dank war und ist dies nicht der Fall, selbst mehr als 20 Jahre später. Noch immer sind wir in dieser Klasse mit einer Sechszylindermotorisierung allein vertreten.

Nach meiner Rückkehr zu VW lag dieses Thema auf dem Tisch. Es ging um die Motorenpolitik für unsere Mittelklasse. Zwar hatte Piëch einen Fünfzylindermotor entwickelt, der außerordentlich leistungsfähig war und sich mit Abgasturbolader erfolgreich im Rallyesport bewährte. Er wurde zu meiner Freude auch unser erster Dieselmotor mit direkter Einspritzung sowie unser erster Ottomotor mit fünf Ventilen pro Zylinder.

Jetzt aber benötigten wir ein glaubwürdiges, konkurrenzfähiges Sechszylinder-Programm, das unserer Größe, unseren Expansionsabsichten und unserer Produktstrategie sowie natürlich den Ansprüchen unserer – auch potentiellen – Kundschaft entsprach. Es sollte insbesondere für den Quereinbau geeignet sein. Unser Fünfzylinderaggregat war dafür zu lang. Schließlich besaßen die europäischen und japanischen Konkurrenten bereits Sechszylindertriebwerke ab der Passat-Klasse aufwärts, meist sogar mehrere Sechszylinder-Baureihen, wenn auch oft veraltete. Für US-Automobile war eine Vierzylindermotorisierung ab dieser Klasse sogar vorübergehend so gut wie ausgestorben.

Wir ließen deshalb in der zweiten Hälfte der 80er-Jahre für den Konzern in Wolfsburg und Ingolstadt parallel zwei Sechszylinder sehr unterschiedlichen Konzepts im harten Wettstreit entwickeln. Die Ergebnisse stellten sich für beide Marken als so zukunftsträchtig heraus, dass ich dem Produktstrategiekomitee (PSK) und meinen Vorstandskollegen vorschlug, beide Entwicklungen zur Produktion freizugeben. Diese Doppelstrategie bedeutete eine neue Welt für das damalige Denken im Volkswagen-Konzern. Zudem löste sie beträchtliche Investitionen aus. Beide Motoren ergänzten sich jedoch ideal und hätten zu den Konstruktionsprinzipien des Quereinbaus bei VW und des Längseinbaus bei Audi nicht besser passen können.

Der unter Ernst Fiala von Peter Hofbauer entwickelte VR6-Motor für VW ging 1991 im Passat und Golf in Serie. Mit seinem kleinen Zylinderwinkel von 15 Grad baut er quasi als Reihenmotor unschlagbar kurz, als V-Motor konkurrenzlos schmal. Anders als konventionelle V-Motoren kommt er mit nur einem Zylinderkopf aus. Damit bildet er eine exzellente Grundlage für ein Baukastensystem ab drei Zylindern, das für den innenraumschaffenden Quereinbau in VW-Fahrzeugen besonders geeignet ist. Selbst bei einem kleinen Fahrzeug ließ der VR-Motor mehr Raum für eine Knautschzone vorn und half somit, die Sicherheit unserer Fahrzeuge zu optimieren.

Einer der ersten Großkunden für den VR6, später V6 genannten Motor war übrigens Daimler-Benz, für die der geniale Maybach schon 1887 einen Zweizylindermotor mit ähnlich kleinem V-Winkel konstruiert und in Fahrzeuge eingebaut hatte.

Abgeleitet aus dem VR6 entstanden nach meiner Pensionierung die raumsparenden Triebwerke mit fünf, acht, zehn, zwölf und 16 Zylindern. Ihre Herstellkosten sind wegen des Einsatzes vieler Gleichteile relativ günstig. Ich sah jedoch unter den Konkurrenzverhältnissen der damaligen Zeit die Obergrenze für VW bei einer Sechszylindermotorisierung hinunter bis zum Polo.

Für Audi mit dem Längsmotorenkonzept stimmte ich als Topmotorisierung einem V8 zu, der mit den vom Standardmotor 827 abgeleiteten Bauteilen günstig entwickelt und durch einen V6 auf gleicher Basis ergänzt werden konnte. Dabei hilft der längs eingebaute V-Motor aufgrund seiner Kürze ebenfalls Raum zu sparen, sodass auch bei diesem Konzept von vornherein Sicherheitsreserven gegeben waren. Der V8-Motor war nur dem Anschein nach ein herkömmliches Aggregat. Tatsächlich aber handelte es sich dabei um ein äußerst kompaktes und leichtes Kraftpaket, das so gut wie keine Kinderkrankheiten kannte.

Wir beschäftigten uns darüber hinaus aber auch mit Motorvarianten »nach unten«, wobei es uns nicht nur um Dreizylinderableitungen aus unseren beiden Standardmotoren 111 und 827 ging. So entwickelten wir in Wolfsburg auf meine Initiative einen 0,8-Liter-Vierzylindermotor, als strategische Reserve für kleine Fahrzeuge.

Eine zweite große Plattformumstellung sollte sich sehr bald bei unserem erfolgreichen Transporter ergeben. Er bildete mit seinen Heckmotoren eine eigene Produktfamilie, die noch vom Käfer abgeleitet war, was sich mit der Zeit als immer teurer und unbefriedigender erwies. Zudem hatte der kompakte Transporter für den Einsatz als Nutzfahrzeug wegen des hinten liegenden Antriebsblocks beim Beladen Nachteile, die allerdings beim Personentransporter durch seine Kompaktheit zum Vorteil wurden. Ich selbst bin seit meiner US-Zeit mit großer Begeisterung VW-Busfahrer, eine Begeisterung, die meine Familie teilt.

Als wir in den USA zu Beginn der 60er-Jahre mit unserem Transporter nicht mehr gegen die neu in den Markt einrückende nationale Konkurrenz ankamen, hatte ich die Idee, auf die Familie, insbesondere auf die amerikanische Hausfrau in den Vororten, als Zielgruppe auszuweichen. Aus einem für den harten kommerziellen Gebrauch in den USA überforderten Lastentransporter wurde ein zuverlässiger Familienbus. Unsere Durchschnittserlöse für das besser ausgestattete Fahrzeug gingen nach oben, seine Vertriebs- und Reklamationskosten nach unten. Der Erfolg stellte sich beinahe über Nacht ein und half uns, 1961 eine Verkaufskrise dieses Typs in den USA zu überwinden.

In Europa gelang es erst 30 Jahre später, Familien für solche Fahrzeugkategorien zu gewinnen. Wir hatten in den 70er-Jahren schon genug Mühe, unsere Stationswagen, wie den VW Variant, der Familie zu verkaufen. Zu sehr haftete dieser Karosserieform damals der Makel eines Malermeisterwagens an. Inzwischen ist dies kein Thema mehr, ganz im Gegenteil. Seit Jahren schon werden oft mehr VW Variant oder Audi Avant verkauft als Limousinen.

In den USA haben seit vielen Jahren leichte Nutzfahrzeuge den Pkw als meistgefahrenes Fahrzeug verdrängt. Ursache sind einerseits die immer beliebter werdenden Pick-ups – Kleinlastwagen mit offener Ladefläche –, mehr aber noch die so genannten Sport Utility Vehicles (SUV). Dabei handelt es sich um Geländewagen, die häufig von Pick-ups abgeleitet wurden und mehr vom Design als vom technischen Konzept her überzeugen.

Bei der Weiterentwicklung unserer Transporter standen wir, wie seinerzeit beim Übergang vom Käfer zum Golf, vor einem grundlegenden Konzeptwandel vom Heck- zum Frontantrieb. Allerdings war der Entwicklungsaufwand bei einem Fahrzeug, dessen Angebotsspektrum vom modernen Nutzfahrzeug in seinen verschiedensten Varianten bis zum limousinenähnlichen Personentransporter reichen sollte, ungleich größer als bei einem reinen Personenwagen.

Ich erinnere mich noch unzähliger Treffen mit Mitarbeitern aus unserem Nutzfahrzeugwerk Hannover unter Leitung von Karl Nachbar auf unserer Versuchsstrecke nahe Wolfsburg, wo wir die Fahreigenschaften der Prototypen testeten. Dabei erwies es sich alles andere als einfach, einem nunmehr frontgetriebenen Nutzfahrzeug, ob leer oder beladen, die Fahreigenschaften eines Personenwagens zu verleihen. Schließlich bewältigten unsere Ingenieure aber auch diese Aufgabe überzeugend.

Das Ergebnis konnte sich dann sehen lassen: der T4. Er erreichte einen Lebenszyklus von 14 Jahren. Sein Zugkopfkonzept mit Frontmotor und Vorderradantrieb sowie zwei verschiedene Radstände gestatteten eine erheblich erweiterte Angebotspalette. Als Motorisierung standen Vier-, Fünf- und Sechszylindermotoren sowie Allradantrieb zur Auswahl. Wenn man heute den neuen Transporter T5 betrachtet, so bleibt festzustellen, dass die Umstellung hervorragend gelungen war.

Ich gebe allerdings zu, dass mir persönlich die Abkehr vom Heckmotorkonzept sehr schwer gefallen ist, nicht nur wegen der hohen Umstellungsinvestitionen. Wir verloren dadurch einen »unique selling point«. Widerwillig beugte ich mich aber den kalkulatorischen Realitäten, besonders im Hinblick auf unseren Hochkostenstandort Hannover. Erst dank unserer Zentraleuropa-Politik und des zweiten europäischen VW-Nutzfahrzeugstandorts in Poznan (Posen) mit inzwischen vier Werken sollte sich auch für den Transporter die Herstellkostenproblematik entspannen.

Die Zielrichtung in der Fahrzeugentwicklung hieß keineswegs nur »immer mehr, immer schneller, immer höher«. Wir waren uns auch unserer gesellschafts- und umweltpolitischen Aufgabenstellungen bewusst: Alternative Antriebskonzepte vom Biodiesel bis zum Hybridfahrzeug gehörten ebenso dazu wie das

Recycling von Altfahrzeugen, die Verwendung umweltschonender Fertigungstechnologien oder die Arbeiten an meist unterhalb des Polo angesiedelten Zukunftsprototypen für Automobilausstellungen zum Testen der Publikumsreaktion. Unsere Technische Entwicklung stellte die ersten Entwürfe eines zweisitzigen Polo vor. Auch dort waren wir auf einem guten Weg. Schließlich hatten wir 1988 mit unseren bis dahin drei Marken noch das Gebiet der Stadtlieferwagen betreten.

Dringender Handlungsbedarf bestand in der Kleinwagenklasse unterhalb des Polo, der sich aus der Alterung des Marbella, sprich des Fiat Panda, bei Seat ergab. Unsere der Konkurrenz vorauseilenden, Erfolg versprechenden Anstrengungen, in diesem Segment zu einer Nachfolgeentwicklung zu gelangen, sind im Kapitel »Kooperationsstrategien« beschrieben, ebenso wie unsere ersten Schritte in das Segment der großen Pick-ups und Großraumlimousinen. Risikoteilung mittels strategischer Partnerschaften hieß dabei unsere Maxime.

In der Automobilindustrie erweist sich die Richtigkeit einer einmal getroffenen Produktentscheidung erst viele Jahre später unter dann häufig veränderten Konkurrenz- und Marktbedingungen. Nicht vor Ende des Lebenszyklus eines Produkts wissen wir, ob wir nach Milliardeninvestitionen eine befriedigende Bilanz ziehen können. Deshalb bilden Qualität und Timing einer Produktstrategie den eigentlichen Kern des Unternehmenserfolgs. Die Wünsche und Bedürfnisse der Kundschaft unserer Marken weltweit sowie die Analyse der lokalen Einkommens-, Einsatz- wie auch Wettbewerbsverhältnisse sind wichtige, aber längst nicht alle Parameter, die in diesem komplexen Prozess Berücksichtigung finden müssen.

Erweisen sich die Entscheidungen schließlich als falsch, weil man etwa Schachzüge der Konkurrenz nicht hinreichend antizipiert hat, oder werden Entwicklungskapazitäten in die falschen Marktsegmente geleitet, kann das schnell zum Abstieg oder gar zur ernsthaften Krise führen. Arbeitsplätze, Händlerexistenzen und das Schicksal ganzer Standorte sind dann davon betroffen. Hier zeigt sich die Dimension der nicht nur industriellen, sondern auch volkswirtschaftlichen Verantwortung unserer Schlüsselindustrie weltweit. Letzten Endes geht es immer um das Schicksal von Menschen und ihren Familien, im Extremfall ganzer Volkswirtschaften.

Der Verabschiedung von Budget und Lastenheft für ein neues Modell gehen in aller Regel lange Debatten und ein oft zähes Ringen mit den Kollegen, Ingenieuren und anderen Beteiligten voraus. Gehandelt werden muss dann stets unter massivem Zeitdruck. Korrekturen auf dem Weg zum Serienfahrzeug werden, wenn überhaupt noch möglich, immer schwieriger und progressiv teurer. Sie müssen die extreme Ausnahme bleiben. Die persönliche Belastung ist beträchtlich, viele Sorgen nimmt man mit nach Hause.

Mit der Explosion der Vielfalt und immer kürzeren Produktzyklen bleiben die Risiken unserer Industrie auf die Dauer nur noch von wenigen Erfolgreichen beherrschbar. Mehr denn je entscheidet nicht nur die Qualität des Einzelprodukts über den Erfolg, sondern sein Platz im Gesamtkonzert. Die richtige Kräfteverteilung auf Marken und Märkte ist ebenso maßgebend wie die Mobilisierung des intellektuellen Potenzials im Konzern. Globale Segmentierung und Dezentralisierung von Entwicklung und Produktion sind wichtig. Gerade Entwicklungsbereiche müssen in den großen Märkten Europas, Asiens (China) und Amerikas angesiedelt sein. Bei wachsendem Fortschrittstempo und zunehmender Proliferation ist eine zentral gesteuerte, kundennahe Arbeitsteilung in allen Kontinenten mit erfolgsentscheidend. Personalrotation und eine langfristige, über ein ganzes Berufsleben hinweg angelegte Personalpolitik haben vor diesem Hintergrund eine oft noch nicht erkannte Bedeutung erlangt. Sie erfordert hochkalibrige, in das Automobilgeschehen eingebettete Personalleiter, die global und der Zeit vorauseilend denken können und Vertrauen genießen.

Die wachsenden Anforderungen des Marktes haben die Komplexität von Produkt- und Prozessentwicklungen wie auch den

Kosten- und Zeitdruck massiv erhöht. Unter diesen Bedingungen erhalten die Verkürzung der Entwicklungszeiten sowie die Optimierung der gesamten Wertschöpfungskette höchste Priorität – Herausforderungen, die ohne den Einsatz der Informationstechnologie nicht zu bewältigen wären. Der Einzug dieser Technologie in unsere Industrie hat die Produktentwicklung und Fertigungsplanung revolutioniert, Prozessabläufe dramatisch beschleunigt. Nur mithilfe der Informationstechnologie sind die Verarbeitung der ständig steigenden Datenmengen sowie die Koordinierung global operierender Entwicklungskapazitäten überhaupt möglich und beherrschbar. Virtuelle Fabriken gestatten überdies die Planung, Simulierung und Optimierung sämtlicher Fertigungsabläufe bis hin zur Integration der Zulieferer. Die Informationstechnologie ist somit zu einem Schlüsselkriterium für den Erfolg von Unternehmen geworden. Ihre Bedeutung im Innovationswettlauf wird weiter zunehmen.

Grundsätzlich gibt es stets mehr gute Ideen und Innovationsoptionen, als man sich leisten kann oder riskieren sollte. Die Entscheidung für zu wenig Innovationen ist aber ebenso schädlich wie das Gegenteil. Vieles ist in diesem Prozess nicht kalkulierbar. Regional werden unterschiedliche Antworten zu unterschiedlichen Zeiten verlangt. Umso mehr gilt es, das gesamte uns zur Verfügung stehende Instrumentarium, einschließlich moderner Testmethoden für Verbraucherreaktionen (Publikumskliniken), zu nutzen, um eine möglichst breit gefächerte Entscheidungsgrundlage zu erhalten.

Mehr denn je wird es eine Kunst sein, die richtigen Informationen zur richtigen Zeit in den Entscheidungszentren zur Hand zu haben. Zum Schluss bestimmt jedoch unternehmerischer Instinkt in der Spitze des Unternehmens über den Erfolg. Nicht Mehrheitsbeschlüsse, sondern Unabhängigkeit und Durchsetzungskraft werden dafür benötigt. Instinkt ergibt sich aus der Summe von weltweiter Erfahrung und ständiger Marktnähe. »Intuition ist nichts anderes als das Resultat der gesammelten

Erfahrungen«, sagte Albert Einstein.[28] Das Vertrautsein mit den Wettbewerbern – angefangen vom Management bis zu ihren Produkten – ist dabei ebenso wichtig wie der ständige Austausch von Wissen und Erfahrungen auf allen nur denkbaren Gebieten der Produktpolitik.

Ich verbrachte deshalb viel Zeit nicht nur in unserem Vertrieb oder der Produktion, sondern besonders auch mit unseren Entwicklern und Designern, die tagtäglich dem scheinbar unüberbrückbaren Widerstreit zwischen Budget und Lastenheft ausgesetzt sind. Man lernt so die verschiedenen Teams kennen, ob etwa unter Wilhelm Schäfer in Wolfsburg – dem wir mit seinen Mitarbeitern das Design des Golf II und III verdanken – oder unter Hartmut Warkus in Ingolstadt, der die Audi-Linie prägte. Man profitiert vom Know-how des anderen und beeinflusst sich gegenseitig. Auch bei Seat und Škoda lernte ich die internationale Zunft der Designer kennen und schätzen. Man entwickelt auf diese Weise ein »Gefühl« für unterschiedliche Kulturen und Denkweisen, die sich in den Produkten widerspiegeln.

Marktforschungsfirmen, wie J. D. Powers aus den USA, liefern uns darüber hinaus ein lückenloses, objektives Bild über die Zufriedenheit der Automobilkunden weltweit. Von der Anmutung des Türgriffs bis zur Reaktion auf einen außerplanmäßigen Werkstattaufenthalt erhalten wir Auskunft über die eigenen Produkte wie die der Wettbewerber. Bei all dieser umfassenden Transparenz zieht aber schließlich jeder Hersteller seine eigenen Konsequenzen, was ihn dann wiederum von seinen Wettbewerbern unterscheidet.

Die besten Gelegenheiten, Kunden jeden Alters unmittelbar zu erleben und so mein Gespür für den Markt und Produkte zu schulen, boten für mich, neben Überraschungsbesuchen bei unseren Händlern, immer wieder auch Automobilausstellungen

---

[28] Vgl. »Albert Einstein und die Physik des 20. Jahrhunderts«, aus: »Abenteuer der Erkenntnis«, Deutsches Museum, 2005, Seite 56.

im In- und Ausland. Man kann dabei an den eigenen Ausstellungsständen und bei denen der Konkurrenz sein Urteilsvermögen schulen, indem man dem Publikum auf die Lippen schaut. Im großen Gedränge können dies mitunter harte Tage sein, wenn man die komfortablen Besprechungsräume hinter sich lassen muss. Kein noch so guter »Research« kann jedoch diese Marktnähe ersetzen.

Der Markt als untrüglicher Seismograf entscheidet schließlich, ob man den richtigen Weg eingeschlagen hat. Während meiner Amtszeit konnten wir in Europa unseren Marktanteil um fast 50 Prozent steigern und fuhren dort an die Spitze.

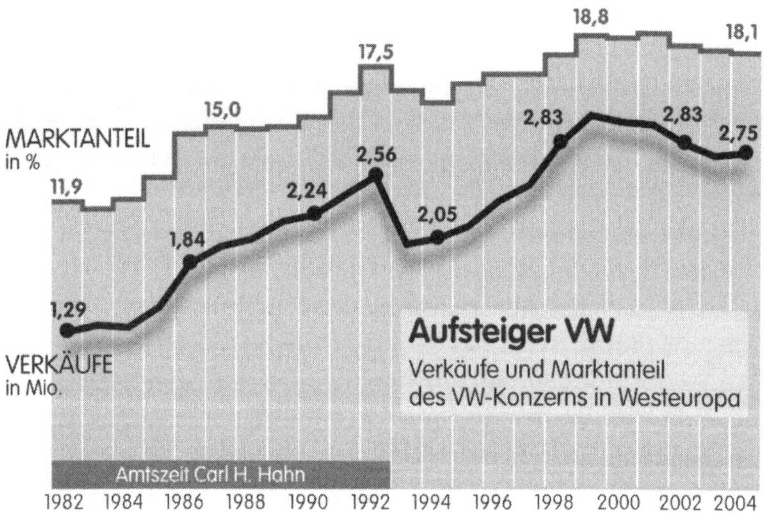

IV

Audis halsbrecherischer Aufstieg in die Oberklasse

Audi erinnert mich immer zuerst an DKW, die größte Motorradfabrik der Welt vor dem Zweiten Weltkrieg. Der Däne Jörgen Skafte Rasmussen hatte sie 1907 im Zschopautal des Erzgebirges zur Fabrikation von Maschinen, Metallwaren und Armaturen gegründet. Anfang der 20er-Jahre nahm er dann die Fertigung von Motorrädern auf. Zu ihm stieß mein Vater, der aus Böhmen stammte, 1922 als Vertriebschef und rechte Hand. Als Oberleutnant der Reserve des »k.u.k. Honved Regiments 37« war er aus dem Ersten Weltkrieg zurückgekehrt und anschließend, getreu der Familientradition, an der Hochschule für Bodenkultur in Wien zum Dr.-Ing. promoviert worden.

Seiner Motorradbegeisterung und Kreativität, besonders in der Produkt-, Marketing- und Händlerpolitik, verdankte DKW in den 20er-Jahren wesentlich seinen rasanten Aufstieg. Mit unermüdlicher Energie widmete er sich der Weiterentwicklung des Zweitaktmotors sowie dem Aufbau einer leistungsfähigen Vertriebsorganisation. Mein Vater schuf nicht nur als Erster einen modernen Kundendienst, sondern beschritt mit der Einführung des Abzahlungsgeschäfts und der Veranstaltung von Händlerkongressen und Roadshows völlig neue Wege der Verkaufsförderung. Er wurde damit zu einem der Marketingpioniere der deutschen Automobilindustrie.

Während der Motorradrennsaison war nachts das enge Zschopautal angefüllt vom Lärm der Rennmotoren auf den Prüfständen. Fielen sie aus oder stellte man sie ab, wurden wir aus dem Schlaf gerissen.

1931 wurde das DKW-Produktprogramm um einen Zweitaktpersonenwagen mit quer eingebautem Frontmotor und Vorderradantrieb – den F 1 – erweitert. Dieses Bauprinzip, dem der Konstrukteur Sir Alec Issigonis 1959 mit dem Morris Minor endgültig zum Durchbruch verhalf, finden wir heute in der Mehrzahl aller Personenwagen. 1928 hatte DKW in Zwickau Audi gekauft. Auch diese Marke setzte schon in den frühen 30er-Jahren mit dem »Audi Front« Maßstäbe in der Technik des Frontantriebs. Unter dem Druck der Weltwirtschaftskrise wurde DKW 1932 unter Führung von Richard Bruhn zum Kern der Auto Union. In ihr waren die vier sächsischen Traditionsunternehmen zusammengeschlossen, die den Stand der damaligen noch so jungen Kraftfahrzeugtechnik entscheidend mitgeprägt hatten: neben DKW und Audi die Automobilmarken Horch und Wanderer. Sie bildeten den zweitgrößten Automobilhersteller Deutschlands.

Krieg und deutsche Teilung führten zur Demontage und Liquidation der Auto Union. In Ingolstadt an der Donau sollte sie eine Wiedergeburt erleben. Bis 1945 war Ingolstadt traditionsreiche Garnisonsstadt der bayerischen Pioniere gewesen. Mit dem Kriegsende hatte es diese Existenzgrundlage verloren. Nun rückten Automobilpioniere in die Stadt. Die Standortwahl hatte sich aus dem nahe gelegenen Fluchtdomizil meiner Familie in Sandizell ergeben.

Bereits im Kapitulationsjahr 1945 entstand in Ingolstadt ein »Zentraldepot für Auto Union Ersatzteile«, daraus wurde später eine »Arbeitsgemeinschaft Auto Union«. Die erste Mannschaft wurde von unserem Hofer DKW-Händler Edgar Friedrich fast vollständig aus Sachsen über die von den Sowjets streng bewachte Zonengrenze gelotst. 1946 schmuggelte Chefingenieur Hermann Weber in seinem Gepäck auch die

Konstruktionszeichnungen für ein DKW-Motorrad, die RT 60, durch den Eisernen Vorhang. Der Industrieplan des Alliierten Kontrollrats schrieb vor, dass in Deutschland nur Motorräder bis 60 Kubikzentimeter gebaut werden durften. Darum sollte die RT 60 eigentlich den Anfang einer neuen Auto Union bilden. Doch sie existierte nur auf dem Papier. Denn schon 1947 verkündete Amerikas Außenminister George C. Marshall den nach ihm benannten Marshallplan für den Wiederaufbau Europas, der den Weg in eine ungeahnte Zukunft öffnen sollte. Chefingenieur Weber und sein Team allerdings traten sehr bald nach seinem Abstecher nach Westdeutschland eine Odyssee in die Sowjetunion an, wo er starb.

Ich wurde in jenem Jahr 21 und war im neuen Kölner Hauptquartier von Richard Bruhn und meinem Vater in der Klosterstraße 57 bei Frau Schneidereit Mädchen für alles: Fahrer, Sekretär und Koch. In dieser Rolle fiel mir auch die Aufgabe zu, einen entscheidenden Brief zu tippen, den Richard Bruhn mir getreu seiner Arbeitsweise mit Punkt und Komma in die Maschine diktierte. Empfänger des Briefes war der Kölner Bankier Friedrich Carl (»Sunny«) von Oppenheim, bei dem mein Vater durch Otto Wolff von Amerongen eingeführt worden war.

Baron Oppenheim gewährte Richard Bruhn und meinem Vater ohne jede Sicherheit einen Personalkredit von einer Million Mark, im Jahr der Währungsreform eine beträchtliche Summe. Damit war die Auferstehung der Auto Union eingeleitet. (Damals konnte man übrigens in Zürich legal die neue D-Mark zu zirka 17 Centimes bei den Banken als so genannte »Sperrmark« für Investitionen in den drei westdeutschen Besatzungszonen kaufen. Der Nachschub an D-Mark kam kistenweise aus der französischen Zone.)

Baron Oppenheim und Ernst Göhner, Eigentümer der Schweizer DKW-Importfirma HOLKA (Holzkarosserie), stellten weitere Mittel zur Verfügung. So kam das Gründungskapital von drei Millionen Mark zusammen. 1949 wurde von Oppenheim, Richard Bruhn und meinem Vater die zweite Auto

Union GmbH in Ingolstadt gegründet, Keimzelle der heutigen Audi AG. Bankier von Oppenheim, damals schon Bentley-Fahrer, wurde Aufsichtsratsvorsitzender. Mit seinem Einstieg ins Automobilgeschäft stieß er bei seinem skeptischen Partner Robert Pferdmenges, dem Freund und Finanzberater von Bundeskanzler Konrad Adenauer, auf recht wenig Begeisterung.

Bei der bescheidenen Eigenkapitelausstattung rollte die neue Auto Union überwiegend auf Wechseln. Aber sie rollte. Noch im Jahr der Neugründung, 1949, begann die Produktion eines DKW-Motorrads, das bereits vor dem Zweiten Weltkrieg eines der weltweit fortschrittlichsten Motorräder gewesen war: die RT 125. Eine solche Maschine sollte wenig später während meiner Studentenzeit in Paris zu meinem treuen Begleiter werden – über Zehntausende von Kilometern in Frankreich, der Schweiz, Italien und sogar bis nach Spanien.

Ende 1949 erweiterte ein DKW-Schnelllaster (F 89 L) die Produktpalette. Er erschien noch vor dem ersten VW-Transporter auf dem Markt. Seine Außenmaße waren dem von Horch gekommenen jungen Konstruktionschef Kurt Schwenk von den Kasemattenquerschnitten der Ingolstädter Pionierfestung diktiert worden. Denn dort wurde er gebaut. Das Fahrzeug war der erste Transporter der Welt in Frontlenkerbauweise, eine DKW-Innovation, die sofort Schule machte. Schließlich rundete der DKW-Personenwagen F 89 das Programm ab. Er wurde anfangs in Düsseldorf auf einem ehemaligen Rheinmetall-Gelände gebaut, wo heute Daimler-Nutzfahrzeuge gefertigt werden.[29]

1954 wurde Friedrich Flick als Großaktionär für die Auto Union gewonnen. Er war zu diesem Zeitpunkt besonders liquide, weil die Alliierten ihn gezwungen hatten, seinen Montanbesitz zu veräußern, der damals noch unternehmerisches Prestige und nationale Macht symbolisierte. Über mehrere Ka-

---

[29] Auf Alliiertenbeschluss hatte sich der Rüstungsbetrieb Rheinmetall seinerzeit von dem Gelände trennen müssen. Die Auto Union erhielt daraufhin die Gelegenheit, es günstig zu mieten.

pitalerhöhungen rückte Flick bis 1958 zum zweiten großen Anteilseigner der Auto Union auf. Göhner und Flick hielten je 37,57 Prozent des Gesellschafterkapitals. Darüber hinaus hatte Flick schrittweise 37,9 Prozent des Aktienkapitals von Daimler-Benz erworben. Logischerweise dauerte es nicht lange, bis er seine Auto-Union-Beteiligung bei Daimler-Benz einbrachte. 1958 ging der Handel über die Bühne. Sein Großaktionärspartner bei Daimler (neben der Deutschen Bank), Herbert Quandt, gleichzeitig größter Aktionär von BMW, stand damals vor dem Bankrott. Ein Zusammengehen unter Daimler mit Einschluss der Auto Union wurde geplant und verabredet, auf der BMW-Hauptversammlung 1959 jedoch verhindert. Aus heutiger Sicht retteten die BMW-Kleinaktionäre und die BMW-Händlerschaft damals nicht nur BMW, sondern indirekt auch Audi.

1964 war ich nach fünfjähriger Tätigkeit in den USA nach Wolfsburg zurückgekehrt und Mitglied des Vorstands geworden. Eines Tages rief mich Nordhoff zu sich. In seinem Büro saß Joachim Zahn, damals Finanzchef von Daimler-Benz. Ich erinnere mich noch sehr gut seiner schon recht alt aussehenden und wohl einzigen Aktentasche, die ihn sein gesamtes erfolgreiches Leben begleitet hatte. Er bot uns die Auto Union GmbH zum Kauf an, weil man mit Ingolstadt nicht »glücklich«, auf Deutsch gesagt nicht fertig geworden und aus den Verlusten nicht herausgekommen war.

Mit dieser Transaktion wurde der Grundstein für den heutigen großen Konkurrenten von Daimler-Benz und BMW gelegt – die spätere Audi AG. Gleichzeitig stellte dieser Kauf auch eine lebenswichtige Hilfe für VW beim Übergang vom Konzept des luftgekühlten Käfer-Heckantriebs zum wassergekühlten Frontantrieb dar und war insofern eine Fügung des Himmels. Große Strategien entstehen in den Gehirnen von Unternehmern – schon seltener in Strategieabteilungen –, die größten manchmal auch durch Zufall.

Über eine dreistufige Transaktion von einmal 50 Prozent und zweimal 25 Prozent, die dem Geschäftspartner half, das Gesicht zu wahren, wurde VW am 1. Januar 1965 Eigentümer der damaligen Auto Union GmbH. Ursprünglich hatte mein für das Finanzressort zuständiger Kollege Wolfgang Siebert sogar die Chance gesehen, einen noch niedrigeren Preis auszuhandeln. Nordhoff pfiff ihn jedoch zurück, sein großes Ziel, eine Fusion mit Daimler vor Augen, das er schon seit 1955 verfolgt hatte. Zahn legte mit dem Verkauf der Verlustquelle Auto Union den Grundstein für die Lkw-Fabrik Wöhr. Sie sollte zum Ausgangspunkt werden für die Entwicklung Daimlers zum Weltmarktführer bei schweren Lastkraftwagen.

VW musste nach der Übernahme in Ingoldstadt blitzschnell eine Käfer-Montage aufnehmen. Damit wurde die Fabrik bereits ab Mai wieder ausgelastet, nachdem die Zweitaktpersonenwagen kaum noch verkäuflich waren und sich bei der Auto Union wie bei den Händlern riesige Zweitakter-Lagerbestände angestaut hatten. Ihre Fertigung wurde daraufhin mit Ausnahme eines Modells eingestellt. Als Vertriebsvorstand gelang es mir, die täglich zusätzlich vom Band rollenden über 300 VW-Käfer auch zu verkaufen – insgesamt waren es 1965 knapp 62 000 Wagen. Von Mai 1965 bis Juli 1969 wurden in Ingolstadt insgesamt 348 000 Käfer gefertigt. Ich staune im Rückblick über meinen damaligen Mut, denn der Ingolstädter Anlauf des Käfer erfolgte sechs Monate nach der Inbetriebnahme des Käfer-Werks in Emden, im Dezember 1964, wo bald schon mehr als 1000 Fahrzeuge täglich montiert wurden.

Unsere Verkaufsergebnisse sollten sich als ein psychologisch wichtiger Schritt für die Wiederherstellung des Vertrauens in die Zukunft des Käfer erweisen. Er war Anfang der 60er-Jahre in der europäischen Öffentlichkeit wie auch in der deutschen Politik ins Gerede geraten. Die in jener Zeit erstmals sinkenden Zulassungszahlen in Europa konnten nur durch die Verkaufserfolge in den USA mehr als wettgemacht werden. Bis zu meiner Rückkehr aus den USA hielt die rückläufige Tendenz in Europa an. Nun erreichten wir die erhoffte Trendwende, insbesondere durch die Umstellung des Verkaufs bei den VW-Partnern auf Basis von Lagerbeständen. Zuvor hatte sich der Kunde generell gedulden müssen, bis sein beim Händler bestelltes Fahrzeug vom Werk geliefert werden konnte. Nun erhielt er es oftmals aus dem Bestand des Händlerlagers. So stiegen die VW-Marktanteile und die Händlermoral, unterstützt von der Werbung »meiner« US-Werbeagentur Doyle, Dane & Bernbach, mittlerweile mit Tochtergesellschaft in Düsseldorf.

Die Verluste der Auto Union in Ingolstadt hielten allerdings, trotz der Käfer-Montage, nach unserem Kauf an. Sie erreichten im ersten Jahr 84 Millionen DM, für damalige Verhältnisse eine ernste Größenordnung. Wir hatten uns die Übernahme zu einfach vorgestellt. In dieser Situation kämpfte ich für eine Zweimarkenstrategie mit zwei eigenständigen Produktprogrammen und Absatzorganisationen. Die erfolgreiche Divisionalisierung der Vorkriegs-Auto-Union in DKW, Audi, Wanderer und Horch, die durch den Krieg abrupt beendet wurde, war für mich ein nachahmenswertes Beispiel. Platziert man sich an den richtigen Stellen des Teichs mit den richtigen Ködern, holt man mit zwei Angelhaken mehr Fische aus dem Wasser als mit einem.

Einen noch überzeugenderen Anschauungsunterricht hatte mir während meiner Amerikazeit General Motors geliefert. GM beherrschte damals die Mehrmarkenpolitik so perfekt, dass der Konzern bis in die 70er-Jahre Mühe hatte, in den USA unter einem Marktanteil von 50 Prozent zu bleiben, der angenommenen Schmerzgrenze der Antitrustbehörde. Heute hat GM allerdings durch eine verfehlte Marken- und Produktpolitik gegenteilige Sorgen und musste nicht nur Markteinbußen auf unter 30 Prozent hinnehmen, sondern mit Oldsmobile inzwischen auch eine seiner fünf Pkw-Marken aufgeben. Damit zeigt sich exemplarisch der Schwierigkeitsgrad einer solchen Politik. Sie verträgt kein schablonenhaftes und schon gar nicht kurzfristiges Denken.

Ich war überzeugt, dass eine geschickte Zweimarkenpolitik

langfristig das einzig richtige Rezept für Wolfsburg und Ingoldstadt sei. Schon im Oktober 1964 hatte ich diese Strategie in einer Hausmitteilung an Nordhoff niedergelegt:

»Außerdem ist es unser Ziel, mithilfe von DKW eine zweite starke Händlerorganisation aufzubauen, und es muss deshalb unser Bestreben sein, beide Händlerorganisationen getrennt voneinander bestehen zu lassen … Darüber hinaus sollte mit den Ingolstädter Herren geprüft werden, ob die Viertaktversion des F 102 – äußerlich verändert – unter der Marke Audi angeboten und die heutige Version des F 102 als DKW weitergebaut werden sollte. Wir können dann die verhältnismäßig kleine Zahl von Zweitaktfanatikern weiter bedienen und versuchen, mit der guten alten Marke Audi aus dem heutigen F 102 ein solides Fahrzeug der Mittelklasse zu machen, welches sich als ›europäisches‹ von den in dieser Klasse starken Amerikanern gut differenzieren lässt.«

Auch in einer Rede, die Nordhoff im November 1964 vor Auto-Union-Händlern in Ingolstadt hielt, hatte ich diese Strategie beschrieben. Nordhoff betonte damals:

»Es ist nicht daran gedacht, die Auto-Union-Verkaufsorganisation zu schlucken oder … (sie) gleichzuschalten. Es ist im Gegenteil unsere entschlossene Absicht, diese Verkaufsorganisation als selbstständigen Organismus beizubehalten mit ihren Filialen, mit ihren großen und ganz besonders mit ihren vielen kleinen Händlern … Sie werden weiterhin Auto-Union-Wagen verkaufen.«

Voraussetzungen für die Umsetzung einer solchen Politik waren für mich:

1. Wiederherstellung des Vertrauens der DKW-Händler in die Zukunft der Auto Union,
2. Wiederherstellung des Vertrauens des Publikums in die Qualität der DKW-Fahrzeuge,
3. Wiederherstellung der Exklusivität und Ausbau der DKW-Händlerorganisation,

4. rechtzeitiges Erscheinen zugesagter technischer Verbesserungen und Ergänzungen des DKW-Programms.

Die rasch steigenden Verluste führten zu einem bitteren Erwachen, nicht aber zur Akzeptanz meiner Zweimarkenstrategie. Sehr bald stand ich allein auf weiter Flur. Nachdem auch Nordhoffs Unterstützung ausblieb, war es bei der damaligen Mentalität des Vorstands aussichtslos, Verbündete zu finden. Jede Vorstandssitzung wurde zu einer Zerreißprobe und gleichzeitig schmerzlichen Belastung für das Verhältnis zu meinem Mentor. Ausgegrenzt stand ich im Mittelpunkt immer härterer Diskussionen.

Bereits 1963 hatte ich als Chef der Volkswagen of America bei Nordhoff die Einladung von deutschen Pressevertretern zu einem US-Besuch angeregt, der noch im gleichen Jahr stattfand. Unter dem Eindruck unserer für damalige Verhältnisse richtungweisenden US-Händlerorganisation und deren Begeisterung für Volkswagen erkoren mich die Journalisten auf ihrem Heimflug zum »Kronprinzen« in Wolfsburg. Es folgte in der Presse eine Lawine von Lobliedern, nicht nur über den Käfer und unsere Absatzorganisation in den USA. Der Käfer wurde danach in der Öffentlichkeit wieder als zeitgemäßes Fahrzeug akzeptiert, galt doch das Urteil der hochmotorisierten Amerikaner als über jeden Zweifel erhaben.

Unsere Exkursion hatte damit also das erhoffte Ziel erreicht, für mich aber war sie alles andere als eine gute Eintrittskarte in den Vorstand in Wolfsburg. So gab es viele plausible Gründe, dass ich mit 38 Jahren in einem Vorstandskreis, der ausnahmslos der Altersklasse meines Vaters angehörte, von vornherein in eine prekäre Situation geriet, die sich durch meine Ingolstädter Zielsetzungen zuspitzte.

Ich hatte gegen eine Einstellung der Entwicklung von Zweitaktmotoren keinerlei Einwände mehr. Die steigenden Verluste Ingolstadts führten jedoch zu der Entscheidung Nordhoffs, zukünftig dort überhaupt keine technischen Entwicklungen mehr zu betreiben. Alle »überflüssigen Nebenbetriebe« sollten aufgelöst und aus Ingolstadt sollte das Volkswagenwerk Nummer 7 werden. Die Führungsmannschaft wurde dementsprechend radikal reduziert. Als Erstes entließ man alle diejenigen – oder schickte sie nach Stuttgart zurück –, die den Titel »Direktor« trugen, den es in Wolfsburg nicht gab. Mein Verkaufsdirektor Emil Gräbner sowie der aus Stuttgart gekommene, aber aus Ingolstadt stammende Chef der Technischen Entwicklung, Ludwig Kraus, sollten die einzigen Überlebenden dieser Frühjahrsaktion im Jahre 1965 sein. Während Daimler seinerzeit noch auf der Basis von Empfehlungen versucht hatte, Einfluss auf die Ingolstädter Geschäftspolitik zu nehmen, führte Nordhoff nunmehr eisern Diktat und ließ hart durchgreifen.

Der damals bei VW für die Entwicklung und Qualität zuständige Vorstandskollege Helmut Orlich hatte schließlich unseren Kollegen im Vorstand – zu meiner Freude und Überraschung – noch rechtzeitig klar machen können, dass Ingolstadt nicht mit den normalen, hoch spezialisierten Volkswagen-Fabriken zu vergleichen sei, sondern dass es sich dort um eine integrierte Automobilunternehmung handelte.

Die rettende Entscheidung Nordhoffs erfolgte mit der Ernennung Rudolf Leidings zum neuen Ingolstädter Chef im Juli 1965. Leiding kehrte dort zwar mit eisernem Besen, ohne aber die automobile Kernsubstanz des Unternehmens zu gefährden. Er deckte ferner die der Konzernspitze in Wolfsburg unbekannten Entwicklungsarbeiten, nachdem er bei einem seiner Rundgänge hinter einem Vorhang auf das kompromisslose Zukunftsmodell von Audi gestoßen war – zu diesem Zeitpunkt noch in Plastilin.

Ohne jedwede Genehmigung hatte Ludwig Kraus in seinen Pferdeställen mit der Entwicklung eines wirklich zukunftsweisenden Automobils der damals gehobenen Mittelklasse begonnen. Das Ergebnis, der F 104, später Audi 100 genannt, war also eine echte Untergrundentwicklung. Diskret besuchte ich Kraus regelmäßig, sah ich doch voll der Bewunderung ohne jede Vorgabe von dritter Seite ein Automobil heranreifen, das auch unter dem Mercedes-Stern eine Sensation der Ausgewogenheit und des Fortschritts gewesen wäre. Kraus wiederum machte mir Komplimente über unsere Absatzerfolge beim Käfer, die für ihn ein Phänomen waren.

Sehr bald wollte man Kraus allerdings nach Wolfsburg versetzen, wo er die Motorenentwicklung übernehmen sollte. Er reichte daraufhin an einem Freitag seine Kündigung ein und räumte noch am selben Tag seinen Schreibtisch in Kenntnis Wolfsburger Gepflogenheiten. Kollege Novotny, im Konzernvorstand für schwierige Sonderfälle aller Art zuständig, flog daraufhin, nach Abstimmung mit Nordhoff, sofort nach Ingolstadt. Offensichtlich war man sich über den Wert von Kraus doch im Klaren. Er überzeugte Kraus, seine Kündigung zurückzunehmen, und garantierte ihm den Einzug in die Ingolstädter Geschäftsführung, ein adäquates Gehalt und den Umzug aus den Pferdeställen und Kasernenräumen in einen noch zu errichtenden Neubau der Technischen Entwicklung.

Unter dem Druck des Marktes gegen den Zweitakter – hinzu kam meine ablehnende Haltung, auf Lager stehende DKW über unsere US-Organisation zu verkaufen – hatte der Wolfsburger Vorstand Ende 1965 konzediert, dass die Entwicklung des F 103 vorangetrieben werden müsse. Das neue Fahrzeug mit Mitteldruckmotor baute auf dem Zweitaktpersonenwagen des DKW F 102 auf. Daimler hatte sich bei der Veräußerung der Auto Union verpflichtet, Ingolstadt bei der Arbeit bis zur Serienreife dieses Motors zu unterstützen. Der legendäre Professor Fritz Nallinger, Entwicklungsvorstand von Daimler, übernahm persönlich die Betreuung. Dringlichkeit war geboten, denn unsere DKW-Händler hielten sich praktisch nur mit Wartungsarbeiten am DKW Munga (Jeep) der Bundeswehr am Leben. Die konzerninterne strategische Zielsetzung beschränkte sich allerdings lediglich auf ein Erhalten der Auto-Union-Händlerorganisation, bis die Kosten dieses Modells verdient und Ingolstadt dann ein Volkswagenwerk sein würde.[30]

[30] Anlage zum Vorstandsprotokoll vom 26. August 1965.

Der Vorstand machte aus seinen Meinungsverschiedenheiten keine Mördergrube, mit der Folge, dass ich ständig die beunruhigten Auto-Union-Händler, besonders auch über ihren Sprecher, den mir seit meiner Kindheit bekannten Emil Spahr, Stuttgart, beschwichtigen musste. Auch auf Händlerkongressen verkaufte ich meine Politik, die sehr bald auch den Aufsichtsrat der Auto Union beschäftigte, stand sie doch im Gegensatz zur internen Zielsetzung. Gleichzeitig musste ich meine Auto-Union-Händler zu Höchstleistungen antreiben, was alles andere als eine einfache Aufgabe war. Aber in der Not klammerten sie sich an den Hoffnungsschimmer, dass ich mit meinen Thesen gewinnen würde – faute de mieux.

Nachdem die Auto-Union-Händler den F 103 mit der von mir nach hartem Ringen durchgesetzten Preispolitik besser verkauften, als meinen Vorstandskollegen in Aussicht gestellt worden war, hatten wir vorerst Luft. Mit diesem Fahrzeug hatte mir der Vorstand auch den Namen »Audi« zugestanden, wie ursprünglich in meiner Hausmitteilung vom September 1964 vorgeschlagen. Er sollte fortan eine deutliche Zäsur zur DKW-Zweitakter-Vergangenheit markieren. Allerdings gab es auch einen Wolfsburger Ukas, der die vier Ringe zusätzlich zum Audi-Schriftzug ab dem F 103 verbot. Gott sei Dank wurde diese Anordnung nie in die Praxis umgesetzt. Später, in der Rezession 1967, bereute Nordhoff allerdings die Genehmigung des Namens Audi und kam zu dem Urteil, der von mir vorgeschlagene Name Audi sei »der unglücklichste«, den man hätte finden können.[31]

Auf der Grundlage des F-103-Verkaufserfolgs wurde der anschließend von Kraus entwickelte Stationswagen des F 103 ein weiterer Baustein für das Überleben unserer Audi-Händler, nachdem meine Wolfsburger Kollegen auch diesem Projekt widerwillig zugestimmt hatten. Der von Daimler-Benz im Auto-Union-Paket mitgekaufte und hoch gepriesene Mitteldruckmotor bildete die Basis für unsere Werbekampagne und

[31] Vorstandsprotokoll vom 26. April 1967.

gab ihr Substanz. DDB hatte mittlerweile auch die Werbung für die Marke AUDI übernommen. Der sensationelle Mitteldruckmotor sollte jedoch trotz aller theoretischen Vorteile keine Zukunft haben.

Rudolf Leiding vollbrachte gemeinsam mit dem Audi-Vertriebsvorstand Ludovicus Dekkers das Meisterstück, das Geschäftsjahr 1966 mit schwarzen Zahlen abzuschließen. Er vermeldete zugleich den Verkauf aller produzierten F-103-Fahrzeuge und sprach sogar von der Möglichkeit einer Preisreduktion. Ohne diesen Erfolg wäre meine Politik natürlich reine Theorie geblieben.

Grünes Licht erhielt auch die Entwicklung des F 104 durch den Wolfsburger Vorstand nach einem Besuch in Ingolstadt. Anders als von manchen gewünscht, fand sie nicht in Wolfsburg, sondern von A bis Z in Ingolstadt statt. Die offizielle Genehmigung für das Fahrzeug war allerdings zunächst mit dem Proviso versehen, »er wird der große Wagen der Volkswagenwerk AG«, wie in einer Anlage zum Vorstandsprotokoll vom 30. August 1966 nachzulesen ist. Diese Einschränkung betrachtete ich als einen Streitpunkt für später. Hauptsache war für mich, dass Ingolstadt dieses Fahrzeug erst einmal entwickelte und man die Verschwörer Leiding und Kraus nicht an die Luft setzte, womit beide durchaus gerechnet hatten. Während der Präsentation vor dem Wolfsburger Vorstand zog Leiding bis zum endgültigen Okay seinen Mantel vorsichtshalber erst gar nicht aus.

Ich vermag heute nicht zu sagen, wie ich damals, in den Jahren von 1965 bis 1972, als Junior im Vorstand die Kraft aufbrachte für die Dauerauseinandersetzung um die Unabhängigkeit von Audi. Es ging dabei nicht nur um eine zweite Marke und die Erhöhung unseres Marktanteils, sondern auch um die Existenz der Audi-Händler. Sie waren das Gegenteil von »verrottet«[32]. Dieses Urteil Nordhoffs war ihm natürlich von VW-Großhändlern suggeriert worden, welche die Vorteile ihrer

---

[32] Vorstandsprotokoll vom 22. Oktober 1964.

gewachsenen, langjährigen Verbindungen nach Wolfsburg zu nutzen wussten. Es liegt auf der Hand, dass ihnen eine zweite Absatzorganisation, und noch dazu das DKW/Audi-Direkthändlersystem, mehr als ein Dorn im Auge war.

Unbeschadet dessen hatte ich mit meinen VW-Partnern – über den von mir 1965 gegründeten VW-Händlerbeirat (den ersten seiner Art in Europa) – höchst schwierige, aber immer faire und konstruktive Dialoge, die zwar spannend waren, aber keine Spannungen hinterließen. Erster Vorsitzender dieses Beirats war Fritz Haberl, München, einer unserer größten und profiliertesten Partner. Er kannte das Geschäft von der Pieke auf, war etwas jünger als ich, eloquent, charmant und hart zugleich und besaß bayerischen Humor obendrein. Die Audi- und Käfer-Situation sowie meine für die Händlerschaft ungewohnten neuen Auflagen, sprich Belastungen, füllten Tagesordnungen unserer Zusammenkünfte, von meinen Plänen zur Abschaffung der Großhändler ganz zu schweigen. Die beiderseitige Bereitschaft zum Dialog gewährleistete eine konstruktive Zusammenarbeit in recht schwieriger Zeit.

Ludwig Kraus, seit 1965 Mitglied der Geschäftsführung der Auto Union GmbH, war ein herausragender Entwicklungsingenieur und wusste seine Arbeit zu verkaufen, ja zu inszenieren. Er gehörte noch zu der heute längst ausgestorbenen Spezies von Ingenieuren, die über die Entwicklung eines Automobils jederzeit bis ins letzte Detail Bescheid wussten, vom Motor über die Karosserie bis hin sogar zur Farbe, in bester Daimler-Tradition. Es kam schon mal vor, dass er über eine Wagenfarbe stritt, bis die Fetzen flogen, und er mit seinem Krückstock auf den Tisch schlug. Seit einem schweren Unfall bei Testfahrten besaß Kraus zwar ein steifes Bein, seinem Temperament hatte das jedoch in keiner Weise geschadet.

Mit der Konstruktion des ersten Audi 100 (heute Audi-A6-Fahrzeugreihe) gelang dem vormaligen Konstrukteur der Daimler-Rennmotoren mit einer engagierten Mannschaft und modernsten Methoden (Finite Elemente etc.) ein seiner Zeit weit vorauseilender »Super-Mercedes«, genau das, was Audi brauchte. Das Potenzial dieses Fahrzeugs brachte den bis dahin unterprivilegierten Audi-Händlern Rückenwind, vereinfachte jedoch meine Argumentation gegenüber der VW-Führungsriege oder den VW-Großhändlern in keiner Weise, hätten doch die kerngesunden VW-Händler aus einem solchen Wagen sicher ein größeres Volumen herausgeholt.

1967, am Tag der endgültigen Abnahme des Audi 100 durch den VW-Vorstand, wurde an dem Wagen zum Schluss der Präsentation das Audi-Emblem der vier Ringe durch das VW-Zeichen ersetzt. Diese Umtaufung hätte den Todesstoß für die DKW-Händlerorganisation und damit das Ende von Audi bedeuten können. Ingolstadt wäre damit endgültig zum Werk 7 von VW geworden und ich der wohl Einzige in Wolfsburg, der dies nicht gefeiert hätte. Schließlich gelang es mir, buchstäblich in letzter Sekunde, Kurt Lotz doch noch für meine Mehrmarkenstrategie zu gewinnen und die Exekution von Audi zu verhindern. Diese Entscheidung spricht ganz besonders für Lotz, hatten wir doch seit seiner Ankunft von BBC als designierter Nachfolger von Nordhoff einige Differenzen ausgefochten.

Es ist das nie gewürdigte – noch irgendwo auch nur erwähnte – Verdienst von Kurt Lotz, der nach dem Tod Nordhoffs im Frühjahr 1968 Vorstandsvorsitzender von Volkswagen wurde, dass der F 104 unter dem Markennamen Audi als Audi 100 überhaupt das Licht der Öffentlichkeit erblickte. Damit war das Ingolstädter Unternehmen zwar zunächst erst einmal gerettet, jedoch wusste ich nur zu gut, dass es sich lediglich um einen Aufschub auf Zeit handeln konnte, denn irgendwie blieb die Verbindung zum Süden unverändert komplexbeladen. Im Volkswagen-Konzern gab es noch längst keinen Konsens für eine »Audi-Division«.

Es würde zu weit führen, in diesem Buch die Audi-Pionierzeit im Detail zu beschreiben, all der Männer gerecht zu werden, die, neben dem Team um Richard Bruhn, Carl Hahn sen.,

Ernst Göhner und Baron »Sunny« von Oppenheim, Audi nach dem Zweiten Weltkrieg mit Idealismus und Können wieder aufgebaut haben. Ab der Übernahme durch VW ist außer Ludwig Kraus besonders Rudolf Leiding zu nennen, Audi-Chef von 1965 bis 1968, und Ludovicus Dekkers, Verkaufsvorstand von Audi, den ich bei unserem holländischen Importeur schon vor dem Kauf Ingolstadts angeworben hatte. Zu nennen sind weiterhin Gerd Stieler von Heydekampf, Audi-Chef von 1969 bis 1971, sowie dessen Nachfolger in diesem Amt, Gerhard Prinz, von 1972 bis 1973, W. P. Schmidt, 1973 bis 1975, Gottlieb M. Strobl, 1975 bis 1978, Wolfgang Habbel, 1979 bis 1987, und schließlich Ferdinand Piëch, 1988 bis 1992. Und zu diesem Kreis gehört natürlich eben auch Kurt Lotz.

Indes: Ingolstadt ist nicht die einzige Stätte seiner ungewürdigten Verdienste. Obgleich seine Amtszeit nur drei Jahre dauerte, wurden unter ihm de facto die Weichen von einer Käfer-Monokultur zu einem breiten Modellangebot völlig anderer technischer Konzeption im Volkswagen-Konzern gestellt. Dass er diesen geradezu revolutionären Übergang eingeleitet und durchgesetzt hat, ist ihm bis heute ebenfalls nicht gedankt worden. Mit fadenscheinigen Argumenten wurde er stattdessen von seinen Gegnern diskreditiert und mithilfe einiger Journalisten erledigt. Es wäre an der Zeit, dies in Ingolstadt und Wolfsburg zu korrigieren, schließlich ging es damals um nicht weniger als die Existenz des noch jungen Volkswagen-Konzerns.

Lotz hatte 1968 – eingefädelt von mir – auch die Verbindung zu NSU in Neckarsulm wieder aufgenommen, nachdem erste Gespräche über eine Kooperation mit dem schwäbischen Traditionsunternehmen von Nordhoff abgebrochen worden waren. Die anschließenden Verhandlungen unter der Leitung von Gerhard Prinz führten dann 1969 zur Fusion Audi/NSU. Das neue Unternehmen verfügte damit zwar auf einen Schlag über die zahlenmäßig größte deutsche Händlerorganisation, jedoch stammte der überwiegende Teil der unendlich vielen Partner noch aus der Motorradzeit. Oft handelte es sich um reine Familienbetriebe, in denen »sie« die Kasse führte und »er« die Werkstatt. Eines hatten die allermeisten Betriebe allerdings gemein: Es mangelte ihnen an geeigneten Produkten ebenso wie an Geld. NSU-Fahrzeuge oder auch DKW der ersten Nachkriegsgeneration zu verkaufen war schon ein hartes Brot. Man stand damit also vor einer unerhörten Konsolidierungsaufgabe auf dem Weg zu einer gesunden Händlerorganisation. Sie sollte den Startschuss bilden zu unserer Audi-Direkthändlerorganisation mit Audi-eigenen Vertriebszentren.

Aufbauend auf unseren engen Verbindungen zu Porsche, hatte VW 1969 auf meinen Vorschlag eine weltweit tätige Vertriebsfirma mit dem Zuffenhausener Sportwagenhersteller gegründet, die VW-Porsche-Vertriebs GmbH, an der beide Partner zu je 50 Prozent beteiligt waren. Über sie wurde der gesamte Porsche-Vertrieb geführt. Die Idee zu dieser Gesellschaft war aus der Erkenntnis gereift, dass wir mit Audi allein keine erfolgreiche Absatzorganisation in den USA aufbauen konnten, Audi den US-Markt aber brauchte. Porsche andererseits konnte in den USA durch Audi ergänzt und gestärkt werden. Beide zusammen würden eine wettbewerbsfähige Händlerorganisation bilden können. Unsere dortigen VW-Händler lagen in Umsatz und Gewinn mit weitem Vorsprung an der Spitze aller Händlerorganisationen der USA. Hätten wir ihnen zusätzlich Audi gegeben, wäre dies der Praktizierung des »Gesetzes vom abnehmenden Bodenertrag« des Johann Heinrich von Thünen gleichgekommen, das nicht nur für die Landwirtschaft Gültigkeit besitzt.

Aus diesen Überlegungen heraus konzipierten wir die »Porsche Audi of America«, die in Rekordzeit zu einer starken und sehr profitablen Händlerorganisation in den USA aufgebaut wurde. Nur in Ausnahmefällen und, sofern keine Porsche-Partner im Markt gefunden wurden, gestatteten wir potenten VW-Händlern die Unterzeichnung eines zweiten Vertrags zur Übernahme von Porsche Audi in getrennten Muster-Standardbetrieben mit eigenständigem Management. Die Anforderungen, die wir damals an Händlerbewerber stellten, waren beispiellos. Trotzdem standen die Kandidaten Schlange. Der Ruf unserer Händlerpolitik und das Vertrauen in unseren Erfolg zogen erfahrene Automobilhändler magisch an. Alle wollten in den »Rolex Club«. 20 Jahre später sollte Toyota unserem Beispiel folgen, mit dem Aufbau einer Absatzorganisation für seine Nobelmarke Lexus.

Porsche hatte in die neue Vertriebsgesellschaft seine bereits bestehende US-Organisation unter Leitung von Otto-Erich Filius und seine Händler eingebracht. Sie waren damals keineswegs optimal, weil ihnen, abgesehen von einigen Ausnahmen, ein gesundes Volumen und folglich ein adäquater Auftritt fehlte.

Der von Ferdinand Piëch entwickelte, über 1000 PS starke »Porsche Audi 917«-Rennsportwagen beherrschte in jenen Jahren die amerikanische Trans-Am-(Renn-)Serie und machte damit uns publik – ganz ähnlich wie der Rennwagen seines Großvaters vor dem Krieg die Auto Union.

In Deutschland ersetzte auf meine Veranlassung die VW-Porsche-Vertriebs GmbH gegen allseits heftige Widerstände die Großhandelsstufe des Porsche-Vertriebs ebenfalls durch ein Direkthändlersystem. Der Großhandel war für unsere Branche längst zu kostspielig geworden, durch den Lauf der Zeit überholt. Die Reorganisation stellte einen schwierigen, tiefen Eingriff dar, besonders auch für die über lange Jahre gewachsenen menschlichen Beziehungen. Aus den ehemaligen Porsche-Großhändlern wurden nun moderne, profitable und exemplarisch große Einzelhändler, die so genannten Porsche-Zentren. Die Zuffenhausener erhielten auf diese Weise das Fundament für eine vorbildliche Absatzorganisation in Deutschland.

Für die VW-Großhändler und ihre Anhänger in Wolfsburg war das Porsche-Direkthändlersystem ein schrilles Alarmsignal. Es ist deshalb nicht schwer zu erraten, dass diese Maßnahme einen weiteren Nagel für meinen Sarg als Vertriebsvorstand bedeutete. Dies war mir bewusst, veranlasste mich jedoch nicht, wegen des persönlichen Risikos ein so lebenswichtiges Unternehmensziel aufzugeben: die Ablösung des Volkswagen-Großhändlersystems durch ein Direkthändlersystem. Allerdings hatten die Großhändler mehr Zeit als ich, für ihre Sache bei den Regierungen in Bonn und Hannover[33] sowie im VW-Aufsichtsrat zu werben, in dem sie überdies durch einen Importeur gut vertreten waren.

Erstmals hatte ich der VW-Geschäftsführung 1955 schriftlich in einer Hausmitteilung vorgeschlagen, ein Direkthändlersystem einzuführen, was zu diesem Zeitpunkt relativ leicht und mit wenig Geld zu regeln gewesen wäre. Schließlich wurde die antiquierte Vertriebsform über den Großhandel so gut wie nur noch von VW praktiziert. Man war damals aber noch zu sehr in Vorkriegsdenkstrukturen verhaftet.

Ein VW-Großhändlervertrag bedeutete viel unternehmerische Arbeit sowie beträchtliche Investitionen und Verantwortung für die unterstellten Händler und Werkstätten, aber auch neben Prestige ein quasi gesichertes Renteneinkommen. Es gab zu viele Großhändler in extrem unterschiedlichen Größenordnungen, also keine homogene Struktur. Hinzu kam, dass die Großhändler – anders als bei VW in den USA von mir praktiziert – gleichzeitig als Einzelhändler fungierten und damit eine starke Konkurrenz für die von ihnen betreuten übrigen VW-Partner ihres Gebiets darstellten. Für den Konzern bedeutete dieses System einen Renditeverlust (von sicherlich mehr als zwei Prozent) und Wettbewerbsnachteile in vielerlei Hinsicht. Deshalb wollte ich es abschaffen und hatte damit zum Entsetzen Wolfsburgs schrittweise in den USA begonnen.

Im Herbst 1971 folgte Rudolf Leiding als VW-Vorstandsvorsitzender Kurt Lotz in Wolfsburg. Meine Stellung als Vertriebsvorstand wurde dadurch nicht gestärkt. Zu unterschiedlich wa-

---

[33] Der Bund und das Land Niedersachsen hielten seinerzeit noch einen Aktienanteil am Unternehmen von zusammen 40 Prozent.

ren unsere Auffassungen über Eckpfeiler der Firmenstrategie, nicht nur über die Divisionalisierung von Audi, sondern eben auch über das Großhändlersystem. So kam es Ende 1972 zur Trennung. »Er oder ich« hieß die Alternative, vor die Leiding den Aufsichtsrat stellte, nachdem ich einen Besuch des mir persönlich nahe stehenden österreichischen Bundeskanzlers Kreisky sicherlich falsch eingefädelt hatte. Doch dieser Vorfall war nur ein Vorwand. Bereits ein Jahr zuvor hatte mich ein einflussreicher VW-Importeur – sicher nicht ohne Auftrag – bei einem Mittagessen unter vier Augen im VW-Vorstandscasino zur Kapitulation aufgefordert.

Ich akzeptierte die Entscheidung, die mir der VW-Aufsichtsratsvorsitzende, Staatssekretär a. D. Josef Rust, mit seinem Bedauern eröffnete. Der erste Mann im Vorstand hat letzten Endes die Politik zu verantworten und damit auch zu bestimmen, solange der Aufsichtsrat ihm folgt.

Mit dem Rauswurf waren meine Planungen für eine neue VW-Vertriebsform sowie eine getrennte Audi-Absatzorganisation zur Makulatur geworden. Erst 1989, 17 Jahre später also, wurde das Direkthändlersystem für Volkswagen-Fahrzeuge dann doch eingeführt, nach entsprechenden Zeit- und Gewinneinbußen. Gleichzeitig wurden die Voraussetzungen für den Direktvertrieb von Ersatzteilen in Stufen geschaffen, ein Vertriebssystem, an dem die ehemaligen Großhändler aus rechtlichen Gründen bis heute beteiligt blieben.

Nachdem Rudolf Leiding sich sehr bald mit dem Betriebsrat über Führungsfragen angelegt hatte, was Vorstandsvorsitzenden in Deutschland heiß und gern empfohlen wird, aber meist vorhersehbare Folgen zeitigt, wurde Toni Schmücker Anfang 1975 Chef des Volkswagen-Konzerns. Er war zuvor Vorstandsvorsitzender bei Rheinstahl und Ford Deutschland gewesen. Sein Herzinfarkt im Herbst 1981 zwang ihn zur vorzeitigen Aufgabe dieses Amtes und führte im darauf folgenden Jahr zu meiner Rückkehr nach Wolfsburg. Erstmals hatte Volkswagen damit einen Vorstands- und Audi einen Aufsichtsratsvorsitzenden, der in Ingoldstadt noch die Urzelle des Unternehmens in der Schrannenstraße 3 gekannt hatte und von einer Mehrmarkenstrategie nicht erst überzeugt werden musste.

In Ingolstadt stieß ich auf den Betriebsratsvorsitzenden aus der Zeit meines Vaters, den Sudetenländer Fritz Böhm, der für eine klare divisionale Unabhängigkeit im Konzern eintrat. Er besaß eine außergewöhnliche politische Autorität und intellektuelle Unabhängigkeit. Über 15 Jahre war er Landtags- und Bundestagsabgeordneter und hatte schon während der Daimler-Zeit der Auto Union dem Stuttgarter Aufsichtsrat angehört. Böhm verstand es, seine Kollegen und Mitarbeiter hinter sich zu scharen und ihnen sogar klar zu machen, dass es für sie besser sei, auf Wolfsburger Spitzenlöhne zu verzichten, das heißt auf den VW-Haustarif. Dieser Kostenvorteil wurde zu einem tragenden Element für das Überleben von Audi. Mit dem Haustarif wäre der Weg zum Werk 7 sehr kurz gewesen. Aus einer solchen unabhängigen Politik ergab sich zwangsläufig eine Distanz zur IG-Metall-Zentrale in Frankfurt wie auch zum Betriebsrat in Wolfsburg. Für den Fortbestand von Audi war Böhm von kaum zu überschätzendem Einfluss. Er kannte nur die Interessen von Audi.

Audi war zwar 1982 noch eine eigenständige Marke, jedoch seit meinem Weggang 1973 amputiert, ohne eigene Absatzorganisation. Man hatte nicht einmal mehr auch nur die Spur eines eigenen Vertriebs im Hause, geschweige denn einen Vertriebsvorstand.

Die weltweite Audi-Handelsorganisation war nach meinem Ausscheiden mit Schadensersatzleistungen an die Audi-Importeure in dreistelliger Millionenhöhe liquidiert und die Vertriebsfunktion dem VW-Handel, -Großhandel und -Importeuren unentgeltlich übertragen worden. Einzige Ausnahme bildeten die USA, wo die Händlerschutz-Gesetzgebung die Händler rettete. Nur einige europäische Audi-Händler schafften es, VW-Händlerverträge zu erhalten.

Damit war Audis einziger Weg, als eigenständige Marke zu

überleben, im wahrsten Sinne des Wortes durch »Vorsprung durch Technik« vorgezeichnet – ein »moving target«, das man sich natürlich setzen muss, aber nicht auf Anhieb erreichen, geschweige denn pachten kann. Die Ausgangsbasis dafür hatte bereits Ludwig Kraus mit dem Audi 100 geschaffen. Sein Nachfolger als Entwicklungsvorstand in Ingolstadt war 1975 Ferdinand Piëch geworden.

Nach meiner Rückkehr entwickelten wir einen verwegenen Plan mit einem hochgesteckten Ziel: Wir wollten den Eintritt in die Oberklasse erreichen, in der sich neben Daimler seit den 70er-Jahren auch BMW schrittweise etablierte. Eine Höherpositionierung war schon deshalb notwendig, um VW von Audi zu differenzieren und damit Substitution und Volatilität zu vermeiden, die durch gemeinsame Händlerbetriebe verstärkt gegeben war.

Piëch erarbeitete mit großer Kreativität die Basis für einen glaubwürdigen »Vorsprung durch Technik«. Der Quattro-Antrieb war dabei der erste und wahrscheinlich entscheidende Schritt. Die Überlegenheit dieses Systems in puncto Sicherheit durch seine Unabhängigkeit vom jeweiligen Straßenzustand ließen sich der Öffentlichkeit durch den Rallyesport spektakulär vermitteln. Über Nacht gewannen wir die ersten richtigen Kunden. Aber der Weg bis zur gnädigen Frau und zum Vorstandsfahrer der S-Klasse war lang und vermint. Die bereits etablierten Wettbewerber verfügten über sehr gut organisierte, starke Vertriebsorganisationen, bei Daimler unterstützt durch eigene Filialen, die einst hauptsächlich aus Gründen der Umsatzsteuerersparnis entstanden waren.

Unser Zielpublikum assoziierte mit Audi immer noch die blaue Zweitaktabgasfahne des DKW. Das größte strategische Manko war damit anfänglich der fehlende Kundenstamm mit entsprechender Kaufkraft. Aus einem solchen Kundenbestand rekrutiert sich aber in der Premiumklasse in aller Regel der Löwenanteil der Verkäufe. Mehr noch als heute wurden Fahrzeuge in diesem Segment damals markentreu ersetzt, meist zu über 90 Prozent. Während die oberklassengerechte Aufwertung unserer Fahrzeuge nicht ohne eine Steigerung der Produktkosten möglich war – siehe allein Quattro-Antrieb –, hatten wir mangels entsprechender Klientel zusätzlich erst einmal unzureichende Stückzahlen mit all ihren Kostennachteilen zu verkraften. Hinzu kam die schwache Kaufkraft unserer traditionellen Kundschaft, von der wir weiterhin leben mussten. Wir konnten es uns keinesfalls leisten, uns zwischen alle Stühle zu setzen und unsere treuen Kunden zu überfordern und zu verlieren.

Beim Versuch, in die Oberklasse vorzustoßen, ist für die meisten Hersteller letzten Endes der fehlende Kundenbestand die wichtigste Ursache für den finanziellen Misserfolg. Ein kühler Rechner begibt sich daher in der Regel erst gar nicht auf diese Durststrecke. Kein Wunder somit, wenn ernst zu nehmende Kollegen meiner Politik mit guten Argumenten begegneten.

Die Presse lebte – nicht ohne Futter seitens unserer Ingolstädter Tochter – auch nach meiner Ankunft von der Mär der Unterdrückung durch ideenlose, aber mächtige Vorstände »in den nebligen Aller-Niederungen Niedersachsens«. Obwohl ich in meiner Funktion als Vorsitzender des Aufsichtsrats der Audi AG nie einen Zweifel daran ließ, welche klare Linie der getrennten Markenpolitik wir nunmehr verfolgten und welche Rolle ich mehrfach als Lebensretter von Audi gespielt hatte, blieb die Story vom »Underdog Ingoldstadt« attraktiver und wurde auch in Ingolstadt gern gelesen.

Die Themen »Markentrennung« und »Oberklasse« standen somit ganz oben auf meiner Agenda. Allerdings pflegte ich mit unserer zukünftigen Geschäftspolitik die Öffentlichkeit nicht zu unterhalten. Persönlich hätte es mir wohl genutzt und vielfach auch dem heutigen Managementstil entsprochen, nicht dagegen meinem und nicht den Interessen des Unternehmens.

Die Umsetzung der Markentrennung gestaltete sich aufgrund

der 1973 für die Übergabe des Audi-Vertriebs an die VW-Händler geschaffenen händlergünstigen vertraglichen Konditionen als ein langwieriger und teurer Prozess. In Nordamerika hingegen war unser Problem die damals unzureichende Qualität von Audi, welche die Exklusivität der Porsche-Audi-Händler unterminierte. Ganz unabhängig von dieser Problematik wurde auf Initiative von Porsche 1985 die Trennung von Audi in den USA und Kanada vollzogen. Porsche betrachtete sich inzwischen als groß genug, um die Vertriebsfunktion in den USA wieder in alleiniger Regie zu übernehmen. Alle meine Interventionen bei der Familie blieben ergebnislos. Die VW-Porsche-Vertriebs GmbH verlor damit ihre Geschäftsgrundlage und wurde aufgelöst.

Trotz einiger Qualitätsmängel erreichte Audi in den USA bis Mitte der 80er-Jahre Verkaufszahlen von über 70 000 Fahrzeugen. Erst eine gegen das Unternehmen gerichtete Kampagne, in der es um Fälle so genannter »unintended acceleration« (ungewollter Beschleunigung) ging, bedeutete eine tiefgreifende Zäsur mit fast vernichtender Wirkung auf dem nordamerikanischen Markt.

Der Vorwurf lautete, dass Fahrzeuge der Audi-5000-Modellreihe (sie wurden in Europa unter dem Namen Audi 200 verkauft) mit Automatikgetriebe trotz Bedienung der Fußbremse angeblich beschleunigten und dadurch schlimmste Unfälle verursachten. Da wurde unter anderem von Audis berichtet, die Garagenwände durchbrachen und gar im Swimmingpool landeten, sobald man den Vorwärts- oder Rückwärtsgang eingelegt hatte. Das TV-Magazin »60 Minutes« nahm sich dieser Thematik immer wieder ausführlich, in sehr einseitiger Weise an und berichtete dabei unter anderem auch über den tragischen Unfalltod eines kleinen Jungen.

Die Folgen dieser Berichterstattung waren für Audi verheerend. Auf Parkplätzen und an Parkhäusern wurden Schilder angebracht mit der Aufschrift »No Audis«. Die Verkäufe auf dem US-Markt brachen bis 1991 auf 12 000 Audi-Modelle ein, und selbst diese Verkaufszahl erreichten wir nur mittels Vertriebskosten in astronomischer Höhe.

Wir wurden quasi gelyncht. Die Stimmungslage ist in solchen Situationen wenig offen für sachliche Argumente. Obwohl die Verkehrssicherheitsbehörde keinen Fehler feststellte, wir in der Folge einen nach dem anderen der vielen hundert anhängigen Prozesse gewannen, gingen die Kosten in die Milliarden. Der Spuk nahm allmählich ein Ende, als Piëchs Ingenieure eine von ihnen weiterentwickelte elektronische Schaltsperre in die Fahrzeuge einbauten. Fortan musste, um den Ganghebel der Automatikschaltung in eine Schaltstufe bewegen zu können, gleichzeitig die Fußbremse betätigt werden. Auf diese Weise wird der Fahrer vor Antritt jeder Fahrt daran erinnert, wo sich die Bremse befindet. Die unterbewusste Verwechslung von Brems- und Gaspedal, die im Übrigen ein Industrieproblem war, wie unsere Statistiken zeigten, hörte danach schlagartig auf. Das Unternehmen brauchte am Ende mehr als anderthalb Jahrzehnte, um die Rufschädigung glaubhaft zu überwinden. Erst in jüngster Zeit haben die Ingolstädter in Nordamerika wieder das Niveau von Mitte der 80er-Jahre erreicht und sind auch dort als Nobelmarke akzeptiert.

Meine Besuche 1982 in der Technischen Entwicklung von Audi in Ingolstadt verliefen trotz der guten Ansätze des Quattro in einem Fall enttäuschend. Ich fand einen Audi-80-Nachfolger vor mit einem Pagodendach, den ich stilistisch für so gut wie unverkäuflich hielt. Als Piëch und ich von der Automobilausstellung in Japan im Herbst desselben Jahres zurückflogen, waren wir uns sofort einig, diesen Wagen zu schlachten. Die Zeit bis zu einem Nachfolgemodell überbrückten wir mit einem größeren Facelifting. Mir gefiel, dass man ohne jedes Herumreden ein solches Thema ganz sachlich erledigen konnte, was in Deutschland wohl generell als Ausnahme zu betrachten ist, besonders wenn sie nicht in der Presse stattfindet.

Für mich war klar, dass wir Audi, nicht nur wegen der noch

für einige Zeit gemeinsam zu nutzenden VW-Audi-Händlerschaft, technisch und stilistisch weiter von VW zu differenzieren hätten. Nur über glaubhafte, höherwertige Produkte konnte das Image von Audi schrittweise entwickelt werden, nicht mit schönen Anzeigen.

Die Audi-Ergebnisse – innerbetriebliche Konzernverrechnungspreise hin wie her – blieben erst einmal, trotz der im Verhältnis zu Wolfsburg niedrigeren bayrischen Personalkosten, weit von BMW entfernt, natürlich auch wegen der hohen Vorleistungen. Die Münchner hatten mit ihren Produkten eine Kundschaft aufgebaut, die über ein deutlich höheres Einkommen verfügte, und erzielten so im Durchschnitt der Produkte einen viel höherwertigeren Mix an Modell- und Ausstattungsvarianten mit entsprechend größeren Margen. Aber auch BMW hatte einmal ganz unten angefangen. Man braucht gar nicht bis zur Isetta zurückzugehen, sondern beispielsweise nur an den ersten BMW 1500 zu denken.

Ingolstadt konnte darüber hinaus von niemandem eine Entwicklungshilfe zum Nulltarif erwarten, wie sie BMW durch Audi Anfang der 70er-Jahre dank der damaligen VW-Politik zuteil wurde. Als die Audi-Vertriebsorganisation mit ihren tüchtigen und beispielhaft loyalen Händlern – diese hatten in den ersten Nachkriegsjahren ihre DKW-Fahrzeuge unter Verzicht auf jede Kommission verkauft – von VW 1973 abgeschafft wurde, begründete man dies dem VW-Aufsichtsrat gegenüber mit der Einsparung der Vertriebskosten.

Das Ergebnis der VW-Entscheidung war für BMW von weitreichender Bedeutung gewesen. Sie erhielten mit Hans-Erdmann Schönbeck den überflüssig gewordenen Audi-Vertriebsvorstand frei Haus auf einem Silbertablett, zusammen mit einer Auslese seiner Mannschaft sowie einigen ausgewählten Händlern. Diese Bluttransfusion gab insbesondere auch dem Exportgeschäft von BMW kräftige Impulse, nachdem der Blick der Blauweißen zuvor kaum über die Alpen hinausgegangen war. Niemand in München hat dieses Geschenk bis zum heutigen

Tag gewürdigt. Hans-Erdmann Schönbeck, schlesischer Abstammung und Offizier in Stalingrad, hatte beim größten deutschen VW-Großhändler MAHAG, München, seine ersten Sporen verdient, bis ich ihn mit Pensionierung von Dekkers als Vertriebsvorstand zu Audi holte. Nach seinem Wechsel zu BMW blieb er diesem Unternehmen bis zum Erreichen der Altersgrenze treu. Anschließend wurde er Präsident des Verbands der Deutschen Automobilindustrie und war parallel über mehrere Jahre hinweg Präsident des Europäischen Automobilverbands.

Im Jahr 1982 standen wir bei Audi somit in vielerlei Hinsicht vor einem Neuanfang. Auf der letzten Topmanagementtagung des Volkswagen-Konzerns vor meiner Rückkehr hatten die VW-Führungskräfte 1981 die Einsparung des Audi-Vorstands als Empfehlung an den Konzernvorstand noch ziemlich weit oben auf ihrer Vorschlagsliste eingeordnet und wussten sich in diesem Punkt wohl auch mit dem Wolfsburger Betriebsrat einig.

»Was tun?«, war die große Frage. Wie sollte man Audi wieder seine Unabhängigkeit mit einem lebensfähigen Vertrieb geben und als Voraussetzung dafür ein Produktprogramm, das der angestrebten Marktpositionierung gerecht würde, ohne Vernachlässigung der Synergiepotenziale des Konzerns? Komitees helfen in solchen Situationen wenig. Wir mussten das Ziel setzen, den Weg weisen. Der Ingolstädter Vorstand brachte jedoch keine strategischen Vorschläge ein. Nur Piëch als Entwicklungschef schlug regelmäßig strategisch-technische Lösungen vor, die man im Konzern wegen unserer Kostensituation zwar misstrauisch begutachtete, die Audi aber jeweils ein »First« einbrachten. Sie zeigten ihren Wert, indem sie ausnahmslos von der Konkurrenz nachvollzogen wurden. Manchmal dauert so etwas recht lange, beim Quattro-Antrieb beispielsweise Jahrzehnte. Ingenieure zeichnen sich manchmal auch durch die Qualität ihrer Ausreden aus.

Piëch und ich teilten nicht nur ein Faible für Japan und Motorräder, sondern lagen insbesondere auch produktpolitisch auf einer Wellenlänge. Ich wusste, dass wir einen solchen unabhängigen, kreativen Geist brauchten, wenn Audi überleben sollte. Natürlich war Piëch für die Ingolstädter schwierig und bei all meinen Kollegen in Wolfsburg – um es milde auszudrücken – nicht gerade beliebt. Dennoch pflegten wir eine gute und disziplinierte Zusammenarbeit, für die schon mein Vorgänger Schmücker kompromisslos gesorgt hatte.

Auch bei VW entwickelten wir wieder Dynamik in technischer und produktpolitischer Hinsicht, wobei sich dies aufgrund der Größenordnung der Marke VW in ganz anderen Dimensionen und Komplexitäten abspielte. Während Audi aus zwei inländischen Werken bestand, hatte Volkswagen weltweit schon über 30. Das sind zwei Welten! Schließlich musste VW den Wünschen seiner Kundschaft und ihrer Kaufkraft an den verschiedenen globalen Standorten Rechnung tragen, Rücksicht nehmen auf die Wirtschafts- und Konkurrenzverhältnisse auch in der Dritten Welt. Gleichwohl wurde in technischen Arbeitsgruppen eine enge Zusammenarbeit und Abstimmung mit Audi praktiziert, die für beide Seiten befruchtend wirkte, wenn sie auch immer wieder mit Reibungen verbunden war.

Audi produzierte in der Folge immer neue Pionierleistungen:

- Der Quattro-Antrieb (permanenter Allradantrieb): Er wurde mit differenzierter Technik sofort nach meiner Rückkehr in den Vordergrund gestellt und für wichtige VW-Modelle übernommen, bis hin zum VW-Transporter.
- Die Aerodynamik: Bahnbrechende Luftwiderstandsbeiwerte bedeuteten weniger Verbrauch, weniger Windgeräusche, mehr Komfort (heute weltweiter Standard!).
- Verzinkte Bleche und Zehnjahresgarantie gegen Korrosion für Neuwagen: Ende der Rostlauben und Aufwertung der Gebrauchtwagen
- Sicherheit

- Vier- und Fünfventilmotoren (gemeinsam mit VW)
- Leichtbau (Aluminiumkarosserie A8)

Im Wettstreit mit VW wurde von Audi auch die Dieseltechnologie revolutioniert. VW hatte auf diesem Gebiet schon in den 70er-Jahren mit dem Wirbelkammerverfahren wichtige Pionierarbeit geleistet und war 1980 zum Weltmarktführer bei dieselgetriebenen Personenwagen aufgestiegen. In großzügiger Auslegung der Arbeitsteilung mit Wolfsburg und unter dem Mantel der Verschwiegenheit begann Audi in der Folge ein Fünfzylinder-Dieselaggregat mit Direkteinspritzung und vollelektronischer Motorregelung zu entwickeln, das dank seiner innovativen Technologie zu einem erneuten Meilenstein für den Pkw-Dieselmarkt werden sollte.

Als der VW-Vorstand Ende der 80er-Jahre zu einer PSK-Sitzung auf dem Ingolstädter Flughafen Manching landete, stand dort für mich ein Audi mit einer solchen Motorisierung bereit. Die Laufruhe und Durchzugskraft dieses Motors begeisterte mich. Jedoch sorgte die von Audi praktizierte weitgehende Geheimhaltung des Projekts zunächst für reichlich Verstimmung »im Norden«. Ungeachtet dessen wurde Audi getreu seiner Devise »Vorsprung durch Technik« zum weltweit ersten Hersteller, der die TDI-Technik in Serie auf den Markt brachte. Aus einem lauten, unkultivierten und relativ leistungsschwachen Aggregat war ein agiles und komfortables Antriebssystem geworden, das nicht nur großen Fahrspaß vermittelt, sondern bis heute in puncto Kraftstoffverbrauch von keinem anderen Motor unterboten wird. Nach Berechnungen von Richard van Basshuysen[34] führt die Direkteinspritzung gegenüber konventionellen Dieselaggregaten allein in Deutschland zu jährlichen Kraftstoffeinsparungen von

---

[34] Richard van Basshuysen war bei Audi Entwicklungsleiter der Fahrzeugkomfortklasse und Verantwortlicher für die Aggregatentwicklung aller Fahrzeuge. Die Serienentwicklung des Pkw-Dieselmotors mit Direkteinspritzung erfolgte unter seiner Leitung.

acht Milliarden Litern, was dem Verbrauch von neun Millionen Personenwagen entspricht.

Die Konkurrenz, die den TDI-Motor zunächst abwertend als Eintagsfliege abtat, wurde bald eines Besseren belehrt. Denn inzwischen hatte VW sich auf Grundlage der Audi-Vorentwicklung ebenfalls dieser Technologie zugewandt und präsentierte schon wenige Jahre darauf einen Vierzylinder-Dieseldirekteinspritzer auch für das Massensegment. Damit begann der Siegeszug der TDI-Technik, die in einzigartiger Weise Tugenden wie sportliche Fahrdynamik, niedrigen Verbrauch und Langlebigkeit miteinander vereint, wobei die Potenziale längst noch nicht ausgereizt sind. Für mich war der durchschlagende Erfolg des Dieselmotors mit Direkteinspritzung ein neuerliches überzeugendes Beispiel für die befruchtenden Impulse unseres konzerninternen Wettbewerbs. Es sollte eine Reihe von Jahren vergehen, bis die Konkurrenz nachziehen konnte. Zuvor bereits waren wir auch in der Mehrventiltechnik Weltmarktführer geworden. Beide Motorenentwicklungen verbanden die deutlich gesteigerte Leistungsfähigkeit mit handfesten ökologischen Vorteilen.

Alle diese richtungweisenden Innovationen bedeuteten für Audi aber noch keinen Durchbruch nach oben. Audi fehlte unverändert erst einmal das Prestige, die Glaubwürdigkeit eines Mercedes, eines Porsche oder eines Volkswagen, deren Neu- wie Gebrauchtwagenpreise den Wert der jeweiligen Marke widerspiegelten.

Schon als Conti-Chef hatte ich den Audi 200 gefahren. Ich war sicher der einzige von außen kommende Vorstand, der mit einem Konzernfabrikat in Wolfsburg ankam. Er war damals für seine Klasse nicht nur äußerlich, sondern auch in den Innenabmessungen etwas groß geraten. Trotzdem blieb seine Motorisierung auf einen Fünfzylindermotor begrenzt. Der einzig vorhandene VW-Sechszylindermotor passte in keines unserer Pkw-Modelle, nur in die leichten Lkw sowie in einige Volvo-Pkw, die mit einer von VW gelieferten Dieselversion in Italien und Frankreich großen Erfolg hatten. Produktpolitik ist ein komplexes Geschäft.

In einer Sitzung des Produktstrategiekomitees (PSK) des Konzerns überraschte ich schließlich 1983 mit dem Vorschlag, den Audi 200 als relativ preiswertes Ausgangsprodukt für die Entwicklung eines Oberklasse-Audi zu nutzen und – konsequenterweise – gleichzeitig einen Achtzylindermotor zu entwickeln. Dies würde uns einen wirtschaftlich vertretbaren ersten Schritt ins Premiumsegment gestatten und eine Lernphase einleiten. Unausweichlich waren darüber hinaus Sechszylinderentwicklungen, längst überfällig auch für VW, wo man sie allerdings bis dahin nicht zu vermissen schien.

Bedeutende Investitionen in Entwicklung, Produktion bis hin zum letzten Lieferanten wären die Folge eines solchen Schrittes, noch dazu mit Anfangsverlusten und einem relativ späten Kapitalrückfluss. Schließlich fehlten uns für diese Motoren auch die Getriebe, sowohl für Allrad- als auch Frontantriebsvarianten, von Bremsen und neuen Fahrgestellteilen ganz zu schweigen. Vorsichtig ausgedrückt war dies für unser PSK, selbst aber wohl für die Kollegen von Audi ein mehr als revolutionärer Vorschlag, weil voller Risiken. In der Tat bedeutete es ein völlig neues Kapitel unserer Unternehmensentwicklung. Es galt nicht nur mit Worten, sondern unterlegt durch ein entsprechendes Produktprogramm gegen die beiden deutschen Marktführer der Oberklasse glaubwürdig anzutreten. So etwas lässt sich weder durch Rallyes noch durch Fünfzylinder-Hochleistungsmotoren allein bewerkstelligen. Mit dem überlegenen Quattro-Konzept besaßen wir allerdings einen »unique selling point«, den man uns ausreichend lang exklusiv überließ, um den Einstieg in die Premiumklasse vollenden zu können.

Ich untertreibe, wenn ich feststelle, dass sich die Begeisterung auf meinen Vorschlag in Grenzen hielt, abgesehen von einigen Ingolstädtern sowie meinem Vorstandskollegen Borgward, der im Konzern für Qualität zuständig war.

Es dauerte jedoch nur Wochen, und wir fuhren auf der Porsche-Versuchsstrecke in Weissach einen Audi 200 mit dem Achtzylindermotor des Porsche 928. Leider erwies sich dieses Aggregat als zu schwer und zu groß in den Abmessungen und damit als ungeeignet für unsere Zwecke.

Piëch ließ nunmehr in Ingolstadt und Neckarsulm parallel Entwicklungen für einen V8-Zylinder-Aluminiummotor anlaufen. Unter der Leitung von Richard van Basshuysen entstand dabei auf Anhieb ein Meisterstück an Zuverlässigkeit, Gewicht und Leistung. Natürlich mussten am Fahrzeug hinsichtlich Technik und Ausstattung viele Änderungen erfolgen, um seiner neuen Motorisierung und dem Klassenanspruch im Fahrverhalten zu entsprechen. Wir waren uns im Klaren darüber, dass ein kleines Volumen uns anfangs in den Kosten unmöglich konkurrenzfähig machen, wir auf Anhieb schon gar nicht das Mercedes-Preisniveau erreichen würden. Unsere Marke hatte diesen Wert einfach noch nicht, musste ihn sich in der Öffentlichkeit erst noch erarbeiten. Dies war Teil des enormen Preises, sprich der hohen Vorlaufinvestitionen, die für den Einstieg in die Oberklasse zu entrichten waren. Sicher sparten wir durch die Verwendung des Audi 200. Mit einem komplett neu entwickelten Fahrzeug hätten wir wohl noch größere Einstiegsverluste in der ersten Fahrzeuggeneration eingefahren, kaum jedoch ein größeres Volumen erreicht. Allem voran stand für uns zunächst einmal der Lerneffekt auf der ganzen Linie an.

Unser Kundenbestand in dieser Klasse war logischerweise gleich null, ebenso wie die Erfahrungen unserer Absatzorganisation im Akquirieren und Behandeln einer solchen Klientel. Schwellenangst kam hinzu, ebenso wie unzureichende Ausstellungskapazitäten in Größe und Qualität sowie der Mangel an geeignetem Verkaufspersonal. Aber wir waren entschlossen, diesen Weg einzuschlagen, den Versuch zu wagen, schließlich auch emotionale Geschäftsbeziehungen über Generationen aufzubrechen, und zwar mit nichts anderem als »Vorsprung durch Technik«. 100 Prozent unserer Verkäufe mussten in

Nach dem Tod Nordhoffs im April 1968 Kurt Lotz im Kreis aktiver und pensionierter Vorstände: Von s: Frank Novotny und Fritz Frank, (beide damals bereits im Ruhestand), Friedrich Thomée, Horst ksmann, Kurt Haaf, Horst Münzner, Hans Hiemenz und Julius Paulsen (beide im Ruhestand), hard Prinz, Kurt Lotz, Werner Holste, Otto Höhne und C.H.H.

23 Die Werbeanzeigen unserer amerikanischen Agentur DDB revolutionierten die Werbung wel »Think small« wurde nicht nur vom Fachmagazin »Advertising Age« zur besten Anzeige des 20. hunderts erkoren.

◀ 24 Die von VW-Käfer-Komponenten abgeleiteten Formel-V-Rennwagen waren die meistgebauten in der Welt. Große Formel-1-Piloten fanden über die Formel-V-Klasse den Einstieg in den Rennsport.

25 Der kompakte Futura sorgte 1989 auf der Internationalen Automobilausstellung in Frankfurt durch sein neuartiges Design, die markanten Flügeltüren und zahlreiche technische Innovationen für Aufsehen. Ein Novum war außer einer Vierradlenkung der Motor mit Direkteinspritzung und G-Lader. Volkswagen setzte mit dieser Zukunftsstudie in punkto Sicherheit, Komfort und Umweltverträglichkeit neue Maßstäbe. ▼

Liebe und Kreativität ohne
ızen: Der Dune Buggy, ein
objekt aus Kalifornien auf
r-Plattform. Hier in einer
nann-Version. ▼

27 Der VW-Prototyp »Stud
von 1983 war dank extre
Kompakt-Bauweise, seiner
hen Fahrleistung und sei
geringen Verbrauch seiner
um mehr als ein Jahrzehnt
raus. Doch unsere dama
Kostensituation verhinderte
Produktion des auch fertigu
technisch ideenreichen F
zeugs.

28 Ein Meisterstück präsentierten die VW-Ingenieure zu meinem Abschied auf der IAA 1991: Der Chico, ein 2 + 2 Sitzer.

29 Trotz seiner Kürze
nur 3,15 Metern erfüll
selbst die strengen Sic
heitsvorschriften der U
Hybrid-Antrieb und ein
wicht von weniger als
Kilo sorgten für sparsa
und umweltschonenden
brauch.

VW-Vorstand 1991 mit dem Golf III. Von
: Daniel Goeudevert, Werner P. Schmidt,
in Posth, Ulrich Seiffert, C.H.H., Peter Frerk,
er Hartwich und Dieter Ullsperger.

Mit dem »Goldenen Lenkrad« von »Bild am
tag« zeichnete mich 1990 der damalige
ger-Chef Peter Tamm aus.

32 1985 wurde der GT den USA zum »Car of Year« gewählt. In der zwe Hälfte der siebziger J war zunächst nur eine l tierte Auflage von 5 Stück geplant. Bis h verkaufte der GTI sich r als 1,5 Millionen mal.

33 1988 saß ich erstmal einer DKW-Ladepum Zweitakt-Rennmaschine und nach Weltkrieg II h Männer wie Siegfried V sche, H.P. Müller oder E Kluge große Siege au herausgefahren. Neben tos, Segelfliegen, Segeln, chen, Skilaufen, Tennis deln und Reiten zählte torradfahren zu meinen bys. Alles, was sich be übte Zeit meines Le Faszination auf mich au

Probefahrt in einem Auto-
:orrad unseres Freundes
Nachbarn auf Sardinien,
rgetto Giugiaro. Auf seinem
henbrett entstehen Entwür-
m laufenden Band. Meine
wäche dafür kennt er.

35 Konzern-Tagungen mit Damen führten uns bald ins Ausland. Auf Wien folgten Barcelona (Foto; 1989), Prag und Detroit.

)er Kontakt mit Pensio-
ı war für mich stets Pflicht
Freude. Ich schätzte ihren
Von links: Rudolf Leiding,
H., der legendäre Betriebs-
orsitzende von Audi, Fritz
n und mein Vorgänger Toni
ıücker.

37 Mein Vater (im Hir grund) mit 60, ich mit Zusammen mit Sohn Cl topher ist die Familie H über acht Jahrzehnte mit die Menschheit wohl meisten faszinierenden B che verbunden.

38 Der Audi V8, hier in ner Langversion, war für sere bayrische Tochter entscheidender Bedeut Mit ihm boten die Ir städter in der Oberk erstmals eine überzeug Alternative.

einem ziemlich saturierten Markt Eroberungsverkäufe werden, was auch für eine starke Organisation eine natürliche Volumenbegrenzung in der ersten Phase darstellte und gleichzeitig mit beträchtlichen Akquisitionskosten verbunden war.

In jeder Sitzung unserer technischen Strategiekommission ging es Monat für Monat um »Sein« oder »Nichtsein« für dieses Projekt, dessen Gewinnschwelle am Horizont kaum auszumachen war. Meist war ich bei diesen Punkten der Tagesordnung Alleinunterhalter. Schließlich aber waren wir uns einig, dass am Ende der Wegstrecke eine generelle Höherpositionierung der Marke Audi und ihrer Produkte möglich sein müsste, wenngleich es dafür keine Garantie gab. Mit dieser Annahme jedoch verantworteten wir die erforderlichen Investitionen sowie die zu erwartenden großen Anfangsverluste auf dem Weg nach oben. Für eine Trennung der beiden Marken gab es keine attraktivere Alternative. Gleichzeitig lehrt die Erfahrung, dass die Preise des Eintritts in den Premiumclub – wie in jeden anderen wirklich guten Club – unablässig steigen.

Für unsere beiden deutschen Konkurrenten traf zwar der Kostennachteil des Standorts Deutschland in gleicher Weise zu wie für Audi, die Überlegenheit ihres Markenwertes und damit ihrer Preispositionierung gestattete ihnen jedoch äußerst attraktive Erträge. Ihre Fahrzeuge waren überdies als Dienstwagen für Spitzenpolitiker und Vorstände gleichermaßen akzeptiert, ja geradezu ein Muss, und zeichneten sich infolgedessen durch eine geringe Preisempfindlichkeit aus bei relativer Stabilität der Verkaufszahlen. Das hohe Fertigungsvolumen sorgte zudem für eine entsprechende Kostendegression.

Wenn auch unsere »Einstiegstaktik« in die Oberklasse über den Audi 200 relativ kostengünstig war, wussten wir natürlich, dass es ganz erheblicher Anschlussinvestitionen bedurfte, wenn wir uns nach einer – gelungenen – Lernphase mit einem von Grund auf richtigen Wagen der zweiten Generation in der Premiumklasse etablieren wollten. Andernfalls hätte man sich diese erste Runde ersparen können und müssen.

Der Schritt in die zweite Generation wurde zu einer Milliardeninvestition. Zur Allradtechnik und den Sechs- und Achtzylindermotoren kam dabei die Aluminiumtechnologie hinzu, sprich der Leichtbau. Audi und Alcoa hatten auf diesem Gebiet seit vielen Jahren Pionierarbeit geleistet. Mit Ausnahme der Acht- und Sechszylindermotoren und ihrer Getriebe, die auf Anhieb von der Fachwelt als Spitze beurteilt wurden, konnten für die zweite Generation der Oberklasse von Audi nur Neuteile in Betracht kommen. »Carry-over«-Teile zur Investitions- und Kostenentlastung schieden von vornherein aus, und zwar sowohl für den Wagen selbst als auch für die Fertigungsanlagen. Noch immer konnten wir nicht auf einen mit der Konkurrenz vergleichbaren Kundenstamm zurückgreifen und hatten somit unverändert Wettbewerbsnachteile – nicht nur im Volumen –, die sich erst mit der dritten Modellgeneration auflösten.

Bei einem Abstecher 1988 nach Crewe, England, zu dem ich Piëch einlud, sahen wir die wohl primitivste westeuropäische Automobilfabrik überhaupt, zugleich aber auch, wie man Holz und Leder in den technisch doch recht veralteten Fahrzeugen von Rolls-Royce und Bentley beispielhaft, einzigartig verarbeitete, um diese Fahrzeuge schließlich zu hohen Preisen als Spitze der Premiumklasse zu verkaufen. So gewannen wir wichtige Erkenntnisse, um auch in der Innenausstattung Oberklasse zu werden.

Bis zum Ende meiner Dienstzeit als Vorstandsvorsitzender, 1992, hatte ich von Audi weder ein Strategiepapier zum Thema Oberklasse gesehen – nur vom VW-Vertrieb unter W. P. Schmidt –, noch hatte ich viele Verbündete. Abgesehen von Piëch und seiner Technischen Entwicklung hielt man sich bedeckt und riskierte keine Mitschuld an diesen Milliardenausgaben, während wir gleichzeitig versuchten, mit VW die halbe Welt zu erobern.

Es war ein langer Weg, Audi mittels einer überzeugenden Produktspezifikation und eines attraktiven, sportlichen Designs – aber anfangs nur einem Minimum an Marketingausgaben – in die Oberklasse zu führen. Die Vorleistungen, die dafür zu erbringen waren, stellten eine außerordentliche finanzielle Belastung dar, die sich schlecht mit kurzfristigem, sehr wohl aber langfristigem Shareholder-Value-Denken verträgt. Wichtig war, dass wir imstande waren, diese Vorleistungen im Konzern zu verkraften und selbst bei konservativster Bilanzierung immer noch Geld zu verdienen. Keinerlei Entwicklungskosten wurden aktiviert, im Gegensatz zur heute akzeptierten Praxis. Erst später erfuhr Audi eine Entlastung durch einen neuen Fertigungsstandort in Györ, Ungarn, besonders aber durch bessere Preise und ein größeres Volumen.

Mit der dritten Generation ist Audi heute technisch weiter und besser als irgendein Konkurrent, was honoriert wird, wie die Zulassungszahlen überzeugend demonstrieren. Als europäischer Marktführer bei Acht- und Zwölfzylindermotoren sind wir auf dem automobilen Gipfel angekommen. Anders als beim Bergsteigen gibt es für eine Gipfelrast jedoch keine Zeit, denn das Innovationsrennen kennt keine Pausen, sondern ständige Beschleunigung. Noch nicht im Ziel, werden längst schon neue gesetzt. Alle Ideen, Theorien und Mittel hätten uns aber keine Ernte einfahren lassen, ohne die Ingenieure und Facharbeiter nebst ihren Managern in Ingolstadt und Neckarsulm. Auf Anhieb hatten sie unter Beweis gestellt, dass sie auch Spitzenprodukte für die Oberklasse entwickeln und produzieren konnten, unterstützt von den Kollegen aus der Forschung und Entwicklung in Wolfsburg.

Parallel lief der ebenso mühsame Prozess der Entflechtung des VW- und Audi-Vertriebs, durch den Ingolstadt wieder einen eigenständigen Vertriebsbereich erhielt. In einer ersten Phase trennten unsere VW/Audi-Händler Ausstellungsräume und Vertriebspersonal. In Ballungszentren errichteten unsere ehemaligen Großhändler repräsentative, beeindruckende Audi-Betriebe. Auch sie benötigten auf unserem Weg zur Oberklasse viele Jahre, um in die schwarzen Zahlen zu kommen. Zum Ende meiner Amtszeit war diese Arbeit noch längst nicht abgeschlossen, der Schaden der Liquidation der Audi-Absatzorganisation von 1973 noch nicht bereinigt. Audi aber hatte seit Januar 1993 mit Franz-Josef Kortüm, der von Daimler gekommen war, wieder einen eigenen Vertriebsvorstand mit dazu gehörender Mannschaft.

In den 80er-Jahren mehrten sich die Anzeichen, dass BMW und Daimler uns in unseren angestammten unteren Fahrzeugklassen angreifen würden, insbesondere der Golf-Klasse. Die Analysen hatten ihnen schon immer gezeigt, dass ihre Kundschaft den Bedarf unterhalb ihrer Programme vorzugsweise bei uns deckte. Im Umkehrschluss waren wir es, die ihnen die Kundschaft für oben bis vor nicht allzu langer Zeit frei Haus geliefert hatten.

Unabhängig davon hatte ich in unseren Budgetsitzungen und mittelfristigen Planungsrunden bei Audi seit Ende der 80er-Jahre immer wieder feststellen müssen, dass die geplanten Jahresstückzahlen des Unternehmens bei etwa 450 000 Fahrzeugen stagnierten. Es gab keine Bewegung nach oben, kein Konzept, diese Grenze glaubhaft zu durchbrechen. Nichts schien sich zu bewegen.

So versuchte ich, einen unkonventionellen Weg einzuschlagen, um dabei gleichzeitig besonders auf das Tempo zu drücken. Piëch und ich trafen uns, um über das Thema eines Audi-Modells in der Golf-Klasse zu sprechen. Wir scherten damit aus unserem Planungs- und Strategiesystem aus. Piëch, mit dem ich jeden Dienstag in den Sitzungen des VW-Vorstands zusammentraf, in den er schon 1989 kooptiert worden war, brachte seinen Produktplaner mit, einen jungen Ingenieur namens Franz-Josef Paefgen. Er war mir bereits vorher bei unseren Ingolstädter Produktstrategiesitzungen in seinen verschiedenen Funktionen nicht nur als zukunftsträchtiger Ingenieur, sondern auch als Manager aufgefallen. Paefgen sollte später ein sehr erfolgreicher Audi-Chef werden und steht nunmehr an der Spitze von Bentley, Bugatti wie auch dem VW-Motorsport.

Ich brachte Wolfgang Beese von der Volkswagen-Konzern-

Seite mit. Ich erinnere mich nur an drei Sitzungen unseres Viererteams, bis das Konzept einer neuen Produktklasse für Audi verabschiedet war. Damit stand rechtzeitig ein Schutzwall gegen neue Konkurrenten von oben. Natürlich gab es eine theoretisch berechtigte Kritik der Übergangenen gegen meine Vorgehensweise. Andererseits: Hatten sie nicht genug Zeit gehabt, ihre Vorschläge einzubringen?

Der einhellige Vorschlag des Teams Piëch/Hahn lautete: Plattform Golf mit einer Audi-typischen Karosserie, aber mit Audi-A4-Vorderachse und Golf-Hinterachse. So konnte man vom Audi-Motorenprogramm profitieren und sich deutlich von VW unterscheiden. Gleichzeitig würde dies eine entsprechend unabhängige, technisch untermauerte (höhere) Preispositionierung ermöglichen und die Substitution zum Golf minimieren. Man entschloss sich allerdings später, auch die VW-Vorderachse zu verwenden, was dem Erfolg des A3 keinen Abbruch tat. Mit ihm gelang der angestrebte Volumensprung wie auch die Preisdifferenzierung. Zusätzlich wurde das Audi-Modellprogramm noch um einen auf dem Audi A3 aufbauenden zweisitzigen Audi TT-Sportwagen ergänzt, der seither auch die Porsche-Kundschaft anspricht und im ungarischen Györ produziert wird. Audi erreichte dadurch BMW im Fahrzeugvolumen und begann die Münchner in vielen Märkten zu überholen, angefangen in Deutschland über Westeuropa bis China.

In unserer Industrie braucht man mehr als ein Jahrzehnt, um eine Marke glaubhaft höher zu positionieren und den Ansprüchen der Oberklasse zu genügen. Ein so relativ kurzer Zeitraum ist aber nur dann wirklich realistisch, wenn es gelingt, die Fehlerquote zu minimieren. Generell gehört allerdings auch ein gerüttelt Maß an Glück dazu. Unabdingbar gilt es, echte Innovation im Sinne neuer, für den Kunden attraktiver Alternativen anzubieten, die ihm helfen, die Hemmschwelle seiner automobilen Bindung zu überschreiten. Der mit einer Ausnahme rein deutsche Club der Oberklasse muss damit rechnen, dass die Zahl der Anbieter im Premiumsegment international steigen und der Konkurrenzkampf härter wird. Korea und China werden nicht mehr lange auf sich warten lassen. Die Innovationsgeschwindigkeit wie auch die Modellproliferation werden rasant zunehmen.

Das Image des Konzerns und der Wert der Marken stellen klare Garantien für den Käufer dar, aber auch, ohne dass er es zugeben wird, ein Statussymbol, Prestige. Letzten Endes bleibt das Automobil in jeder Klasse auch ein höchst emotionales Produkt.

Die Korrektur und Kompensation des Fehlers, die Audi-Absatzorganisation aufzulösen, hat nicht nur ein, sondern sogar mehr als drei Jahrzehnte in Anspruch genommen. Die Kosten solcher Operationen beginnt man besser nicht auszurechnen. Man darf allerdings die Hebelwirkung der potenten VW-Partner nicht unterschätzen oder vergessen. Sie spielten beim Wiederaufbau der Audi-Organisation, besonders aber bei der Höherpositionierung eine entscheidende und faire Rolle.

Ende 1986 lief der Vertrag des Vorstandsvorsitzenden von Audi, Wolfgang Habbel, aus. Es war wohl kein Zufall, dass wir rechtzeitig zur Sitzung des Aufsichtsratspräsidiums von Audi, in der über die Nachfolge zu entscheiden war, von einer Vorabausgabe des Manager-Magazins aus Hamburg überrascht wurden, die Piëch und seinen »Mangel an Kostendisziplin« verriss. Mein Aufsichtsratskollege Steinkühler war zweifellos zu dieser Zeit noch kein Freund von Piëch. Da half auch unsere ausgezeichnete Zusammenarbeit, die uns durch seine Funktion als stellvertretender Aufsichtsratsvorsitzender von Volkswagen oft zu Abstimmungsgesprächen zusammenführte, wenig. Die Skepsis gegen Piëch war einfach zu groß. Auch mein Wolfsburger Vorstandskollege im Audi-Aufsichtsratspräsidium, Münzner, stellte für mich nicht gerade das dar, was man als Hilfe für mein Ziel betrachten konnte. Mein Plan platzte infolgedessen bereits im Präsidium an einem klaren »Nein« von Steinkühler und konnte somit gar nicht mehr das Plenum des Aufsichtsrats der Audi AG erreichen. Piëch gab mir anschließend mündlich seinen Wunsch der Vertragsauflösung bekannt, was ich zurückwies. Dass es dann überhaupt weiterging, verdanke ich wahrscheinlich zu einem guten Teil seiner hoch verehrten Mutter, Kommerzialrätin Louise Piëch, der Schöpferin von Porsche Austria, dem größten Unternehmen dieses Landes, die ich telefonisch mobilisiert hatte.

Das Verhältnis zwischen den beiden zur Debatte stehenden Herren wurde unerträglich, obwohl Habbel erst einmal sein Ziel erreicht hatte, nämlich die Verlängerung seines Vertrags um ein Jahr. Piëch wurde vom Aufsichtsrat jedoch zum stellvertretenden Vorsitzenden des Audi-Vorstands ernannt. Ich versuchte mich nunmehr als Reparaturschlosser und Psychologe. Doch auch drei gemeinsame, sehr lange Abendessen mit Habbel und Piëch im Münchner Hotel »Vier Jahreszeiten«, bei denen ich mühsam zwischen beiden zu schlichten versuchte, an die Fairness appellierte und das Firmeninteresse hervorhob, brachten nur kurzzeitige, bescheidene Erfolge, weil der Amtsinhaber letzten Endes weiter auf seinem Verhinderungskurs blieb.

Die Blockierer dachten etwas kurz, denn Piëch hätte sicher jedem japanischen oder koreanischen Hersteller genau das gebracht, was diesen Firmen bis zum heutigen Tag fehlt, zum Vorteil der deutschen Automobilindustrie. Dennoch musste ich auch nach einer Alternative suchen, um nicht zwischen alle Stühle zu geraten. Man konnte kaum annehmen, dass meine Kollegen und die Gewerkschaft in Frankfurt ihre Meinung über Piëch ändern würden. Nur Liesen als Aufsichtsratsvorsitzender war generell für unsere Strategie und Personalmaßnahmen und unterstützte sie mehr als deutlich. Bei meinem erforderlich gewordenen zweiten Kandidaten Helmut Werner, der als Chef von Continental meine Nachfolge angetreten hatte, handelte es sich keineswegs um einen Ersatz, ganz im Gegenteil. Ich saß in diesem Fall allerdings am kürzeren Hebel, denn sein Aufsichtsratsvorsitzender hieß Alfred Herrhausen, und der warb ihn ohne Konfliktscheu für den Vorstand von Daimler-Benz ab, dessen Aufsichtsrat er ebenfalls vorsaß.

Das heutige erfolgreiche Produktprogramm von Mercedes geht auf das revolutionäre Wirken meines Freundes Helmut Werner zurück. Auch nach dem vorzeitigen Ablauf seiner Zeit als Vorstandsvorsitzender bei Mercedes-Benz demonstrierte er seine überragenden Begabungen beim Aufbau eines weltumspannenden Unternehmens im Transportsektor, gemeinsam mit Jack Welch und Roger Penske, der einst als erfolgreicher VW-Händler und Porsche-Rennfahrer seine kometenhafte Laufbahn begonnen hatte. Werner war darüber hinaus in vielen anderen verantwortungsvollen Funktionen der Wirtschaft wie auch dem öffentlichen Bereich aktiv. Ich kannte niemanden, der mehr positiven, jugendlich-sportlichen Elan besaß und so überzeugend ausstrahlte wie der viel zu früh verstorbene Helmut Werner.

Nach einem Jahr mit entsprechender Vorarbeit konnte ich riskieren, meinen alten Wahlvorschlag in einer Vorstandssitzung in Wolfsburg erneut zur Sprache zu bringen. Inzwischen hatte ich auch Steinkühler auf meiner Seite, nicht ohne Hilfe der Ingolstädter Betriebsräte, die immer auch verlässliche Stabilisatoren gegenüber zu heftigen Ausschlägen von Piëch gewesen waren. Diesmal holte ich mir einen schweigenden Konsens für Piëch. Audi hatte an der Spitze nunmehr den Mann, der mir schon lange als mein eigener Nachfolger ideal erschien, der wusste, wohin der Weg für dieses Unternehmen führen muss. Seine Schwächen waren dem Aufsichtsrat überdies bekannt, wenn dessen Gegensteuern auch offensichtlich nicht immer ausreichte.

Überdenkt man das Kapitel Audi, so wird einem bewusst, wie viele Bausteine zum Erfolg gehören, wie viele Gefahren es zu umschiffen gilt. Selbst wenn man sich über den Bauplan im Klaren war, bedurfte es doch vieler Fügungen, um diese große Zwickauer Traditionsfirma des August Horch, mit dem ich viele Nachkriegsmonate verbracht hatte, wieder zu dem zu machen, was sie lange Zeit gewesen und nun wieder geworden ist: ein Pionierunternehmen der Technik, des Vorsprungs durch Technik. Ich bin von Herzen dankbar, dass ich das Werk der Väter wohl gleich mehrfach vor dem Untergang retten konnte und seinen Triumph miterleben durfte.

V

Strategie der Europäisierung: Seat

Es muss mein dritter Tag nach der Rückkehr 1982 zu VW gewesen sein. Ich aß zu später Stunde in unserem Gästehaus, als mein Kollege W. P. Schmidt mich fragte, ob ich seinen Besucher Juan Antonio Antoñanzas kennen lernen möchte. So trafen wir uns zu einem ausgedehnten Nightcup. Antonanzas war McKinsey-Partner gewesen und Chef von Seat geworden, nachdem die Muttergesellschaft Fiat unter dem Druck anhaltender Verluste durch neue Hersteller auf dem spanischen Markt kapituliert hatte. Seat, das Pionierunternehmen des modernen spanischen Automobilbaus, war dadurch wieder zu einem hundertprozentigen Staatsunternehmen geworden. Antoñanzas stellte mir an diesem Abend seine Firma nach McKinsey-Art vor und dies natürlich in einem günstigen Licht.

Der spanische Automobilmarkt, bereits zu Beginn der 80er-Jahre immerhin der fünftgrößte und inzwischen drittgrößte Produktionsstandort Europas, war für den Volkswagen-Konzern ein weißer Fleck. Alle in Spanien produzierenden Hersteller – neben Seat waren dies GM und Ford sowie Peugeot und Renault – hatten bisher den Markt gegen die Aufnahme neuer Mitglieder im Club blockiert.

Spanien war jedoch gemeinsam mit Portugal auf dem Weg in die Europäische Gemeinschaft. Brüssel nahm sich damals noch genügend Zeit für die Vorbereitung der Integration von Beitrittskandidaten. Es waren zwei pro Jahrzehnt. Das war sicher für den Erfolg förderlich. Wie aber sollte VW eine Position in Spanien aufbauen, wenn mit dem EG-Beitritt des Landes 1986 und dem Wegfall aller Schranken das Fell des Bären bereits verteilt und der Markt von der Konkurrenz zu 100 Prozent besetzt war?

Hinzu kam, dass wir in spanischen Regierungskreisen bis dato sicher keine sehr freundliche Stimmung für VW geschaffen hatten. Ende der 50er-Jahre war der spanische Industrieminister über Bonn nach Wolfsburg gereist, um uns höchstwahrscheinlich in den »Club« einzuladen. Aber bereits an der VW-Werkswache war er abgewiesen worden – ein wohl ziemlich einmaliger Vorgang.

In der zweiten Hälfte der 60er-Jahre hatte mein damaliger Kollege Frank Novotny, obwohl er Nordhoff besonders nahe stand, bei diesem keine Liebe für Spanien wecken können. Trotzdem unternahmen wir gemeinsam wieder und wieder den Versuch, eine Produktionslizenz für Personenwagen zu erhalten. Jedes Mal überraschten uns allerdings immer höhere Mindestproduktionsschwellen, sodass wir schließlich aufgaben.

Dank Audi besaßen wir jedoch mittlerweile mit der Industrias del Motor (IMOSA) in Vitoria eine Transporterfabrik, die 1950, im gleichen Jahr wie Seat, gegründet worden war. Nach dem Kauf von Audi fand ich im Konferenzzimmer der IMOSA ein Silbertablett mit einer Widmung zur Eröffnung, graviert »Bruhn – Hahn«, die Namen der beiden Audi-Gründer. Die Firma baute Mercedes-Dieselmotoren in einen DKW-Schnelllaster ein und hatte sich mehr schlecht als recht entwickelt. Novotny und ich sollten Vitoria nunmehr regelmäßig besuchen.

Da wir uns in der zweiten Hälfte der 60er-Jahre quasi in einer Phase der »Verbrüderung« mit Daimler befanden, reisten meist auch Herren des Daimler-Vorstands gleichzeitig nach Spanien. So war neben Finanzchef Joachim Zahn sein für die Fertigung zuständiger Kollege Ulrich Raue stets mit von der Partie. In den Gesprächen vor Ort, bei denen es um die Lieferung von Motoren für IMOSA ging, die von einer Daimler-Tochter in Barcelona hergestellt wurden, war allerdings von Brüderlichkeit wenig zu spüren. Gegenüber dem wenig prestigeträchtigen, alternativen Dieselmotor von Perkins war das Dieselaggregat von Daimler preislich hoch und gleichzeitig von der Qualität her als niedrig einzustufen, um es zurückhaltend zu beschreiben. Nur schrittweise erreichten wir Verbesserungen, jedoch keinen Durchbruch. Jahre später sollte Daimler die IMOSA übernehmen. Heute spielt sie eine wichtige Rolle im leichten Nutzfahrzeuggeschäft des DaimlerChrysler-Konzerns.

Belastet durch unseren Fauxpas und angesehen durch die Ingolstädter Tochtergesellschaft IMOSA standen wir also 1982 in Spanien saldiert bei bestenfalls null. Obwohl VW im Hochkostenland Deutschland überwiegend für die offenen Märkte der Welt produzierte und unser Heimatmarkt seit langer Zeit keine Importbeschränkungen kannte, mangelte es im Konzern an strategischen Planungen für den gemeinsamen europäischen Binnenmarkt. Wie Spanien waren auch alle anderen großen Länder Europas, die Kraftfahrzeuge herstellten, gegen Importe fast komplett abgeschottet. Die Ausfuhren des Volkswagen-Konzerns beschränkten sich daher auf die kleinen Märkte Europas, was uns die Position fünf in der europäischen Zulassungsstatistik einbrachte.

An jenem Januar-Abend 1982 kamen Antoñanzas, W. P. Schmidt und ich in unserem Gästehaus überein, uns mit größter Energie einer Due Diligence von Seat zu widmen und entsprechende Gespräche mit der staatlichen Industrieholding INI einzuleiten. Neben der grundsätzlichen Frage, ob wir als Partner überhaupt erwünscht waren, musste es dabei insbesondere um die Befreiung Seats von den Bergen seiner Altlasten durch den Staat gehen – ein Schuldenbetrag in der Höhe von umgerechnet drei Milliarden DM.

Im Zuge der Due Diligence kamen wir schon bald zu dem Schluss, dass Seat von uns sehr wohl in Ordnung zu bringen war und das spanische Traditionsunternehmen damit zum wichtigsten Baustein für unsere Politik der Europäisierung werden könnte. Es gab für mich dazu keine Alternative, zumindest erachtete ich Alfa Romeo, das uns damals ebenfalls angeboten worden war, nicht als solche. Allein schon der Größenunterschied sowie nicht zuletzt die Öffnung des spanischen Marktes sprachen klar für Seat. Und mit beiden Firmen hätten wir uns übernommen, zumal wir bei Audi noch in den Anfängen steckten. Gleichzeitig schien uns Seat geeignet, innerhalb des Konzerns als Speerspitze für die Eroberung des in den mediterranen Märkten Europas überproportional wichtigen Kleinwagensegments zu dienen. Alle Seat-Produkte waren letztlich umgetaufte Fiat, für diese Märkte also geschaffen. Was allerdings völlig fehlte, war ein Auslandsvertrieb. Bislang hatte man lediglich von Fall zu Fall Kapazitätslücken für Fiat geschlossen.

W. P. Schmidt hatte für die Verhandlungen eine Strategie entwickelt, die in einem ersten Schritt eine sofortige technische Kooperation mit Seat und die Montage von Volkswagen vorsah. Durch diesen Schachzug sollte das Unternehmen erst einmal an uns gebunden und für die Konkurrenz »ungenießbar« werden. Dieser »Blockadevertrag« kostete uns keinen Pfennig, ganz im Gegenteil, würden wir doch sofort gratis Kapazitäten erhalten und an unseren Teilelieferungen für die Montage von Volkswagen-Passat und -Polo verdienen. Im Übrigen hatten wir auch die Preisformeln für den Rückkauf der Fahrzeuge bestimmt. Dieser Vertrag gab uns folglich die Chance, die Fertigungskosten für den Polo auf spanisches Niveau zu senken und freiwerdende Kapazitäten in Wolfsburg für den Golf zu nutzen, das alles, ohne einen Pfennig in neue Kapazitäten investieren zu müssen. Da alle Fahrzeuge des Kleinwagensegments – mit Ausnahme des Polo – damals in den lateinischen Billiglohnländern Europas produziert wurden, bestimmte deren Kostenstruktur die Preise. Dies hatte die Zukunft der Polo-Fertigung in Deutschland ohnehin ernsthaft infrage gestellt.

Die Kooperation mit Seat würde dem Volkswagen-Konzern

darüber hinaus den Weg ebnen für eine zügigere Erschließung des iberischen Marktes. Bereits 1981 hatte W. P. Schmidt mit der Gründung der V.A.G España, S.A. den Aufbau einer VW- und Audi-Vertriebsorganisation unter eigener Importregie eingeleitet.[35] Für uns stellte dieser Schritt damals aber noch eher einen Sonderfall dar, denn wir arbeiteten im Gegensatz zu allen wichtigen Wettbewerbern mit unabhängigen Importeuren zusammen. Einzige Ausnahmen in Europa waren bis dato die V.A.G France sowie eine von Scania betriebene Importgesellschaft in Schweden, an der wir mit 33 Prozent beteiligt waren. Während meiner Amtszeit änderten wir jedoch unsere Strategie. Ziel war es, künftig auf allen großen westeuropäischen Märkten (bei damaligen Verhältnissen bedeutete dies ein Jahresvolumen von mehr als 50 000 Konzernfahrzeugen) mit eigenen Importgesellschaften präsent zu sein. Ende 1984 übernahmen wir deshalb den italienischen Importeur Autogerma S.p.A und am 1. Januar 1993, nach zweijährigen Verhandlungen mit der Londoner Lonrho-Gruppe, die ich selbst mit dem aus Hamburg stammenden Sir Tiny Rowland führte, auch den britischen Importeur V.A.G United Kingdom. Nach Frankreich, Spanien und Italien war damit auch in Großbritannien die Vertriebsfunktion auf den Konzern übergegangen, ohne dass es zu Prozessen gekommen wäre, was im Fall Lonrho durchaus ungewöhnlich war.

Seat, damals mit knapp 30 Prozent Marktführer in Spanien – wenn auch mit rasch fallender Tendenz –, war ein Paradebeispiel für ein durch seine Quasi-Monopolstellung auf dem Heimatmarkt zu lange geschütztes Unternehmen. Neben den Fabriken in Barcelona, die alle nicht mehr zeitgemäß waren, besaß Seat in Pamplona eine von British Motors erworbene Montagefabrik. Sie wurde von uns für die Polo-Montage ausge-

[35] Die V.A.G España, S.A., stellte nach Unterzeichnung des Kooperationsvertrags mit Seat und Integration ihrer Händlerorganisation in das Seat-Vertriebssystem ihre Geschäftstätigkeit ein.

wählt, nach der Übernahme modernisiert, erweitert und schon während der ersten Phase der Montagekooperation immer mehr zur wichtigsten – und später einzigen – Produktionsstätte des Polo. Die Rohbauanlage stammte von der Fiat-Tochtergesellschaft Commau, die solche Anlagen für Automobilfabriken in der ganzen Welt baute. Somit brauchten wir keine Qualitätsrisiken einzugehen und fanden ein erstklassiges Management und erstklassige Mitarbeiter vor.

Diese Phase 1 der Kooperation gab uns für die Kaufverhandlungen auf allen Gebieten einen tiefen Einblick in den Wert von Seat, beginnend bei den Führungskräften über die Organisation, Produktion und Qualität, die Marktstellung und Vertriebsorganisation bis hin zu den finanziellen Bewertungen und Ergebnissen. Eine bessere Form der Due Diligence kann ich mir für einen Käufer nicht vorstellen.

Zunächst sollte mein Optimismus für dieses Vorhaben zu meiner Überraschung jedoch mehr als einen Dämpfer erhalten: Der gesamte VW-Vorstand, mit Ausnahme von W. P. Schmidt natürlich, war nicht etwa mit Feuereifer dafür, ein solches Projekt zu prüfen, sondern lehnte es kategorisch ab. Das »Triumph-Adler-Abenteuer« und viele andere Rückschläge, besonders bei fast allen Überseegesellschaften, hatten nachhaltige Spuren hinterlassen und den Vorstand in einen Zustand der Lähmung versetzt. Den meisten steckte darüber hinaus die Krise Mitte der 70er-Jahre noch tief in den Gemütern. Damals hatten nach (zu) lang andauernden Verhandlungen bei VW Massenentlassungen zu einem Zeitpunkt stattgefunden, als der Markt bereits wieder das Gegenteil forderte. Um das Gesicht zu wahren, reagierte man zeitverzögert mit der Wiedereinstellung derjenigen, die kurz zuvor noch finanziell abgefunden worden waren.

Im Vorstand beherrschten Anfang der 80er-Jahre ganz andere Themen die Diskussion als eine Kooperation mit Seat, denn VW schrieb rote Zahlen, nachdem sich unsere Herstellkosten mehr und mehr von unserer europäischen Konkurrenz entfernt hatten. Man dachte deshalb an ein »Gesundschrumpfen« des Konzerns, nicht nur mittels drastischer Absenkung der Produktionszahlen, sondern auch durch Einsparungen bei Modellausstattungen und Technik sowie Modellvarianten, um die Fahrzeuge auf diese Weise vermeintlich zu verbilligen. Fast war man auf dem Weg, das technische »Extra«, das den Status und Nimbus von VW begründet hatte, abzuschaffen.

»Gesundschrumpfen«, kombiniert mit dem Ende jedweder technischen Aggressivität, ist für ein Unternehmen aber eine tödliche Synthese, Garantie für seinen Untergang. Zumindest wäre eine solche Strategie mit dem Verlust der Selbstständigkeit verbunden gewesen. Unsere hochwertige und deshalb klassenlose Modellpalette zu normalen Autos zu degradieren, hätte zunächst unsere Preispolitik zerstört und dann unsere Existenz. Kaum je gelingt es in solchen Situationen, die Fixkosten schneller als das Volumen zu reduzieren, nur Letzteres wäre sicherlich anstandslos möglich gewesen.

Meine primäre Aufgabe war es deshalb, meinen Vorstandskollegen den überfälligen ersten Schritt in Richtung einer Europäisierung in Klausuren näher zu bringen, ihnen und der Führungsmannschaft wieder Selbstvertrauen einzuflößen. Gleichzeitig galt es, den Betriebsräten wie auch den Vertrauensleuten die Dramatik der Kostensituation klarzumachen.

Gott sei Dank hatten wir in unserem benachbarten Schulungszentrum »Haus Rhode«, einem wunderschön gelegenen alten Herrenhaus, einen besonders geeigneten Rahmen für konstruktive und natürlich auch kontroverse Diskussionen, die nach meiner Erinnerung dreimal einen ganzen Tag dauerten und einiges an Nerven kosteten. Gemeinsam mit meinem Kollegen Schmidt erläuterte ich unsere Europa-Politik, die dabei für Seat vorgesehene strategische Rolle und die taktischen Schritte unseres Vorgehens gegenüber Seat und INI, der staatlichen Industrieholding. Es ging um einen Positionsaufbau durch Erwerb nicht nur einer Marke samt Fabriken, sondern von Händlern mit Marktanteilen, sprich Kundschaft, Werkstätten und Ersatzteilgeschäft. Marktanteile zu erobern, kann mehr kosten als eine ganze Autofabrik.

Um unsere Seat-Politik im Aufsichtsrat durchzubringen, musste ich mit dem Betriebsrat allerdings einen Kompromiss schließen. Dieser gestattete uns, lediglich 50 Prozent der Polo-Fertigung nach Spanien zu verlagern, trotz negativer Konsequenzen für die Beschäftigung und den Ertrag. Zum Risikoausgleich bestand man auf einem zweiten Standbein für das Wolfsburger Stammwerk.

Wenige Jahre später einigten wir uns auch über die Verlagerung der restlichen Polo-Produktion nach Spanien. Zum einen hatte unser Betriebsrat in der Zwischenzeit mit der Fabrik in Pamplona einen Standort kennen gelernt, der unsere Polo nicht nur zu äußerst wettbewerbsfähigen Kosten, sondern auch in hervorragender Qualität produzierte. Niemals erhielten wir von unserer Kundschaft auch nur eine Reklamation wegen Spanien. Andererseits konnten wir dank Pamplona die arbeitstägliche Golf-Produktion in Wolfsburg auf 4000 Fahrzeuge erhöhen. Es gab Tage, da meldete mir die Wolfsburger Werksleitung (Helmut Amtenbrink) voll berechtigtem Stolz sogar Stückzahlen von mehr als 4000 produzierten Golf. Der Siegeszug des Golf als Marktführer Europas seit 1983 hatte dem Betriebsrat geholfen, den Polo-Schritt mitzutragen.

Zum besseren Verständnis sei erwähnt, dass Fertigungsverlagerungen laut VW-Gesetz grundsätzlich vom Aufsichtsrat genehmigt werden müssen. Dabei darf man nicht vergessen, dass ein Betriebsrat sich regelmäßig zur Wiederwahl stellen muss und es sich bei seinem Mandat letztlich auch um ein politisches Amt handelt, mit allen Vor- und Nachteilen für beide Seiten.

Das Seat-Engagement steht exemplarisch dafür, wie mittels einer Rationalisierungsverlagerung ins Ausland nicht nur positive Beschäftigungseffekte auf beiden Seiten erzielt werden, sondern im Inlandskonzern gleichzeitig eine positive Kettenreaktion von der Produktivitätssteigerung bis in die Gewinn-

und Verlustrechnung und den Cashflow hinein entsteht. Im Grunde genommen begannen wir von der ersten Stunde der Polo-Montage an, den Kaufpreis für Seat über die Deckungsbeiträge des Lieferverbunds anzusparen.

Nachdem wir auch im Geschäftsjahr 1983 in Wolfsburg noch nicht aus den roten Zahlen herausgekommen waren, bedeutete die Polo-Verlagerung nach Spanien, im März des darauf folgenden Jahres, einen ersten wichtigen strategischen Schritt zur Kostenreduktion im Konzern. Der Kooperationsvertrag mit Seat schaffte darüber hinaus die Voraussetzungen dafür, dass der Volkswagen-Konzern 1985 die Marktführerschaft in Europa erringen konnte. Seit Unterzeichnung des Vertrags – also innerhalb von nur drei Jahren – war auch der Aufbau der VW- und Audi-Absatzorganisation beschleunigt worden. Die Verkäufe von VW- und Audi-Modellen auf dem spanischen Markt stiegen um das Zwanzigfache. Der Marktanteil des Volkswagen-Konzerns in Spanien kletterte auf 8,6 Prozent, nachdem er zu Beginn der 80er-Jahre noch bei 0,5 Prozent gelegen hatte. Schließlich vergrößerten wir durch Spanien unser westeuropäisches Marktpotenzial um mehr als zehn Prozent.

Die Entscheidung des Vorstands für den Erwerb von Seat war am Ende einhellig, sodass das Team um W. P. Schmidt und unseren Kollegen Frerk die Verhandlungen mit den Vertretern des spanischen Herstellers, der Industrieholding INI sowie den zuständigen Ministerien aufnehmen konnte. Auch der König von Spanien, Juan Carlos, gab uns jede nur denkbare Ermutigung. Er war und ist der herausragende Botschafter seines Landes.

Ein Vieraugengespräch am Rande eines Staatsbesuchs mit dem spanischen Ministerpräsidenten Gonzales in Bonn half, eine Vertrauensbasis zu schaffen. Die Brüskierung an der Wolfsburger Werkswache in den 50er-Jahren wurde so zu einer humorvollen Episode. Eine konstruktive, wichtige Rolle in allen damaligen politischen Prozessen spielte der spanische Botschafter in Bonn, Eduardo Foncillas. Nach seinem aktiven Dienst bat ich ihn in den Seat-Verwaltungsrat, den wir generell auch mit angesehenen Spaniern besetzten. Nach meiner Pensionierung verzichtete Volkswagen auf seine Dienste.

Mit der damaligen Nummer 2 von Seat, später bei uns die Nummer 1, Juan Antonio Díaz Alvarez, traf ich mich beim World Economic Forum in Davos, um über ihn den Goodwill für unsere Firmenpolitik zu schaffen, der für eine produktive und vertrauensvolle Zusammenarbeit mit dem Management unabdingbar ist. Ich stellte dabei heraus, dass ein Zusammengehen mit Seat vom Gedanken der Chancengleichheit geprägt sein werde, wobei es uns darum ginge, ein integriertes spanisches Automobilunternehmen zu schaffen und keine verlängerte Werkbank, wie es unsere Konkurrenten ausnahmslos praktizierten. Unserer Politik der Divisionalisierung nach Marken lag vielmehr die Überlegung zugrunde, dass alle Marken im Rahmen einer föderativen Autonomie, unter Ausschöpfung von Konzernsynergien, insbesondere mittels Nutzung gemeinsamer Plattformen, ihre jeweiligen nationalen Stärken mobilisieren sollten, bei straffer Führung, insbesondere über das Konzern-Produktstrategiekomitee und -Controlling. Das Ziel war eine überzeugende Differenzierung des Modellangebots, um nicht nur neue Marktpotenziale erschließen, sondern auch den wachsenden Anforderungen des Marktes besser gerecht werden zu können. Die Transparenz eines solchen internen Wettbewerbs weckt ungeahnte Motivation und Kreativität.

Die Kaufverhandlungen meiner Kollegen Schmidt und Frerk mündeten in der Vertragsunterzeichnung in den Räumen des INI in Madrid am 18. Juni 1986, viereinhalb Jahre nach unserem ersten Nightcup im Gästehaus. Noch im selben Jahr erwarb VW in zwei Schritten 75 Prozent des Grundkapitals der Seat S.A. auf der Basis einer besenreinen Bilanz. Wir standen damit am Beginn eines beträchtlichen Arbeits- und Investitionsprogramms, das weitere Führungskräfte und Spezialisten aus allen Geschäftsbereichen, teilweise auf Jahre, zu Seat führen sollte. Neben dem Auf- und Ausbau einer schlagkräftigen VW- und Audi-Absatzorganisation in Spanien ging es um die Umsetzung von drei strategischen Aufgabenstellungen:

1. Verbesserung der Seat-Absatzorganisation in Spanien sowie Aufbau einer Seat-Absatzorganisation in Europa und schließlich dem Rest der Welt
2. Verbesserung der Seat-Produktpalette und eigenverantwortliche Entwicklung eines auf Volkswagen-Konzernplattformen aufbauenden Seat-Produktprogramms
3. Rationalisierung und Modernisierung der Seat-Produktion sowie Integration des Einkaufs und Gleichschaltung der Systeme

Dank eines kompetenten spanischen Managers, Díaz Ruiz, und ausgezeichneter Bewerber für offene Händlerplätze kamen wir beim Ausbau der inländischen Absatzorganisation gut voran. So gewannen wir auch bedeutende Händler, die bisher Konkurrenzmarken vertraten, was natürlich einen doppelten Erfolg bedeutete. Als ich jedoch im Urlaub 1991 mit meiner Familie in einem VW-Bus Spanien bereiste, fiel mir auf, dass Renault weit höhere Anforderungen an seine Händler stellte und durchsetzte. Diese gaben ein viel besseres Bild ab als unsere Vertragspartner. Barcelona erhielt nach meinem Urlaub eine Fotosammlung. Wir hatten nicht nur an Sehenswürdigkeiten der spanischen Landschaft und Kultur Halt gemacht, sondern auch bei Händlern am Wege. Nichts geht über unangemeldete Besuche in der Händlerorganisation. Für mich waren solche Abstecher stets ein regelmäßiges Muss, allein um all unseren internen Statistiken und Berichten um viele Wochen vorauseilen zu können und ein ungeschminktes Gefühl für unsere Zahlen und die auf uns zukommende Entwicklung zu erhalten, völlig ungefiltert. Offizielle Händlerbesuche von »oben« gleichen einer Theateraufführung, mit Skript und vorhergehenden Proben. Man sollte allen Beteiligten einen derartigen peinlichen Aufwand ersparen.

Außerhalb Spaniens war der Name Seat unbekannt. Wir konnten deshalb auch nicht mit großen, starken Händlerbewerbern wie in Spanien rechnen – besaßen wir doch noch kein adäquates Volumen. Wir begannen deshalb meist mit kleinen Familienbetrieben mit relativ niedrigen Kostenstrukturen. Sie arbeiteten dafür umso härter. Für ihr Wachstum fühlten wir uns mit unserer Produkt- und Marketingpolitik mitverantwortlich.

Unsere Erwartungen sollten bald übertroffen werden. Alles lief besser, als wir es dem Aufsichtsrat im Seat-Akquisitionsplan vorgestellt hatten. Mit Zuwachsraten im Inland und auf den Exportmärkten, die jenseits der 20- und 30-Prozent-Marke lagen, verzeichnete unsere spanische Tochtergesellschaft 1987, ein Jahr nach dem Erwerb, weiterhin eine geradezu stürmische Entwicklung ihrer Verkaufszahlen. Dabei konnten auf den europäischen Exportmärkten besonders in den klassischen Fiat-Segmenten Verkaufserfolge erzielt werden. Als Verkaufsschlager erwies sich vor allem der Ibiza, der vor unserer Übernahme bei Karmann und Porsche entwickelt worden war. Mit seinem modernen Styling, seiner überzeugenden Technik und einem höchst wettbewerbsfähigen Preis-Leistungs-Verhältnis gewann er viele Käufer auch außerhalb Spaniens. Er half damit entscheidend mit, die Seat-Händlerorganisation auf dem Heimatmarkt aus- und europaweit von null an aufzubauen. Insgesamt erreichte Seat noch im ersten Jahr unter VW in Europa einen Marktanteil von zwei Prozent, eine Quote, die damals dem Marktanteil führender Japaner entsprach. Seat stieg dadurch zum führenden Produzenten und Exporteur von Automobilen in Spanien auf, war in manchen Jahren sogar das schnellstwachsende Automobilunternehmen in Europa. Mein viel zu früh verstorbener Freund Umberto Agnelli machte uns das Kompliment, wir produzierten »die besten Fiat«.

Die Produktstrategie der Marke Seat zielte auf ein Fahrzeugprogramm mit südländisch-mediterranem Flair, bei kompromissloser Qualität und Zuverlässigkeit, aufbauend auf VW-Plattformen. Die Golf-Klasse sollte dabei auf vorausschaubare Zeit die

Obergrenze bilden, der Schwerpunkt eindeutig in den Fahrzeugklassen darunter liegen. In den lateinischen Märkten stellten die kleineren Fahrzeuge bis hinauf zum Golf über die Hälfte des Gesamtmarktes dar, also eine für Seat und seine Händler ausgezeichnete Existenzbasis. Gleichzeitig waren die Substitutionsgefahren innerhalb des Volkswagen-Konzerns durch das Seat-Modellprogramm und unsere Marketingpolitik gering.

Während ein Fahrzeug wie der kleine »Marbella« – eine Gratislizenz des Fiat-Kleinwagens »Panda« – in der Konzern-Modellpalette bis dahin nicht vertreten war und wir für seinen Ersatz eine Zusammenarbeit mit Suzuki[36] einleiteten, die in diesem Segment eine ausgezeichnete Erfahrung besaßen, räumten wir der Entwicklung eines »Ritmo«-Nachfolgers in der Golf-Klasse Vorrang ein. Es stand für uns außer Frage, dass das neue Spitzenmodell von Seat eine VW-Plattform erhalten würde. Wir hielten die Plattform des auslaufenden Golf II für nicht nur immer noch konkurrenzstark, sondern auch der Preispositionierung und dem Potenzial Seats technisch voll entsprechend. Damit war auch die Differenzierung zum Nachfolgemodell Golf III gesichert, ohne dass es in der Presse oder Kundschaft irgendeine Kritik gegeben hätte. Ein Übriges tat die von Giugiaro entwickelte Karosserie. Der Name Seat schloss das VW-Preisniveau aus. Auch alle unsere Konkurrenten waren gezwungen, sich gegen den starken Golf durchschnittlich um sechs bis zehn Prozent unter dessen Preisen zu positionieren. Das Golf-Wachstum war damit nicht gefährdet. Bei Preisgleichheit konnte kein Konkurrent gegen den Golf bestehen.

Als Díaz Alvarez 1991 in Toledo das erste von Seat eigenständig entwickelte Fahrzeug, den Toledo, in Gegenwart des spanischen Königs der Öffentlichkeit vorstellte, fand es eine ausgezeichnete Resonanz. Schließlich war der Toledo seit den Zeiten des stolzen Hispaño Suiza der 20er-Jahre das erste in Spanien

---

36 Siehe hierzu auch Kapitel 7, »Kooperationsstrategien«, Seite 199 ff.

entwickelte Auto, wenn auch mit wesentlicher Unterstützung der Wolfsburger Techniker.

Die Verwendung einer Konzernplattform, die in unseren Büchern bereits abgeschrieben, mit der Seat aber voll wettbewerbsfähig war, gestattete zudem eine ausgezeichnete Rendite. Parallel erfolgte die Entwicklung des neuen Seat Ibiza, der sich die Plattform mit dem erst ein Jahr später folgenden Polo teilte. Der Vorderwagen wurde dabei so modifiziert, dass auch der Einbau des größeren EA-827-Dieselmotors möglich wurde. Diese gegenüber dem Golf und Toledo umgekehrte Vorgehensweise war kennzeichnend für die zu meiner Zeit im Volkswagen-Konzern praktizierte flexible Plattformstrategie, der heute praktisch auch alle unsere Konkurrenten folgen. Die Karosserie des Ibiza war wiederum von Giugiaro entworfen worden. Der Schöpfer der Golf-I-Karosserie wurde sicher zu Recht zum besten Designer des 20. Jahrhunderts gewählt und im Jahr 2001 als einer der Ersten in die europäische »Automotive Hall of Fame« aufgenommen.

Eine für die Adaptionen von Fiat-Fahrzeugen ursprünglich bestehende kleine Technische Entwicklung bei Seat hatten wir nach der Übernahme des Unternehmens aufgestockt und erhielten dadurch im Konzern eine zusätzliche, kostengünstige Entwicklungs- und Designkapazität. Gleichzeitig gestattete die Nutzung des VW-Baukastens vergleichsweise kurze Entwicklungszeiten. Neben den dadurch bedingten Kostendegressionen ließ sich mit den für Seat bestimmten, sehr kapitalintensiv gefertigten Plattformen, Komponenten, Systemen und Modulen in unseren deutschen Fabriken ein zusätzlicher Cashflow generieren. Inzwischen werden auch andere Konzernfahrzeuge bei Seat entwickelt, sofern man zuvor die konzerninterne Ausschreibung dafür gewonnen hat. Dies ist ein anspornendes System, das nach meiner Zeit weltweit eingeführt wurde.

Die Modernisierung der Seat-Produktion zählte zu einer weiteren Aufgabenstellung unseres Spanien-Engagements. Dahinter verbargen sich wesentliche strukturelle Veränderungen und Ergänzungen. So wurde das Werk Pamplona grundlegend erneuert und erweitert, und zwar auf eine Kapazität von 250 000 Fahrzeugen. Wir waren der Meinung, dass diese Fabrik aus vielen Gründen organisatorisch am besten bei Seat aufgehoben sei, auch wenn sie exklusiv für VW (Polo) arbeitete.

Die alte Seat-Fabrik im Hafen von Barcelona – die Wiege des modernen Großserien-Automobilbaus in Spanien und von Professor Vittorio Valletta begründet – sollte durch ein neues Montagewerk in Martorell mit einer Kapazität von 1500 Fahrzeugen pro Tag ersetzt werden. In Martorell, vor den Toren Barcelonas, besaß Seat bereits eine Fabrik mit einem beachtlichen Reservegelände. Unter dem Strich käme es also nur zu einer begrenzten Kapazitätserhöhung.

Nachdem unser Konzern offensichtlich ein Produktivitätsproblem hatte – die in Europa unbeliebte Studie des Massachusetts Institute of Technology (MIT) mit dem Titel »The Machine that Changed the World«[37] hatte nicht nur VW in Europa klar Rückstände und damit Aufgabenstellungen aufgezeigt –, war es unser Ziel, eine »state of the art«-Montagefabrik zu schaffen, die hinsichtlich der Produktivität keinen Rückstand gegenüber unserer Konkurrenz und intern keine Ausreden zulassen sollte. Natürlich war es ein besonderes Risiko, eine neue Fabrik mit einem neuen Fahrzeug, dem Ibiza, gleichzeitig anlaufen zu lassen. Als wir das Projekt dem Aufsichtsrat vorstellten, prognostizierten wir Anlaufverluste – für eine neue Fabrik nichts Ungewöhnliches –, die jedoch das Werk Pamplona auffangen würde. Dahinter steckte natürlich auch ein wichtiges psychologisches Moment. Die Fertigung in Pamplona wurde aber nach meiner Pensionierung 1993 auf einige Jahre an VW übertragen und konnte so die ursprünglich zugedachte Überbrückungsfunktion bei Seat nicht leisten, wenn dies auch aus Konzernsicht letzten Endes keine Rolle spielte.

Traditionell war unsere Produktion geneigt, auf Nummer si-

---

[37] Die Studie wurde in Deutschland unter dem Titel »Die zweite industrielle Revolution in der Automobilindustrie« veröffentlicht.

cher zu gehen und plante deshalb Fabriken stets mit Reserven. Man hatte sich durch den chronischen Kapazitätsmangel über Jahrzehnte daran gewöhnt, war in seiner Politik schließlich immer auch bestätigt worden. Nunmehr lebten wir in einer anderen Welt. Zielvorgabe war es deshalb, mit dem Werk Martorell eine Benchmark zu setzen. Dies veranlasste uns, die Firma Hayek aus Zürich als Berater hinzuzuziehen, ohne dass es allerdings zu wesentlichen Einsparungen kam. Erst als das Werk Martorell schon weitgehend stand, gelang es dem Kollegen Johannes-Josef Baumhardt, der seit Herbst 1989 im Konzern für die Qualitätssicherung zuständig war, ein ganzes Technikerteam einer japanischen Fabrik (Nissan) in England abzuwerben. Verständlicherweise wurde eine solche Maßnahme bei uns nicht von allen freudig begrüßt, besonders, nachdem sich beeindruckende Fortschritte zeigten.

1993 geriet Seat während der europäischen Rezession in eine Sonderkrise, die für einige Zeit alle Pläne anscheinend zur Makulatur werden ließ. Ich glaube, es liegt im Firmeninteresse, die Diskussion der damaligen Entwicklung auf eine spätere Auflage zu verschieben. Es sei heute nur so viel gesagt, dass das für den neuen Ibiza ausgewählte und geschulte junge Team aufgrund der spanischen Arbeitsgesetzgebung als Erstes entlassen wurde, und bald auch die englischen Ingenieure. Das führte zu einem entsprechenden Produktionsanlauf, der den Namen Seat lange Zeit negativ in die Schlagzeilen brachte und den in Martorell gefertigten, hervorragenden neuen Ibiza in den Hintergrund drängte.

Das Werk Martorell war im Übrigen auf die Herstellung des Großraum-Pkws »Rose« technisch und personell vorbereitet, den wir gemeinsam mit Suzuki entwickelten.[38] Mit der Entscheidung, den Lupo in Wolfsburg zu fertigen, sowie der Aufkündigung der Zusammenarbeit mit Suzuki wurde diese Planung nach meinem Ausscheiden allerdings hinfällig. Damit wurde gleichzeitig der Produktionsstart einer VW-Hochraum-

[38] Vgl. Kapitel 7, »Kooperationsstrategien«, Seite 199 ff.

limousine in dieser Größenklasse auf unbestimmte Zeit verschoben. Es wird interessant sein, diese Epoche eines Tages mit dem gebotenen Abstand nüchtern aufzuarbeiten.

Zu meiner Zeit hatten wir stets versucht, die drei Großserienmarken VW, Seat und Škoda eng zu koordinieren, weil sie schon von den Plattformen her den größten Umfang an Gemeinsamkeiten besitzen und deshalb im Wettbewerb untereinander am feinsten abzustimmen sind. Es bleibt abzuwarten, welche Vorteile das heutige System einer vertikalen Verflechtung mit Audi in sich birgt. Für Seat ist es zumindest eine weitere Hierarchiestufe. In der damaligen Struktur hatte auch die Einbindung der jeweiligen Vorsitzenden der Marken in den Konzernvorstand den Vorteil einer Zwangssteuerung – neben der Steuerungsfunktion des Produktstrategiekomitees und Controllings. Unter den organisatorischen Strukturen der 80er-Jahre wurde so der Aufbau großer Konzernverwaltungen vermieden.

Seit Ende der Rezession, Mitte der 90er-Jahre, ist Seat ein erfolgreiches Unternehmen im Volkswagen-Konzern, mit weiterhin großen Chancen. Für VW war es der erwartete entscheidende Schritt zur Europäisierung. Im Verhältnis zu den nach 1992 erworbenen Marken war Seat in puncto Kaufpreis und Integrationskosten äußerst günstig und wurde in dieser Hinsicht einzig von Škoda 1990 übertroffen.

Mit seinen knapp 13 000 Mitarbeitern und 416 000 gefertigten Automobilen* ist das Unternehmen einer der bedeutendsten Wirtschaftsfaktoren in Spanien. Der Absatz wurde in allen Mittelmeerländern erfolgreich entwickelt. Lateinisches Flair ist aber auch im übrigen Europa nicht nur während des Urlaubs beliebt, und auch Länder wie Mexiko oder Brasilien und Argentinien zeigen eine Liebe für Seat-Fahrzeuge. Wie versprochen, ist Seat das größte spanische Automobilunternehmen geworden.

---

* Zahlen betreffen das Geschäftsjahr 2004.

VI

Auf dem Weg der Globalisierung: Der Volkswagen-Konzern als Pionier in der Volksrepublik China

In der zweiten Hälfte der 70er-Jahre war im Volkswagen-Konzern die Überlegung herangereift, sich in Asien ein zweites Standbein zu schaffen. Nachdem Kontakte mit Korea ergebnislos verlaufen waren, fanden unter meinem Vorgänger Toni Schmücker bereits Ende 1978 erste Gespräche in der Volksrepublik China (VRC) statt. Die chinesische Führung hatte alle internationalen Automobilfirmen eingeladen, in China zu investieren. Gedacht war dabei nicht an den Aufbau einer eigenen Pkw-Automobilindustrie, denn private Personenwagen waren ein Luxus, den sich kein Privatmann im Lande leisten konnte. Die Chinesen wollten stattdessen die niedrigen inländischen Löhne für die Montage importierter Fahrzeugteilesätze nutzen und mit dem Export der fertigen Fahrzeuge dringend benötigte Devisen verdienen.

In den Industrienationen, Deutschland eingeschlossen, herrschte Ende der 70er-, Anfang der 80er-Jahre allerdings eine generelle Zurückhaltung gegenüber industriellen Engagements im Reich der Mitte, und die Wachstumsperspektiven des chinesischen Automobilmarktes wurden als gering eingeschätzt. Die Resonanz auf die chinesische Einladung blieb infolgedessen schwach. Volkswagen zählte zu den ganz wenigen Herstellern, die Interesse an diesem Standort signalisierten. Diskutiert wurde zunächst über eine Jahresproduktion von 150 000 Wagen, ohne dass diese Zahl je begründet worden wäre. Montiert werden sollten die Fahrzeugtypen VW-Transporter, der Golf und der Santana.

Beide Seiten waren sich über eine gemeinsame Kooperation weitgehend einig, als Ende der 70er-, Anfang der 80er-Jahre die zweite Ölkrise alle Pläne durchkreuzte. Volkswagen geriet in schweres Wasser und verordnete einen Stopp sämtlicher Projekte. Nur mit Mühe konnte der Vorstand bewegt werden, das Tor nach China nicht ganz zuzuschlagen. Dieses Verdienst gebührt Wolfram Nadebusch, damals im VW-Beteiligungsbereich zuständig für Unternehmensplanung, sowie Wenpo Lee aus dem Bereich Forschung und Entwicklung der Wolfsburger Zentrale. Letzterer sollte später noch entscheidenden Anteil am Zustandekommen unseres Erfolgs in China haben. Das deutlich bescheidenere Ziel lautete nunmehr 30 000 Einheiten, wobei man sich ausschließlich auf eine Golf-Montage beschränken wollte. Schneller und unproblematischer als erwartet konnte darüber mit Peking Einigung erzielt werden.

Bis zum Zeitpunkt meiner Rückkehr zu VW, 1982, hatte das China-Projekt trotz inzwischen jahrelanger Diskussionen kaum erkennbare Fortschritte gemacht. Mal war Wolfsburg nicht bereit gewesen, Musterfahrzeuge zur Verfügung zu stellen – ohne sie war von chinesischer Führung aber kaum eine Zustimmung zu erhalten –, mal lehnte unsere Wolfsburger Produktion eine Montage in China grundsätzlich ab. Man bewegte sich also auf der Stelle, verzettelte sich in Details, wohl nicht zuletzt auch, weil seitens des VW-Vorstands der notwendige Druck fehlte.

Ich hingegen betrachtete einen raschen Einstieg in diesen für mich – wie ich immer wieder auch öffentlich betonte – potenziell zukunftsträchtigsten Markt der Welt als eine kardinale strategische Aufgabenstellung. Mich störte weder, dass China damals im Motorisierungsgrad noch weit hinter Nigeria zurücklag (auf 2500 Einwohner entfiel ein Personenwagen), noch das niedrige durchschnittliche Pro-Kopf-Einkommen. Die Mindestschwelle für ein Privatkundengeschäft taxierten wir, gemessen an der Kaufkraftparität, auf etwa 4000 US-Dollar jährlich. Sie wurde in China weit unterschritten. Mich überzeugten aber die mutige und sensationelle Politik Deng Xiaopings und die beispiellose Substanz, die diese älteste Kulturnation der Welt auszeichnet, mit ihrer 4000-jährigen Geschichte.

VW war in Südostasien bis in die 80er-Jahre hinein schwach vertreten. Nur in Japan waren wir dank des Importeurs Yanase schon seit Jahrzehnten die führende Importmarke. Wirtschaftlich dominierte Japan bereits wieder diese Region.

Ab Frühjahr 1982 bemühten wir uns, den Gesprächen mit unseren chinesischen Partnern neue Substanz zu geben und zu einem schnellen Abschluss zu gelangen. Gemeinsam mit Regierungsvertretern sowie einer Delegation der Shanghai Tractor and Automobile Corporation (STAC) und der China National Automotive Industry Corporation (CNAIC) einigten wir uns sehr bald darauf, mit einer Zusammenarbeit »Schritt für Schritt« oder, wie die Chinesen sagen, »Yibu Yibu« zu beginnen. Gestartet wurde noch im selben Jahr mit einer Probemontage von zunächst 500 Fahrzeugen bei der *Shanghai Car Plant* (SCP).

Die SCP hatte seit ihrer Gründung Anfang der 50er-Jahre den »Shanghai Sedan«, ein dem Mercedes-Benz 170 nachempfundenes Fahrzeug, in Einzelfertigung hergestellt und war mit einer Jahreskapazität von etwa 7000 Fahrzeugen zum größten Pkw-Hersteller des Landes avanciert. Ziel unseres Projekts war es nunmehr, unsere Konzepte auf Lebensfähigkeit zu prüfen, ohne große Risiken eingehen zu müssen. Pragmatique par excellence. Nachdem Mitte 1982 ein entsprechender Vertrag unterzeichnet worden war, erfolgte 1983 in Anting, 30 Kilometer nordwestlich von Shanghai, der eigentliche Montageanlauf der ersten VW-Fahrzeuge in China.[39]

---

[39] Anting ist heute, nach Investitionen von fünf Milliarden US-Dollar durch die Regierung Shanghais, eine vorbildliche Autostadt (moderne VW-Produktionsstätten, Zulieferbetriebe, Universität etc.) und Teil des Großraums von Shanghai mit eigener Formel-1-Strecke.

Die Wahl unserer chinesischen Partner war schließlich auf den Santana aus unserer Passat-Klasse gefallen, der damals in Brasilien und Europa produziert wurde. Er war von mittlerer Größe, für heutige Begriffe von einfacher Konstruktion, ohne »black boxes«, und daher relativ leicht herzustellen. Als Viertürer ließ er sich auch als Chauffeurwagen verwenden. Da der Bedarf in den ersten Jahren fast ausnahmslos auf Behörden- und Fuhrparkfahrzeuge beschränkt bleiben würde – später löste der Santana auch sämtliche japanischen Taxis in China ab –, war der Wagen bestens für den chinesischen Markt geeignet. Hinzu kam, dass dieses Fahrzeug für den Aufbau der lokalen Zulieferindustrie einen vergleichsweise realistischen Schwierigkeitsgrad zur Bewältigung des vor uns liegenden Lernprozesses darstellte.

Ziel unserer fortdauernden Verhandlungen mit der chinesischen Seite war eine langfristige Zusammenarbeit, wobei sich ein Joint-Venture mit einer beiderseitigen Beteiligung von 50 Prozent als die praktikabelste Lösung abzeichnete. Alternative Formen der Zusammenarbeit, wie beispielsweise eine Lizenzvergabe oder die Gründung einer 100-prozentigen Tochtergesellschaft, wären weder konsensfähig noch realistisch gewesen. Besonders wichtig war unseren Verhandlungspartnern darüber hinaus ein paritätisch besetztes Management. Die oberste automobile Verantwortung sollte de facto aber in unseren Händen liegen.

Der Joint-Venture-Gedanke war keine chinesische Erfindung, sondern kam von den Amerikanern (GM), die glaubten, dass nur so ausländische Investoren für das Land zu gewinnen seien. Weder GM noch Ford waren anfänglich jedoch zu einer Fertigung in China bereit. Von den wenigen amerikanischen, japanischen und französischen Automobilfirmen, die China als Standort nutzten, sollten in der ersten Welle nur wir und American Motors, heute Chrysler, sowie Peugeot/Citroën (PSA) übrig bleiben. Bereits 1978 hatte Toyota abgewinkt. Peugeot gab später auf und verkaufte an Honda, während Chryslers Jeepfertigung weit hinter den Erwartungen zurückblieb, dem Vernehmen nach nunmehr aber in China die Urzelle für den DaimlerChrysler-Konzern bilden soll.

Die Idee, in diesem bevölkerungsreichsten Land der Erde eine nationale Automobilindustrie einschließlich der dazugehörigen Zulieferindustrie aufzubauen, kam erst mit Volkswagen. Wichtiger noch: Es gelang uns, auch die chinesische Führung dafür zu gewinnen, nachdem sie zuvor einzig auf eine Lohnveredelung durch Export gesetzt hatte. Wir sahen in China einen nationalen Markt, der sich längerfristig zum größten der Welt entwickeln würde, noch weit jenseits amerikanischer Größenordnungen. Würde man dort nur die Automobildichte Portugals von 1980 erreichen, die niedrigste in Westeuropa, käme das Land auf einen Personenwagenbestand von etwa 130 Millionen Fahrzeugen.[40] Durch die aus seiner schieren Größe resultierenden Kostenvorteile würde sich China schließlich zum strategisch wichtigsten VW-Produktionsstandort, auch für Exporte in den asiatisch-pazifischen Raum, entwickeln lassen, eines Tages bis in die USA.

Die schwierigste Aufgabe lag in dieser Phase bei unserem Verhandlungsteam, das sich aus Vertretern aller Geschäftsbereiche zusammensetzte. Zunächst unter der Leitung von Wolfram Nadebusch, später unter Heinz Bauer, berichtete es regelmäßig dem Vorstand. In den sich anschließenden, mitunter sehr kontroversen Diskussionen mit den Vorstandskollegen gelang es mir Gott sei Dank ein ums andere Mal, eine Entscheidung im Sinne der Teamvorschläge herbeizuführen.

Gleichzeitig galt es, durch einen offenen Dialog mit der Spitze des Staates eine Vertrauensbasis zu schaffen – eine Funktion, die mir zufiel. Mein wichtigster Gesprächspartner war zunächst Rao Bin, Minister für Maschinenbau, dessen Amtsvorgänger Chou Tzu Tsian bereits 1978 die Initiative ergriffen und Wolfsburg als Erster besucht hatte.

---

[40] Legte man die heutige Fahrzeugdichte Portugals pro Einwohner zugrunde, beliefe sich der Pkw-Bestand Chinas auf über 500 Millionen Wagen.

Rao Bin war ein Mann mit einer außergewöhnlichen Vita, der sich schon vor dem Zweiten Weltkrieg als kommunistischer Revolutionär in Shanghai einen Namen gemacht hatte. Im Verlauf unserer Zusammenarbeit sollte er sich als ein ausgesprochen begabter Ingenieur, kluger Manager und weitsichtiger Stratege erweisen. Trotz unserer extrem unterschiedlichen Vergangenheit und Herkunft fanden wir sofort einen menschlichen Kontakt zueinander. Ich erläuterte ihm unsere Unternehmenspolitik und zog als Parallele zu China Brasilien heran, wo wir – trotz fehlender industrieller Voraussetzungen – maßgeblich eine erfolgreiche Automobilindustrie, einschließlich der Zulieferbetriebe, mit aufgebaut hätten. Dabei ging ich besonders auf die »infrastrukturellen« Komponenten ein, die wir in maßvollen Schritten und auf die Verhältnisse der jeweiligen Gastländer zugeschnitten unaufgefordert eingeführt hatten.

Die eigentlichen Vertragsverhandlungen stellten sich als äußerst schwierig und zähflüssig heraus. China war zwar mit einem im Grunde atemberaubenden Tempo auf dem Weg zur Marktwirtschaft. Es mangelte aber zwangsläufig an der dafür erforderlichen Erfahrung. Gleichzeitig fehlten die entsprechenden rechtlichen und institutionellen Rahmenbedingungen. Es gab weder ein Patentgesetz noch ein Gesetz zum Schutz des Kapitals, von einem funktionierenden Bankensystem ganz zu schweigen.

Dementsprechend mussten in unseren Verträgen relevante Teile unserer Gesetzgebung untergebracht werden, um zukünftige Unstimmigkeiten nach Möglichkeit von vornherein auszuschließen oder im Falle von Differenzen bei der Auslegung unserer Verträge auf ein bewährtes Rechtssystem zurückgreifen zu können, das wir durch Schiedsgerichtsklauseln absicherten. Parallel mussten die chinesischen Unterhändler den höchst komplizierten Versuch unternehmen, die Verträge im Ergebnis derart zu gestalten, dass später in Kraft tretende Gesetze mit ihnen in Einklang gebracht werden konnten.

Folglich waren ganze Karawanen von Experten zwischen

Shanghai und Wolfsburg zu regelmäßigen Marathonsitzungen unterwegs. Auf ihnen wurde hart gerungen, waren doch die mentalen Ausgangspositionen und Erfahrungen beider Seiten sehr unterschiedlich. Unserem Team gelang es jedoch, die für uns wesentlichen Vertragsbestimmungen so zu verhandeln, dass wir später auf ein solides Gesamtvertragswerk zurückgreifen konnten.

Anfangs bestand große Skepsis darüber, ob denn China überhaupt die infrastrukturellen Voraussetzungen für eine schon sehr bald zu erreichende moderne Großserienfertigung schaffen könnte. Die Shanghaier Fabrik unseres Partners STAC erreichte jedenfalls nicht einmal DDR-Niveau. Ich vertrat aber die Auffassung, dass diese Nation mit ihrer großen, auch wissenschaftlichen Tradition – schließlich baute man bereits Raketen für den Weltraum –, befreit von den Fesseln der Zwangswirtschaft, eines nicht allzu fernen Tages in der Lage sein müsste, wettbewerbsfähige Automobile zu entwickeln und zu produzieren. Wir wären demzufolge schlecht beraten, nicht die Spitze dieser Entwicklung zu übernehmen.

Seit Aufnahme der Santana-Montage in Shanghai waren unsere Verhandlungen allerdings wieder ins Stocken geraten. Da erwies es sich als eine glückliche Fügung, dass der stellvertretende Ministerpräsident Li Peng im Mai 1984 unsere Wolfsburger Konzernzentrale als erster chinesischer Staatsgast besuchte. Einen Tag lang nahm er sich Zeit, unser Werk und unsere Entwicklungszentrale zu besichtigen. Der Vorstand führte ihm dabei das gesamte Produktprogramm vor sowie einige unserer Prototypen, wie den gelungenen, ideenreichen Kleinst-Viersitzer »Student«. Auf unserer Versuchsstrecke erlebte Li Peng schließlich mit mir seine erste Fahrt jenseits der 200-km/h-Grenze. Als ich ihn 2003 in Peking wiedertraf, erinnerte er sich noch gut an unsere gemeinsame Fahrt sowie an den Namen des Kleinwagenprototypen »Student« und die von ihm beanstandete fehlende Klimaanlage.

Wir vermittelten anlässlich dieses Besuchs offensichtlich recht erfolgreich, was an Potenzial und unternehmerischem Willen hinter dem Namen Volkswagen steht. Im Verlauf des Tages hatte sich zwischen unserem Gast und mir ein Gefühl gegenseitiger Sympathie und Wertschätzung entwickelt, was sich für unser Projekt noch als hilfreich erweisen sollte. Als ich Li Peng während des gemeinsamen Essens eine VW-Jacke anzog, verband ich das augenzwinkernd mit der Bemerkung, dass er von jetzt an unser Mitarbeiter sei und wir nunmehr beide verpflichtet wären, unserem Gemeinschaftsprojekt zu einem raschen Start zu verhelfen. Zur allgemeinen Überraschung vereinbarten wir vor seiner Abreise aus Wolfsburg, dass der Gründungsvertrag unseres Gemeinschaftsprojekts noch im Oktober desselben Jahres unterzeichnet werden sollte. Es verblieben also nicht einmal mehr sechs Monate, was auf beiden Seiten den Druck unerhört verschärfte und damit die Verhandlungen dramatisch beschleunigte. Li Pengs Besuch hatte für unser Projekt den Durchbruch gebracht.

Die Wahl des Termins für die Vertragsunterzeichnung war kein Zufall. Im Oktober 1984 stand der für die chinesische Führung national wie international wichtige Staatsbesuch von Bundeskanzler Kohl in China auf dem Programm. Beide Seiten brauchten spektakuläre Vertragsabschlüsse als Symbol der deutsch-chinesischen Zusammenarbeit und als Hintergrundmusik für den Erfolg ihrer Politik. Einerseits hatte Kohl die Bedeutung des Einstiegs in den chinesischen Markt klar erkannt, andererseits eignen sich Automobilverträge besonders gut als Nachweis für den hohen technologischen Reifegrad eines Landes, und der konkrete Fall zeigte das Vertrauen von Volkswagen in die chinesische Führung und ihre Politik. Daraus resultierte ein Goodwill, den wir als wichtigen Schatz pflegten.

Im Rahmen des Programms dieses Staatsbesuchs wurde in der »Großen Halle des Volkes« in Peking am 10. Oktober 1984 im Beisein von Bundeskanzler Kohl und des chinesischen Premierministers Zhao Ziyang der Vertrag zur Gründung des

Gemeinschaftsunternehmens »Shanghai Volkswagen« (SVW) unterzeichnet. Zunächst auf eine Laufzeit von 25 Jahren befristet, beinhaltete er konkrete Vereinbarungen über das Produktprogramm und über die Fertigungskapazitäten für eine erste Stufe der Zusammenarbeit bis Anfang der 90er-Jahre.[41]

Die Vertragsunterzeichnung mit Rao Bin, in einem solchen Rahmen und vor einer solchen Kulisse, gehört zu den denkwürdigsten, schönsten Augenblicken meines Lebens. Zwei Tage später wurde – wieder in Anwesenheit des Bundeskanzlers und dieses Mal des damaligen chinesischen Vizepremierministers Li Peng – der Grundstein für unsere neue Santana-Fabrik in Anting gelegt.

Damit waren wir aber längst noch nicht am Ziel. Noch sehr viel Überzeugungsarbeit musste geleistet werden, um unsere chinesischen Partner vollends auf unsere Seite zu ziehen. Unsere Strategie lautete dabei: Seeing is believing. Die Umsetzung unserer Unternehmensphilosophie in die Praxis ließ sich am besten an Ort und Stelle veranschaulichen. Also lud ich Rao Bin ein, sich nicht nur in Deutschland oder Spanien, sondern besonders auch in Brasilien ein eigenes Bild von unserem Unternehmen und seiner gelebten Philosophie zu machen. Begleitet wurden wir von den Herren Posth, Paul, Weber sowie Lee. Dieser war inzwischen in die Rolle eines Vermittlers und wichtigen Ratgebers für beide Seiten gewachsen. Sein guter Ruf gestattete ihm sogar, Li Peng jederzeit direkt anzurufen – ein seltenes Privileg. Meist glühten während der Nacht die Telefondrähte mit seinen »Counterparts«.

Auf chinesischer Seite gehörten zu dieser wohl wichtigsten Dienstreise unserer Karriere Li Zhao Ji, Vizebürgermeister von Shanghai, Zhang Xingye, Vice-Chairman CNAIC und designiertes Mitglied des Aufsichtsrats von SVW, Chen Xianglin, Managing-Director SATIC, ebenfalls für den Aufsichtsrat der

[41] Am 12. April 2004 wurde die Laufzeit des Joint-Venture-Vertrags vorzeitig um weitere 20 Jahre bis 2030 verlängert.

SVW vorgesehen, Qiu Ke, der spätere Chairman von SVW, Zhang Changmou, designiertes Mitglied des Direktoriums von SVW, und Fang Hong als Dolmetscher.

Brasilien war unser Vorzeigeobjekt Nummer eins: Außer den Produkten (Santana, neben dem Käfer) und der Produktion, der Zulieferindustrie und den Lehrwerkstätten für die Auszubildenden zeugten dort vorbildliche soziale Leistungen von unserer Unternehmensphilosophie – angefangen bei der ärztlichen Betreuung (auch der Familien) über Hilfen für den Wohnungsbau bis hin zu den Kantinen und dem täglichen Transport zur Arbeit. Selbst Einrichtungen, die man heute als »Shopping-Center« (mit Discountpreisen) bezeichnen würde und sogar Sportclubs waren dort unter unserer Regie entstanden. Viele unserer brasilianischen Mitarbeiter hatten sich bei uns zum ersten Mal in ihrem Leben satt essen können oder sahen erstmals einen Arzt. Hinzu kamen schließlich eine überdurchschnittliche Bezahlung und Arbeitsbedingungen, wie die Brasilianer sie sich zuvor nicht einmal erträumt hatten. Im Sinne eines »good corporate citizen« fühlten wir uns stets unseren Mitarbeitern genauso verpflichtet wie unseren Gastländern. Unser Ruf für nationales und lokales Engagement, Exportchancen in unserem weltweiten Verbund, faire Personalpolitik, Ausbildung, Arbeitsicherheit, Umweltbewusstsein eilte uns voraus. Diese Attribute waren für deutsche Firmen in der Welt Selbstverständlichkeiten.

Es war schon mehr als imponierend, das von Volkswagen beherrschte Straßenbild Brasiliens zu erleben, die Begeisterung der Menschen für den Käfer zu spüren, den man als stolzen Brasilianer betrachtete. Vor Ort wurden wir von Wolfgang Sauer betreut, Chef der VW do Brasil über mehr als ein Jahrzehnt, sowie von unserem brasilianischen Großaktionär Joaquim Monteiro de Carvalho.

Am 13. Februar 1985 kam es im Plaza Hotel São Paulo zu einem von Rao Bin eingeleiteten Strategiegespräch. Er wies uns darauf hin, dass man unter anderem auch mit General Motors und Cummins sprechen würde. Wir wussten allerdings, dass die Projekte beider Hersteller sowohl von ihrer strategischen Ausrichtung wie auch der Größenordnung her in Wirklichkeit keine ernsthafte Konkurrenz für uns darstellten. So schloss das von GM vorgeschlagene Joint-Venture, im Gegensatz zu uns, Exporte von vornherein aus, während es bei Cummins einzig um Dieselmotoren für Lkw ging.

Aufgabe dieser Gesprächsrunde müsse es sein, fuhr Rao Bin fort, zu diskutieren, ob die Vorstellungen beider Seiten kompatibel gestaltet werden könnten. Der Santana sei zu klein, der Audi 100 zu teuer, aber ausdrücklich das Wunschauto der Funktionäre. Diese wiederum wären in den ersten Jahren unsere fast ausschließlichen Kunden, gefolgt von den Taxiunternehmen. »Grüne-Wiese-Projekte« könne sich China vorerst nicht leisten, bestehende Fabriken seien zu nutzen. Außerdem wollte man den Santana-Nachfolger zeitgleich mit Europa einführen, mit einer Jahreskapazität von 300 000 Fahrzeugen.

Wir betonten unsererseits einen realitätsnahen nationalen Fertigungsanteil, die Lieferung von Fahrzeugteilesätzen auch aus Brasilien, unterstützt von der brasilianischen Regierung, eine Minimierung der Investitionen und eine lange Laufzeit für den Santana. Am Beispiel Brasiliens ließ sich unseren Gästen darüber hinaus überzeugend demonstrieren, dass der Aufbau einer leistungsfähigen Zulieferindustrie Zeit benötigte. Er hatte dort immerhin mehr als zehn Jahre gedauert. Auch China würde sich folglich auf längere Fristen einrichten müssen.

Unsere Fabrikbesuche, anschließend auch in Mexiko und Nordamerika, brachten den Durchbruch und die De-facto-Entscheidung für eine enge Zusammenarbeit mit VW. Die Reise hätte also kaum erfolgreicher verlaufen können. Rao Bin war nunmehr endgültig davon überzeugt, dass es für die Volksrepublik China keinen besseren Partner gab als Volkswagen. Im Verlauf unserer gemeinsamen Exkursion waren unter den Teilnehmern überdies enge persönliche Beziehungen entstanden, die sich für den Erfolg unseres Projekts als förderlich erweisen sollten.

Auf die Pflege solcher persönlichen Beziehungen wie auch auf die Einhaltung terminlicher Vereinbarungen achteten wir stets mit großer Sorgfalt. Wir schufen damit Vertrauen, sorgten für Verlässlichkeit und Kontinuität, was half, unsere chinesischen Partner für uns einzunehmen. Wir erhielten dadurch den Zuschlag, selbst wenn Konkurrenten manchmal (theoretisch) bessere Konditionen offerierten, was uns später deren Bewunderung einbrachte.

Im Anschluss an die gelungene Amerika-Reise nahmen Posth und Paul am 10. März 1985 ihre Arbeit in Shanghai auf, und am 20. März 1985 fand die erste Boardsitzung[42] der Shanghai-Volkswagen (SVW) statt. Ein Dutzend Vertragsangestellte von VW begannen gleichzeitig mit ihrer Arbeit vor Ort. Weitere kamen hinzu, jedoch waren es nie mehr als 34, wenngleich vertraglich eine Zahl von 65 vorgesehen war. Die Kosten der 34 Expatriates machten seinerzeit die Hälfte der Personalkosten der Shanghai Volkswagen aus, sodass es nicht schlimm war, dass uns die STAC mit 1800 chinesischen Mitarbeitern zunächst einmal überversorgt hatte.

Nach der im Frühjahr des Jahres erfolgten formellen Gründung der Shanghai Volkswagen als rechtlich selbstständiges und eigenverantwortlich geführtes Unternehmen begann noch im September die serienmäßige Montage des Santana in den völlig veralteten Fabrikhallen der STAC in Anting.

Dass dieser Start alles andere als ein Spaziergang war, beschreibt Martin Posth anschaulich in einem Rückblick auf die Gründerjahre der Shanghai Volkswagen[43]: »Nichts klappte so, wie es eigentlich sollte. Die Santana-Teile aus Deutschland kamen tagelang nicht aus dem Zoll, Baumaterial für unsere neuen Fabrikhallen verschwand spurlos, in der alten Lackiererei

---

[42] Vonseiten des VW-Vorstands waren die Herren Claus Borgward, Günter Hartwich und Werner P. Schmidt im Board des Gemeinschaftsunternehmens Shanghai Volkswagen vertreten.

[43] Vgl. BusinessForum China, Ausgabe 1/2005, Seite 38 ff.

entdeckten wir eine hochgiftige, mit Quecksilber versetzte Brühe … Nachhaltig irritierte uns, dass niemand seinen Arbeitsplatz sauber und ordentlich hielt.«

Jede Führungsposition der SVW war doppelt besetzt, einschließlich einer Doppelspitze unter einem chinesischen Managing-Director und seinem deutschen Stellvertreter. Zu den Anteilseignern gehörten auf chinesischer Seite neben der STAC (25 Prozent) und der CNAIC (zehn Prozent) die Bank of China, Shanghai Trust and Consultancy Company (BOC) (15 Prozent). Inzwischen besitzt die Shanghai Automotive Industry Corporation (SAIC), vormals STAC, 40 Prozent der Anteile.

Anlässlich des Besuchs des chinesischen Ministerpräsidenten Zhao Ziyang in Wolfsburg, im Juni 1985, versicherten wir nochmals, dass unser China-Engagement, trotz der bescheidenen Zahlen der ersten Jahre, für uns absolute Priorität genieße und von uns als die wichtigste Aufgabe für die Zukunft unseres Konzerns eingestuft sei. Natürlich wusste die chinesische Regierung, dass die Automobilbranche als Schlüsselindustrie nicht nur Impulse aller Art auf die gesamte Wirtschaft – und die technische Entwicklung – ausstrahlte, sondern dass sie auch von großer innenpolitischer Bedeutung war.

Wir besaßen nunmehr die Vertrauensbasis für eine enge Partnerschaft. Zwischen Rao Bin und mir hatte sich eine besondere persönliche Beziehung entwickelt, ohne dass etwa eine Verbrüderung entstanden wäre. Leider starb er viel zu früh nach einem Schlaganfall in unserer Fabrik in Shanghai am 29. August 1987 im Alter von 74 Jahren.

Auf der Automobilausstellung im Sommer 1985 in Shanghai erlebten wir einen unvorstellbar riesigen Publikumsansturm und Prospektverbrauch. Wir flogen deshalb Prospekte aus Deutschland ein, so viele wir nur finden konnten, ob alt oder neu. Den Menschen genügte es damals bereits, die Papier- und Druckqualität zu bewundern und von einem Auto zu träumen. Kaum einer der Besucher hatte sich zu diesem Zeitpunkt wohl vorstellen können, dass innerhalb von 20 Jahren bereits die

Hälfte unserer Produktion für den privaten Gebrauch bestimmt sein würde.

Am 28. Oktober 1985 nahm ich als Gast an der zweiten Boardsitzung der Shanghai Volkswagen teil. Ich war absichtlich nicht Mitglied dieses Gremiums geworden, aber stets präsent. Bei meinen Besuchen in China versuchte ich, sowohl im Board wie auch in Regierungskreisen Zuversicht zu verbreiten, trotz so mancher, das Tagesgeschäft immer wieder belastender Erschwernisse. Offensichtlich nicht ganz ohne Erfolg, wie ich im Nachhinein erfuhr.

Die Probleme auf unserem Weg waren gewaltig. Für die politische Führung des Landes hatte unser Projekt eine zentrale Bedeutung, sodass sie sich damit anfangs bis ins Detail und intensiver beschäftigte als ein deutscher Aufsichtsrat. Schon sehr bald sollte ich einschlägige Erfahrungen sammeln. So beschwerte sich am Rande einer UNO-Vollversammlung Zhao Ziyang bei Bundeskanzler Kohl und Außenminister Genscher über die Qualität unserer Produkte und die zu geringe Lokalisierung der Fertigung. In der Tat waren zunächst nicht alle Hupen unserer Fahrzeuge den chinesischen Dauerbelastungen gewachsen und wurden entsprechend modifiziert. Auch würden die technischen Freigaben zu lange dauern, und wir seien beispielsweise beim Santana-Lenkrad zu »deutsch«, zu streng, bemängelte Ziyang weiter. Als wir unsere Sicherheitsanforderungen begründeten, war dieses Problem schnell vom Tisch.

Im Jahr darauf sollte mich Li Peng, der unser Projekt zur »Chefsache« gemacht hatte, im Hotel »Vier Jahreszeiten« in München wegen quietschender Türfeststeller hinten hart zur Rede stellen, um es milde auszudrücken. Eine anschließende Reise zur Tokio Motor-Show gestattete Posth, Paul und mir einen Abstecher zu Nissan, das seinerzeit den Santana in Lizenz fertigte. Dort hatte man das Problem der Türfeststeller gelöst und sandte kulanterweise sofort 200 Sätze nach Shanghai. Die wichtigste Reklamation von chinesischer Seite war damit erledigt. Mir wurde durch diese Erfahrung aber auch klar, dass unsere Qualitätssicherungssysteme kritisch zu überholen waren. Schließlich wurde der Santana – neben Deutschland, Japan und Brasilien – bereits seit drei Jahren in China gefertigt.

Wie in allen Ländern, die im Begriff sind, eine international wettbewerbsfähige Automobilindustrie aufzubauen, musste auch die chinesische Kraftfahrzeugbranche in der Anfangsphase rigoros vor Importkonkurrenz geschützt werden. Die im Verhältnis zur kleinen Jahresproduktion hohen Kapitalkosten hatten quasi prohibitive Stückkosten zur Folge, die in unserem Fall den Preis des Santana vervielfachten, bei immer noch endlos langen Produktzyklen, ehe sich die modellspezifischen Investitionen amortisieren konnten. Gleiches galt im Übrigen auch für die Zulieferindustrie im Lande. Eine drastische Begrenzung der Kraftfahrzeugeinfuhren war andererseits auch mit Blick auf den schwierigen Devisenausgleich dringend geboten. Noch im Jahr 1985 hatte China 200 000 Fahrzeuge – in erster Linie aus Japan – importiert. Die dafür erforderlichen Devisenbeträge waren höher gewesen als die gesamten Investitionen, die man seit Gründung der VRC im Jahr 1949 für die Entwicklung der Automobilindustrie aufgewendet hatte. Ab 1986 begann man deshalb, Fahrzeugimporte äußerst restriktiv zu handhaben und die Anstrengungen auf die Modernisierung und den Ausbau der heimischen Automobilindustrie zu konzentrieren.

Unsere erste Investitionsphase sah Ausgaben von nahezu 600 Millionen DM vor, finanziert zu einem Drittel mit Eigenkapital, was eine VW-seitige Kapitalzufuhr von 100 Millionen DM bedeutete.

Natürlich war uns schon damals klar, dass wir ab Ende der 90er-Jahre durch entsprechende Volumina, gegebenenfalls unterstützt durch Exporte, den Anschluss an unseren internationalen Produktzyklus finden müssten. Für Exporte kamen in den ersten Jahren jedoch allenfalls Ministückzahlen in Länder wie Burma in Betracht.

Die Regierung forderte vertraglich, nicht nur wegen des Devisenausgleichs, die Erreichung eines nationalen Fertigungsanteils von über 80 Prozent innerhalb von sieben Jahren. Nur durch eine schnellstmögliche Nationalisierung der Produktion – darin waren wir uns alle einig – konnte der Devisenbedarf entscheidend reduziert werden. Dies bedeutete von vornherein die Planung nicht nur einer Pkw-Montage einschließlich eines Großpresswerks und einer Lackiererei, sondern auch einer Motorenfabrik. In ihr sollte unser bewährter Standardmotor 827 produziert werden, der einschließlich Diesel eine Größenordnung zwischen 1,3 und 2,0 Litern Hubraum abdeckt. Vorgesehen war bis 1990 die Fertigstellung von Kapazitäten für jährlich 30 000 Santana sowie 100 000 Motoren, von denen 70 000 als so genannte Rumpfmotoren im Rahmen der Konzern-Verbundfertigung in andere Werke des Volkswagen-Konzerns exportiert werden sollten. Die VRC würde – und wurde – damit erstmals zum Exporteur automobiler Aggregate in die westliche Welt.

Zur weiteren Entlastung der Devisenbilanz entwickelten und realisierten wir einen Katalog von Maßnahmen, die auch einen wichtigen Goodwill-Charakter hatten: Der Auftrag zum Bau zweier 30 000-Tonnen-Schiffe der Ahrenkiel-Reederei für unsere VW-Charterflotte mit einer Transportkapazität von je 4500 Fahrzeugen[44] oder der Kauf chinesischer Werkzeugmaschinen und Karosseriepressen gehörten ebenso dazu wie die Vergabe von Forschungsaufträgen und die Initiierung von Forschungspartnerschaften. Zusätzlich leistete die von Volkswagen unabhängige Volkswagen-Stiftung, deren Kuratorium ich angehörte, große Unterstützung auf vielen Wissenschaftsgebieten. Sie hatte China zu einem Förderschwerpunkt erklärt.

[44] Volkswagen unterhält eine Flotte von 18 Charterschiffen. Die 100-prozentige Tochtergesellschaft VW Transport hat alle Geschäftsjahre mit befriedigenden Ergebnissen abgeschlossen. Die Erträge der Gesellschaft stammen auch aus dem Transport von Konkurrenzprodukten.

Auch unsere Bemühungen zur Erhöhung des nationalen Fertigungsanteils zeitigten bald erste Ergebnisse. Unter der Leitung des Kollegen Claus Borgward waren allein zu diesem Zweck Arbeitsteams aus Vertretern verschiedener Geschäftsbereiche gebildet worden. Letzten Endes hing der Gesamterfolg unseres Projekts ganz entscheidend von den Fortschritten ab, die auf diesem Gebiet erzielt wurden. Erreichten wir die staatlichen Vorgaben, durften der Import von Teilesätzen und damit die Produktion erhöht werden. Der höhere Ausstoß verbesserte wiederum dank Kostendegression die Rentabilität und half uns gleichzeitig, die Preise zu reduzieren.

Neben dem Eigenfertigungsanteil der Shanghai Volkswagen entfielen 65 Prozent des so genannten Local Contents auf die Zuliefererseite. Die Erfüllung der Local-Content-Quote, bei Einhaltung der vorgeschriebenen Qualität, erforderte verständlicherweise Regierungshilfe für unsere Spezialisten, die wir seitens Li Pengs sowie dank der nie ausbleibenden Unterstützung Zhu Rongjis auch erhielten, teils durch die Rüstungsindustrie (North China Industries Corp., NORINCO). Gleichzeitig bildete Chen Zutao, damals Präsident der CNAIC, Arbeitsgruppen, die nach der von Zhu Rongji ausgegebenen Devise »Probleme vor Ort lösen, nicht Telexe schicken« den Local Content verbessern halfen.

Darüber hinaus holten wir mehr und mehr Lieferanten ins Land, die mit ihrem Kapital und Know-how zu einem wichtigen Katalysator des wirtschaftlichen Fortschritts werden sollten, was ihnen durchweg bedeutende Positionen in der Wirtschaft der Volksrepublik China einbrachte. Manchmal mussten sie vom Kollegen Münzner auch zu ihrem Glück gezwungen werden. Wir übten damals bewusst Druck aus, trotz des Risikos kleiner Stückzahlen, aller politischen Unsicherheiten und geringer Kaufkraft. Mitunter war eine Verlagerung der Fertigung ganz einfach unumgänglich, weil die Qualität der Produkte durch den langen Transportweg nach China zu stark litt, wie beispielsweise im Falle einiger Lacke. Auch unsere technischen

Freigaben begannen wir nun zunehmend nach China zu verlagern, um den Prozess zu verbilligen und zu beschleunigen.

Die Einhaltung unserer Qualitätsstandards war bei alldem von vornherein oberstes Gebot. Den Vorschlag der Chinesen, dass die für den Inlandsmarkt bestimmten Fahrzeuge nicht den hohen Qualitätsmaßstäben der Exportfahrzeuge genügen müssten, lehnten wir kategorisch ab. Unsere Philosophie der einheitlichen Qualitätsmaßstäbe leitete einen wichtigen Erziehungsprozess ein.

Volkswagen leistete damit nicht nur den entscheidenden Beitrag zur Entwicklung der chinesischen Zulieferindustrie, sondern unweigerlich auch Hilfestellung für nachfolgende Investoren aus der Automobilindustrie. Dass diese – insbesondere aus Europa – schließlich 20 Jahre auf sich warten ließen, ist mir bis heute ein Rätsel geblieben. Es zeigt auf der anderen Seite, wie schwierig es manchmal in Großkonzernen ist, einen Richtungswechsel zu bewerkstelligen. Noch immer gibt es Unternehmen, die nicht realisiert haben, dass man nur mit der Entsendung von Expertenkommissionen nicht zum Ziel gelangt.

Ich warnte allerdings davor, bereits bis 1990 eine Fabrik mit einer Jahreskapazität von 300 000 Einheiten zu errichten, wie dies von chinesischer Seite gefordert wurde. Eine solche Größenordnung schien mir frühestens ab 1995 in Betracht zu kommen, was der späteren Realität schon eher entsprechen sollte. Unser Absatz war bereits bei einem weit niedrigeren Produktionsniveau ins Stocken geraten, weil bis zu fast einer halben Million Wagen aus Japan über die Insel Hainan immer noch in die VRC eingeschleust wurden, bis Li Peng diesem Schwarzhandel endgültig einen Riegel vorschob.

Für eine so kapitalintensive Industrie wie die unsrige bringen in der Anlaufphase niedrige Personalkosten, wie wir sie in China vorfanden, grundsätzlich keine spürbare Entlastung. Andererseits erreichten wir als Pionierunternehmen mit unserem Programm einen 50-prozentigen Anteil am gesamten chinesischen Markt für Personenwagen über beinahe zwei Jahrzehnte. Aus diesem relativen Volumenvorteil gegenüber unseren sehr viel kleineren Konkurrenten vor Ort resultierten ausgezeichnete Gewinne, die sich allerdings aufgrund der in unserem Konzernabschluss angewandten Bewertungsmethode nie in vollem Umfang in unseren Ergebnissen widerspiegelten. Unter allen Joint-Ventures in China lagen wir im Ertrag immer an der Spitze, was ebenso im konzerninternen Vergleich galt. Die Umsatzrenditen schwankten zwischen zehn und teilweise sogar über 15 Prozent. Zusammen mit den Abschreibungen konnte Shanghai Volkswagen dadurch seine Expansion, seine Investitionen immer selbst finanzieren, zur Freude aller Aktionäre. Außerdem wurde stets die vertraglich vereinbarte Dividende erwirtschaftet. Inzwischen gilt dies auch für die First Automobile Works (FAW), unser zweites Joint-Venture mit chinesischen Partnern in Changchun. Heute sind die Schwellen für den Eintritt und die Anfangsinvestitionen ungleich höher und unvermeidlich mit langjährigen Anlaufverlusten verbunden, nicht aber mit Selbstfinanzierungschancen in unseren Größenordnungen.

Aufgrund des schrittweisen Vorgehens und unserer in den ersten Jahren noch äußerst hohen, wenn auch abnehmenden Zulieferanteile aus Deutschland für eine nach unseren Maßstäben Miniproduktion war unser finanzielles Risiko als Investor, soweit es nicht ohnehin versicherungsmäßig abgedeckt war, immer klein. Die Deckungsbeiträge der nach China exportierten VW-Fahrzeugteilesätze ermöglichten uns die Finanzierung unseres Eigenkapitalanteils. Wir waren somit ein Risiko eingegangen, das wir uns leisten konnten, und expandierten mittels des Cashflow.

Auf der anderen Seite erforderte die Komplexität des Geschäfts eine außergewöhnlich hohe Bindung unserer knappsten und wichtigsten Ressource, nämlich unserer Führungs- und Fachkräfte aller Fakultäten. Alles, was wir in China in Gang setzten, schwemmte Lawinen von Arbeit nach Wolfsburg, in alle Vorstandsbereiche. Zu keinem Zeitpunkt sollten wir nunmehr weniger als 100 chinesische Mitarbeiterinnen und Mitarbeiter in unseren deutschen Standorten zu Gast haben, sei es für Abstimmungsaufgaben oder zu Schulungszwecken. Das Kennenlernen modernster Fertigungs- und Entwicklungstechniken war dabei ebenso wichtig wie beispielsweise das Erlernen internationaler Bilanzregeln, einschließlich der Überführung der chinesischen Rechnungslegung in eine deutsche Handelsbilanz II. Sehr bald beschäftigte mein für die Produktion zuständiger Vorstandskollege Günter Hartwich einen chinesischen Ingenieur als seinen Assistenten, als ob es die selbstverständlichste Sache der Welt sei. Viele dieser ehemaligen Mitarbeiter sind in ihrer Heimat inzwischen in verantwortungsvolle Funktionen hineingewachsen und bilden heute die Säulen der chinesischen Automobilindustrie.

Wann immer ein hochrangiger Besucher aus der VRC uns beehrte – worum wir uns sehr bemühten und in Bonn bei Protokollchef Werner Graf von der Schulenburg jede Unterstützung fanden –, konnte er sicher sein, von einer beeindruckenden Gruppe begeisterter chinesischer Volkswagen-Mitarbeiter fähnchenschwingend begrüßt zu werden. Nichts kann die Kulisse unserer Wolfsburger Fabrik ersetzen und die Atmosphäre, die unsere Mitarbeiter überzeugend ausstrahlen.

Zwar haben wir für unsere Beschäftigten in China keine Supermärkte errichten müssen, jedoch entstand auch dort bereits in der ersten Phase – wie überall in unserer VW-Welt – eine Lehrwerkstatt für 250 junge Menschen. Sie sollte schon bald den Ausbildungsstätten an unseren deutschen Standorten in nichts nachstehen und eine Pilotfunktion für die generelle Einführung der dualen Ausbildung in der chinesischen Maschinenbauindustrie übernehmen. Unsere deutschen Ausbilder waren überrascht und beeindruckt vom Ehrgeiz und Fleiß unserer dortigen Auszubildenden, ganz abgesehen von der Disziplin, die der einer preußischen Kadettenanstalt glich. Es war ein Kontrastprogramm zu Deutschland, wo unsere »Auszubildenden« paritätisch vom Personalmanagement und dem Betriebsrat – und der IG Metall – am ersten Tag ihrer Lehrzeit begrüßt werden.

Sie lernen alles über ihre Rechte, viel zu häufig aber zu wenig über ihre Pflichten und die Realitäten unserer heutigen Welt, in die sie zwar privilegiert eintreten, in der sie sich aber schon bald mit Wettbewerbern aus Asien werden messen müssen.

Ähnlich schwierig wie die Arbeit unserer Expatriates selbst war es, erträgliche Lebensbedingungen für sie vor Ort zu schaffen, von der Unterbringung in Shanghai bis hin zu den Schulen für die Kinder. Die unermüdliche Stadtverwaltung (Shanghai hat heute bald 15 Millionen Einwohner und plant für 30 Millionen) baute schließlich neue Häuser für unsere Mitarbeiter. Zu jener Zeit hatte man allerdings weder in Pudong noch in Shanghai Tausende Wolkenkratzer von über 20 Stockwerken errichtet.

Treibender Motor in Shanghai, zunächst als stellvertretender Chairman der State Economic Commission, ab 1987 als Oberbürgermeister und dann als Vizepremier des State Councils, war über zwei Jahrzehnte Zhu Rongji. 1998 folgte er schließlich Li Peng als Premier. Er war der Ludwig Erhard Chinas. Ich betrachte ihn als den erfolgreichsten Wirtschaftspolitiker unserer Zeit. Entscheidend für Chinas Erfolg war nicht nur sein Können und seine strategische Begabung, sondern sein Durchsetzungsvermögen, das einen außerordentlichen Mut voraussetzte. Denn die Einführung einer Marktwirtschaft hieß praktisch laufend, Machtbefugnisse und Privilegien von Funktionären der Zentralverwaltungswirtschaft zu beschneiden. Dies erreicht man am besten, wenn man die Zahl der Beschäftigten in den Bürokratien mit ihren Funktionen radikal zusammenstreicht.

Sehr bald konnten wir in der Sowjetunion die Gefahren und Risiken der Umstellung eines Wirtschaftssystems verfolgen und die Ergebnisse vergleichen. Chinas Volkswirtschaft war viel ärmer als die zumindest an Bodenschätzen und Wissenschaftlern reiche Sowjetunion. Die Herausforderungen in einem Land der Größenordnung Chinas kannten keine Parallele. In der jüngeren Geschichte dieses Landes gab es wohl keine Generation, die nicht durch Hunger dezimiert worden wäre.

China lebte Anfang der 80er-Jahre auch immer noch unter dem Trauma der gerade erst beendeten Kulturrevolution mit ihren millionenfachen menschlichen Opfern und Tragödien sowie unvorstellbaren kulturellen und wirtschaftlichen Verlusten. Umso erstaunlicher waren die Ergebnisse und das Tempo der Reformen Dengs. Auch seine Familie hatte während der Kulturrevolution schmerzliche Verluste erlitten und unter erniedrigenden Bedingungen jahrelang zu leben, zu leiden und zu arbeiten gehabt.

Im Gegensatz zu Gorbatschow hatte Deng jedoch nicht als Erstes alle Strukturen des abzuschaffenden Systems gesprengt, sondern er baute systematisch an einer kontrollierten, schrittweisen Umstellung. Geschickt nutzte er dabei die Maschinerie der Kommunistischen Partei Chinas. Anders als etwa Japan oder Korea hatte man von vornherein keine Angst davor, ausländisches Kapital und Know-how ins Land zu holen, was dem Aufbauprozess zu einem einzigartigen Tempo verhalf.

Dengs Weg einer »sozialistischen« Marktwirtschaft mit dem Vehikel einer kommunistischen Partei ist meines Erachtens auch von einem nicht mehr aufzuhaltenden Demokratisierungsprozess im Rahmen der chinesischen Bedürfnisse begleitet. Entscheidend ist, dass dieser Prozess steuerbar bleibt, sein Tempo nicht außer Kontrolle gerät, damit sich die russische Entwicklung in China nicht wiederholt – in einer dann vielfach dramatischeren Größenordnung. Der wirtschaftliche Erfolg Chinas hat jedoch die Politik gestärkt. Die kommunistische Partei weiß sehr genau, dass wirtschaftlicher Misserfolg, wie bei fast allen autoritären Staaten, ihr Ende einläuten würde.

Wie kühn Zhu Rongji diesen Prozess im Sinne von Dengs Politik meisterte, wird deutlich, wenn man bedenkt, dass ausgerechnet der Koloss China über mehr als zwei Jahrzehnte die am schnellsten wachsende Volkswirtschaft der Welt werden konnte und als Erstes eine Viertelmilliarde Menschen aus dem Elend führte. Auch die asiatische Finanzkrise bewältigte dieses Land ohne Abwertung, was entschieden half, die Krise einzudämmen und schließlich zu meistern.

Natürlich hatten Chinas Reformen 1984, zum Zeitpunkt der Unterzeichnung des Joint-Venture-Vertrags, noch längst nicht den »Point of no Return« erreicht. Das hinderte uns aber nicht daran, voll auf die Karte China zu setzen, während wir Indien und die Sowjetunion – sowie später deren Nachfolgestaaten – bewusst erst einmal links liegen ließen, ohne sie allerdings aus dem Auge zu verlieren. Heute befinden sich Russland wie Indien ebenfalls im Aufbruch.

Die chinesische Führungsmannschaft sollte bis in das 21. Jahrhundert kaum verändert unser Partner bleiben – eine sicher seltene Kontinuität. Sie alle hatten noch in Moskau oder Leningrad studiert, schickten nun jedoch ihre Kinder zum Studium in die USA. Hunderttausende junger Chinesen folgten auf diesem Wege und ließen die US-amerikanische Bildungsindustrie zu einem wichtigen Exportzweig des Landes werden. Für die Zukunft Chinas ist die amerikanische Ausbildung seiner Eliten Fundament für die Fortsetzung der Deng'schen Politik und für den Investor ein politischer Stabilitätsfaktor ersten Ranges. Man sollte dabei aber nicht vergessen, dass der chinesische Binnenmarkt einer der am härtesten umkämpften der Welt werden wird, was viele Industriezweige schon heute schmerzlich zu spüren beginnen.

Die politische Spitze Chinas besteht nicht nur vielfach aus Ingenieuren, sondern verfügt auch über eine große Berufserfahrung in der Wirtschaft. Li Peng war Ingenieur und hatte in der Energiewirtschaft gearbeitet. Viele Spitzenpolitiker stammen aus der Kaderschmiede der FAW, so auch Jiang Zemin. Die heutige junge politische Elite Chinas weist in der Regel ebenfalls eine solide Wirtschaftserfahrung auf und hat sich in der Praxis bewähren müssen. Sie sind Unternehmer. Einer der Vizebürgermeister von Shanghai, Tang Dengjie, zuständig für das Ressort Wirtschaft, arbeitete beispielsweise als Industrial-Engineering-Chef bei der Shanghai Volkswagen. Die Chinesen haben meines Erachtens das US-amerikanische wie auch französische System des Rotierens zwischen Politik, Regierung und Wirtschaft weiterentwickelt. Im Gegensatz dazu wird die Politik bei uns in Deutschland zumeist zum – lebenslangen – Beruf gemacht. Es ist übrigens der wohl einzig wichtige Beruf ohne eine Ausbildungsordnung, dafür jedoch mit meist garantierter Abhängigkeit von der jeweiligen Partei auf Lebenszeit.

Im Einklang mit der Regierung, auch unter dem sanften Druck unserer Kundschaft, den Funktionären, veranlassten wir sehr bald die Überarbeitung des Santana. Eigentlich war sie gar nicht geplant, da es sich bei diesem Fahrzeug inzwischen um ein Auslaufmodell handelte. Verbessert wurde insbesondere der Einstieg hinten durch Verbreiterung der hinteren Türen und Verlängerung des Fußraumes mit allen dazugehörenden endlos vielen Änderungen, beginnend bei der Radstandsverlängerung. Auch dabei entstand ein »First«: Ein chinesisches und ein brasilianisches Ingenieurteam erarbeiteten unter deutscher Leitung gemeinsam über Satellitenverbindung zwischen São Paulo und Shanghai dieses große Facelifting.

Für das Meistern all dieser Aufgabenstellungen war der entscheidende Erfolgsfaktor die Qualität des deutschen Managements vor Ort. American Motors etwa hatte zuallererst nur einen bewährten Gießereileiter nach China entsandt, was zu keinem Ergebnis führte, um es milde auszudrücken.

In Martin Posth und Hans-Joachim Paul hatten wir hingegen ein Bilderbuchteam. Posth war zuvor Personalvorstand von Audi gewesen und wechselte zur Verwunderung so mancher Karrieredenker in diese doch so kleine Firma, während Paul eine führende Position in unserem Getriebewerk Kassel eingenommen hatte, dem größten Getriebewerk der Welt. Beide erwarben sich durch ihr kreatives, unternehmerisches Handeln höchste Anerkennung in der chinesischen Regierungsspitze, die sie als Partner, »equals« und Freunde betrachtete und für ihre Leistungen auszeichnete. Über die Jahre schrieben beide ein Stück deutsch-chinesischer Industriegeschichte und nehmen deshalb in den Annalen der automobilen Entwicklung Chinas ihren Platz ein.[45]

Ich verschaffte beiden in ihrem neuen Verantwortungsbereich die erforderliche Unabhängigkeit von der Zentrale. Unserem »China-Paul« gab ich mit auf den Weg, keinen Quadratmeter und keinen Mann mehr für die Fertigung einzuplanen, bei Spitzenqualität natürlich, als die besten japanischen Fabriken. Wir alle trugen übrigens in China Uniformen – für uns damals ein Novum und nur bei japanischen Fabriken im In- und Ausland üblich. Inzwischen ist dies auch in der VW-Welt eine Selbstverständlichkeit geworden.

Als ich das erste Mal durch unsere neue Montagefabrik in Shanghai ging, mit Karosseriepressen auch aus Erfurt, »vermisste« ich die Flächen für Nacharbeit, wie sie leider europäische und amerikanische Fabriken, oft in der Größenordnung von Fußballfeldern, auszeichnen. Dort werden unmittelbar im Anschluss an die Produktion Nachbesserungen vorgenommen, sprich Reparaturen an gerade produzierten Fahrzeugen, welche die Qualitätskontrolle nicht passiert hatten. Paul hatte dafür weder flächenmäßig vorgesorgt, noch brauchte er diese Zonen. 97 Prozent der Fahrzeuge waren Direktläufer und verließen das Band in einem einwandfreien Zustand. In Europa war dies damals ein nicht erreichter, ja nicht einmal geplanter Wert. Für mich ist es ein weiterer Beweis dafür, dass China alle Voraussetzungen hat, um in der Weltautomobilindustrie eines gar nicht allzu fernen Tages eine Spitzenposition einzunehmen, mit allen Konsequenzen für diese Branche, einschließlich dem Entwicklungssektor und dem Kosten- sowie Preisniveau.

Man kann sich gegen einen Know-how-Austausch sperren oder ihn aktiv praktizieren, um sein eigenes Wissen dadurch zu potenzieren. Letztere Option war meine Politik an allen unseren Standorten. Schließlich ist man stärker, wenn man an der

---

[45] Martin Posth wurde 1997 zum ersten Ehrenbürger der Stadt Shanghai ernannt.

Spitze derartiger Entwicklungen fährt, das Tempo vorgibt, sich auf eine globale Integration, Arbeitsteilung und Segmentierung vorbereiten kann. VW hat dies in China – ganz allein auf weiter Flur – zwei Jahrzehnte lang seinen Konkurrenten vorexerzieren können.

In den 80er-Jahren hatte die chinesische Zentralregierung drei Großprojekte verfügt, um die Entwicklung der nationalen Automobilindustrie zu beschleunigen: neben dem VW-Gemeinschaftsunternehmen in Shanghai das Projekt SAW (Second Automotive Works) mit Peugeot/Citroën (PSA) sowie FAW (First Automobile Works, Changchun) – vorzugsweise mit Chrysler –, die damals noch viertgrößte Lkw-Fabrik der Welt. Inzwischen ist sie die größte.

Das Lastwagenwerk FAW war mit sowjetischer Hilfe begonnen und von China nach der abrupten politischen Trennung von der Sowjetunion ab 1953 allein fertig gestellt worden. Alle sowjetischen Berater hatten China seinerzeit über Nacht fluchtartig verlassen.

Wenpo Lee, der seit Mitte der 80er-Jahre sehr erfolgreich die VW-Repräsentanz in Peking leitete, hatte 1986 in Erfahrung gebracht, dass bei der FAW in Changchun, außerhalb des angestammten Lkw-Bereichs, eine riesige Pkw-Fabrik im Entstehen war. Nachdem die FAW-Führung zunächst mit Chrysler verhandelt hatte, waren Ende 1986 auch erste Kontakte über Lee zu VW in Shanghai aufgenommen worden. Dort traf man allerdings auf wenig Gegenliebe. Unser China-Team lehnte eine Zusammenarbeit ab.

Mein Freund Walther Leisler Kiep erfuhr davon beiläufig während eines Peking-Aufenthalts 1987. Gott sei Dank »störte« er mich daraufhin sofort in meinem Sommerurlaub. Der Versicherungsunternehmer Kiep war Mitglied des VW-Aufsichtsrats, über lange Zeit Schatzmeister der CDU und gehörte als niedersächsischer Finanzminister dem ersten Kabinett Albrecht an. Ich hatte ihn in meinem Hause, damals noch in Lüdersen bei Hannover, bei einem angelsächsischen Frühstück mit Albrecht zusammengebracht. Im Präsidium der CDU war er zuständig für Kontakte sowohl mit den Comecon-Ländern wie auch mit den USA. Schon Anfang der 80er-Jahre war auf Kieps Initiative ein wichtiger Kontakt zum DDR-Handelsministerium entstanden – hierzu später mehr –, sodass er mit diesem Alarm bereits den zweiten Anstoß von weitreichender Bedeutung für unseren Konzern gab.

Glücklicherweise war es das erste Jahr, in dem ich in meinem Sommerhaus ein Fax installiert hatte. Auf meiner kleinen japanischen Schreibmaschine schrieb ich postwendend einen Brief an Generaldirektor Geng und hatte innerhalb von 24 Stunden seine Besuchseinladung.

Im September 1987 brachen auf mein Geheiß der Ingolstädter Produktionsvorstand Hermann Stübig sowie Heinz Bauer aus unserem Beteiligungsressort zu einer ersten exploratorischen Reise nach Changchun auf. Höchst beeindruckt kehrten beide von dort zurück. Ich entschied daraufhin, mir möglichst bald schon selbst ein Bild an Ort und Stelle zu machen.

Nach der Automobilausstellung in Frankfurt traten wir im Oktober 1987 eine Reise nach Peking an. Auf dem Programm standen Audienzen bei Premierminister Li Peng sowie Minister Zhu Rongji. Zwischendurch machten wir – Borgward, Posth, Lee, Weber und ich – inoffiziell einen Abstecher nach Changchun, was der chinesischen Regierung nicht verborgen blieb. Als wir dort am 20. Oktober mit einer Tupolev landeten, an endlosen Reihen veralteter Migs vorbei, hielt die Maschine vor einem winzigen Flughafengebäude, vor dem uns ein riesiges Empfangskomitee mit einer »Roten Fahne«, der langen Staatskarosse des Landes, und Wintermänteln für uns erwartete.

Changchun selbst machte einen trostlosen Eindruck. Endlose Kolonnen von schweigenden Radfahrern bevölkerten die breiten Straßen, durch die unsere Polizeieskorte uns schleuste. Die vermummten Radfahrer waren von den Sirenen der Polizisten genauso wenig beeindruckt wie von brüllenden Anweisungen über krächzende Lautsprecher.

Aus unseren Wintermänteln sollten wir 24 Stunden nicht herauskommen. Die Heizperiode begann erst ab dem 1. November. Wir waren also ein paar Tage zu früh eingetroffen. Mit Ausnahme der Räume, in denen die EDV der Fabrik untergebracht war, herrschten überall eisige Temperaturen, im bescheidenen Gästehaus der FAW ebenso wie in der Lkw-Fabrik und der grauen, uniformen Zweimillionenstadt.

Unmittelbar nach unserer Ankunft begannen intensivste Gespräche, wobei jedes Wort und jeder Schritt von Videokameras aufgezeichnet wurden. Das Abendessen, ebenfalls im Wintermantel, zeugte von einer an dieses Klima gut angepassten chinesischen Küche. Unsere Verhandlungen sollten sich bis ein Uhr in der Früh hinziehen. Ich leitete sie ein mit dem Vorschlag einer Kooperation auf dem Gebiet »Local Content«. Besonders interessiere uns jedoch ein Joint-Venture für die Produktion des Audi 100. Ich betonte, dass wir hierfür kurzfristig einen Audi-100-Werkzeugsatz aus Südafrika liefern könnten, zu einem fairen Preis. Zum Abschluss diskutierten wir auch über die Möglichkeit einer Golf-Fertigung, für die sich die chinesische Seite ebenfalls interessiert zeigte.

Zhaojie Geng, der oberste Chef der FAW, war sich aus seiner Kenntnis der internationalen Märkte darüber im Klaren, dass er einen westlichen Partner für die Aufnahme einer Personenwagenproduktion brauchte. Nach seiner Vorstellung sollte 1989 mit einer Nullserie begonnen werden, der sich dann eine »Produktionsphase I« von 1990 bis 1995 anschließen sollte mit einer Kapazität von zunächst 30 000 Wagen ab 1992, gefolgt von einer zweiten Stufe mit einer Jahreskapazität von dann 150 000 Fahrzeugen. Der lokale Fertigungsanteil sollte sukzessive bis 1992 auf 60 Prozent und weiter bis 1995 auf 80 Prozent erhöht werden.

Heftig kritisiert wurde seitens der FAW-Führung die fast sechsjährige Verhandlungsdauer im Falle Shanghai. Eine solche Zeitspanne sei für Changchun völlig indiskutabel. Schließlich stünde man ohnehin mit Chrysler unmittelbar vor dem Vertragsabschluss. Ich verblüffte unsere Gesprächspartner daraufhin mit der Zusage, die Verträge innerhalb von nur fünf Monaten unter Dach und Fach zu bringen.

Geng unterbrach im nächsten Moment die Verhandlungen, um – wie wir heute wissen – per Telefon seine Delegation in Detroit aufzuhalten, die fertigen Chrysler-Verträge zu unterschreiben. Das verriet er uns damals natürlich nicht, sondern deutete lediglich an, dass er bereits über einen 2,2-Liter-Chrysler-Motor mit den dazugehörenden Fertigungseinrichtungen verfüge. Dieser Vertrag war offensichtlich direkt vor seinem Telefonat unterschrieben worden, während anschließend der Vertrag zur Herstellung von Personenwagen zur Unterschrift anstand. Es ging also um Minuten.

Hinsichtlich des Motorenthemas konnte ich Geng beruhigen, indem ich ihm erläuterte, dass es sich bei dem betreffenden Aggregat um die aufgebohrte Version eines von Chrysler in Lizenz gebauten VW-Vierzylindermotors handeln müsse, der ohne weiteres auch in unsere Fahrzeuge passe. Geng forderte schließlich größere Exportfreiheiten, auch unter dem Namen Volkswagen, was wir ablehnen mussten. Wir diskutierten endlos alle nur denkbaren Varianten, von einer gemeinsamen Forschungs- und Entwicklungsabteilung bis zur sofortigen Lieferung von Kühlern und Rädern für Shanghai. Zu guter Letzt schienen wir uns gefunden zu haben und waren entschlossen, unsere Absichten durchzuboxen. Nachts sorgte der Inhalt unserer Koffer für zusätzliche Wärme. Das schwierigste war am nächsten Morgen der Sprung ins Badezimmer. Leider war das Wasser nicht gefroren.

Tagsüber besichtigten wir eine endlos große Lkw-Fabrik, fast ohne Mechanisierung, mit einer Fertigungstiefe, die in der Gießerei und Schmiede ihren Anfang nahm. Dort, wo die Motorblöcke gegossen wurden, bestand die erste Aufgabe für den Gießmeister darin, den über Kopf mit einem Demag-Seilzug selbstständig von den Elektroschmelzöfen ankommenden Behälter mit dem flüssigen Gusseisen auf der erhöhten

Gießbühne abzufangen. Dabei musste er sich die am unteren Kabelende hängende Schaltung angeln – eine zirzensische Leistung auf Leben und Tod. Erst dann konnten die Gießpfannen bedient werden, und der leere Behälter fuhr wieder zu den Elektroschmelzöfen zurück.

Diese Akrobatik glückte nicht immer, wie mir Geng viele Jahre später bei einem gemeinsamen Frühstück im »Four Seasons«-Hotel in Shanghai gestand. Zu Beginn seiner Tätigkeit bei FAW war dies sein eigener Arbeitsplatz gewesen, und er hatte sich dort furchtbare Verletzungen zugezogen. Als wir uns an diesem Tag im März 2003 verabschiedeten, schenkte mir Geng das Modell der neuen »Roten Fahne« der FAW, ein Fahrzeug, etwas länger und mindestens so elegant wie die heutigen größten Luxuslimousinen. Es bereichert inzwischen meine Sammlung. Das Original sollte mich wenige Tage später in Changchun am Flughafen abholen. Noch immer stand dort das bescheidene Gebäude, parkten dort die alten Migs, und wieder wurde ich von einer überdimensionierten Delegation der Provinz- und Stadtregierung sowie von FAW und nunmehr auch FAW-VW-Audi samt Polizeieskorte empfangen. Changchun selbst, das beeindruckte mich bei diesem letzten Aufenthalt besonders, hatte sich seit unserem ersten Besuch innerhalb nur eines Jahrzehnts zu einer modernen Metropole entwickelt, die sich durchaus mit den Küstenstädten Chinas messen kann. Man wählte mich zum Ehrenbürger, was mir sehr zu Herzen ging. Es war meine vierte Ehrenbürgerschaft, nach Wolfsburg, Chemnitz und Zwickau.

Doch zurück zu den Verhandlungen mit der FAW, die schließlich zu folgenden Vereinbarungen führten:

1. FAW beginnt in Ablösung der »Roten Fahne« mit der Lizenzfertigung des Audi 100. Zum Abschied meiner aktiven Zeit bekam ich ein Original der »Roten Fahne« von der Regierung geschenkt. Es war das erste Exemplar, das den Weg nach Europa fand und heute in einem Depot des Wolfsburger Automuseums steht.

2. Die Verhandlungen über die zu gründenden Gesellschaften und erforderlichen vertraglichen Abkommen sollten begonnen werden, sobald wir die entsprechenden Gremienzustimmungen erhalten hätten.

Später, nachdem die Audi-Montage bei FAW angelaufen war, wurden die Verträge um eine Lizenzfertigung des Golf und des Jetta erweitert.

In Changchun sollten dann auch die frei gewordenen Golf-Fertigungseinrichtungen aus Westmoreland/USA Verwendung finden. Geng war damals persönlich in unsere zwischenzeitlich stillgelegte Fabrik nach Pennsylvania gekommen, mit einem Team von 120 Mitarbeitern. Sie kampierten in der Fabrik und dokumentierten und filmten alle Abläufe wie auch den Abbau auf Video. Sämtliche Anlagen wurden demontiert und dann verpackt, um wenig später in Changchun wieder aufgebaut und in Betrieb genommen zu werden. Zulieferteile erhielt FAW in der Anfangsphase von der VW of South Africa, was uns damals ebenfalls sehr gelegen kam, waren wir doch auf der Suche nach Exporten für unsere südafrikanische Tochtergesellschaft.

Weil Changchun für Volkswagen bereits das zweite Joint-Venture in China war, mussten wir eine Beteiligung von 40 Prozent akzeptieren. Unser Vorschlag, einen uns vertrauten taiwanesischen Partner, Dr. Shi Hui Hwang, der für uns VW-Transporter montierte, mit zehn Prozent am Projekt zu beteiligen, wurde von der Regierung abgelehnt. Wir hatten diese Entscheidung zu akzeptieren, wenngleich eine solche Lösung uns spürbar gestärkt hätte. So übernahm FAW damals mit 60 Prozent zwar die Mehrheit an unserem Joint-Venture, teilt sich mit uns seither aber zu gleichen Teilen die Managementverantwortung.

Zusätzlich zu den Großprojekten war in der Regierungsplanung eine Reihe weiterer kleiner und kleinster Automobilfabriken toleriert worden, darunter einige heimische Hersteller, die in den letzten Jahren Brückenköpfe für Nachzügler unserer Industrie bildeten. Es gab also für den Volkswagen-Konzern noch genügend Möglichkeiten, weitere chinesische Automobilfabriken als Partner zu gewinnen, allein schon, um sie nicht der Konkurrenz zu überlassen, hatten wir doch Seat und Škoda noch in Reserve. Wolfsburg verlor aber offensichtlich den chinesischen Markt, insbesondere die Produktpolitik und Kapazitätsplanung, in der zweiten Hälfte der 90er-Jahre etwas aus den Augen, räumte stattdessen dem Erwerb von Nobelmarken sowie der Entwicklung von Luxusklassemodellen und spektakulären Rekordfahrzeugen Priorität ein. Darüber hinaus ließ man Posth sein Know-how und seine Beziehungen zur chinesischen Spitze lieber von der Unternehmensberatungsgesellschaft Arthur D. Little nutzen, während Paul Chef der Konzern-Energieversorgung wurde. Lee fand unter Hayek beim Schweizer Uhrenhersteller Swatch eine neue beruflich Herausforderung in China. Wer mit den Verhältnissen in der Volksrepublik China vertraut ist, weiß, dass in keinem anderen Land der Welt ein persönliches Vertrauensverhältnis als Voraussetzung für die Kontinuität der Zusammenarbeit eine wichtigere Rolle spielt.

Wie erwartet, folgten bei unserer Rückkehr nach Peking schwierige Gespräche mit der Regierung, zunächst mit Li Peng. Dabei ging es unter anderem um Möglichkeiten zur Erhöhung des lokalen Fertigungsanteils und um die Verbesserung des Devisenausgleichs mittels Export von Ersatzteilen für den Santana, dessen Fertigung in Europa auslief (der weltweite Fahrzeugbestand des Santana betrug etwa fünf Millionen Wagen). Weitere Fragen betrafen die Verzögerung unseres Motorenprojekts. Li Peng bestätigte die Sperrung von Automobilimporten und genehmigte gleichzeitig unsere CKD-Importe für die Santana-Fertigung.

Insbesondere Zhu Rongji wollte von unseren FAW-Plänen zunächst einmal nichts wissen. Er war äußerst verärgert über unsere Reise nach Changchun, für die wir keine Genehmigung besessen hätten. Er sah auch keinen Sinn in einer Arbeitsteilung zwischen Changchun und Shanghai. Zu sehr war man auf die jeweiligen lokalen Standorte fokussiert, die untereinander in schärfster Konkurrenz standen. Wir sollten besser unsere Schularbeiten auf dem Gebiet des Local Content erledigen und mit einem weiteren Wettbewerber bei FAW im Markt konkurrieren. Er sei sicher, wir würden die Besseren sein und gewinnen …

Ich vermutete zunächst, dass Zhu, der eine ebenso sympathische wie dynamische Ausstrahlung besaß, seine Chrysler-Option noch nicht aufgegeben hätte. Sein Ziel war es immer gewesen, an jedem Standort mindestens eine weitere große Automobilfabrik anzusiedeln, um damit von vornherein für intensive Konkurrenz zu sorgen. Aus seiner Position heraus war dies die richtige Strategie, und GM in Shanghai sowie später Toyota in Changchun gaben ihm schließlich die Chance, sie auch umzusetzen.

Erst im Nachhinein erfuhr ich den damals unmittelbaren Grund für Zhus Verärgerung. Er stand zu diesem Zeitpunkt vor seiner Rückkehr nach Shanghai, wo er am liebsten den Audi 100 ebenfalls gefertigt hätte. Als der Wagen dort dann nicht gebaut wurde, löste das in den politischen Kreisen Shanghais große Verstimmung aus.

In der chinesischen Spitze saßen auch auf dem Gebiet der Wirtschaftspolitik Strategen außergewöhnlichen Formats. Li Peng erinnerte mich noch im März 2003 an die versäumten Gelegenheiten von deutschen Industrieführern, die in den 80er-Jahren nicht an sie geglaubt und den Zug verpasst hätten.

Zum Abschluss unserer damaligen Peking-Reise gab Jiang Zemin uns zu Ehren ein Abendessen im »Great Wall Hotel« – trotz unserer Eskapade nach Changchun –, an dem auch der deutsche Botschafter Fischer und Wirtschaftsattaché Junker teilnahmen. Es waren solche menschlichen Gesten, die uns nachhaltig beeindruckten und die Qualität unserer Verbundenheit demonstrierten. Unsere Gastgeber besaßen Stil.

Auch der endgültige Zuschlag für Changchun war sicher ein Vertrauensbeweis uns gegenüber. Ihm vorausgegangen war ein Sechsaugengespräch zwischen Lee, Zutao und Zhu Rongji. Wie so oft hatte der Erfolg wohl auch in diesem Fall viele Väter. Letzten Endes waren die engen persönlichen Beziehungen zwischen beiden Führungsebenen wohl ebenso mit entscheidend wie die großen Erfahrungen unseres Verhandlungsteams im Umgang mit den chinesischen Gesprächspartnern. Seitens der chinesischen Führung war es zugleich die konsequente Fortsetzung einer Strategie, durchaus pragmatisch in der Umsetzung, um mit einem verlässlichen Partner Zeit zu gewinnen, ohne aber das Ziel aus dem Auge zu verlieren oder den Fuß vom Gas zu nehmen.

Wir versuchten, unsere Gesprächspartner generell von Beginn an in Richtung einer planmäßigen Dezentralisierung der Automobilindustrie zu bewegen. Die enormen geografischen Entfernungen in China – ähnlich denen in den USA – erforderten entsprechende wirtschaftliche Strukturen, nicht aber die Wiederholung unserer Wolfsburger Erfahrung mit einer zu groß geratenen Fabrik an einem Ort. Schließlich waren Aggregate- oder Montagewerke ideale Instrumente für eine Dezentralisierung und ausgewogene Industrialisierung einer Volkswirtschaft. Im Falle Chinas hätte das einen Trend weg von den Küstenregionen bedeutet. Ursprünglich war man aber wohl in erster Linie auf Shanghai fokussiert, und sicher überwog traditionell ein Standortegoismus. Wir hätten mit unseren Aggregatewerken von vornherein eine weiträumige Dezentralisierung vorgezogen. Nachdem inzwischen die Infrastruktur deutlich ausgebaut wurde, ist es dafür heute aber noch längst nicht zu spät, wenn man an das riesige Expansionsvolumen denkt, vor dem China steht.

Mehr als zufrieden flogen wir nach Wolfsburg zurück. Nachdem ich in der folgenden Vorstandssitzung über das Ergebnis der Delegationsreise, unseren Erfolg und die Strategie für Changchun, besonders in Bezug auf Audi, stolz berichtet hatte, stieß ich auf geschlossene Ablehnung. Besonders wunderte mich die negative Reaktion des Audi-Vorsitzenden. Er ahnte damals noch nicht, dass die schwarzen Zahlen, die Audi in den Jahren 1991/92 schrieb, zu einem guten Teil dem Zusatzgeschäft

China zu verdanken sein würden. Es bedurfte reichlicher Überzeugungsarbeit, um den Vorstand doch noch für Changchun zu gewinnen.

Eine große und durchaus berechtigte Debatte entstand damals aus der Fragestellung, ob ein bislang im Grunde reiner Lkw-Hersteller – der Pkw »Rote Fahne« war eine Einzelanfertigung – je in der Lage sein würde, die für Personenwagen notwendigen Qualitätsstandards zu erreichen. Unsere Produktion wie auch Audi stimmten schließlich nach entsprechenden Ortsbesichtigungen zu, wenn auch mit großen Bauchschmerzen wegen des neuen, gigantischen Arbeitsaufwands (woher so viele neue Spitzenkräfte nehmen?). Von einem Erfolg unserer Mission sprach niemand.

Für unsere Expatriates sollte sich die Situation in Changchun/Yilin zunächst weit schwieriger als in Shanghai gestalten. Es bedurfte dort schließlich eines Kegelabends mit Geng, damit unsere Ingolstädter Mitarbeiter auch nur ein öffentliches Schwimmbad betreten durften. Gott sei Dank verstand der FAW-Chef, im Gegensatz zu unseren auch auf diesem Gebiet sattelfesten Audi-Experten, nichts vom Kegeln. Es ging ihm damit wie mir. Dennoch gewann ich an diesem Abend auf seiner amerikanischen Anlage. Dieser Sieg bedeutete für unsere Mannschaft einen Durchbruch. Unsere im Ausland eingesetzten Führungskräfte und Spezialisten, mehr und mehr auch »senior experts«, waren stets in der ganzen Welt die besten Botschafter unseres Landes.

Die Audi-Montage begann in Changchun unter recht improvisierten Verhältnissen in alten Hallen. Dank der hervorragenden Mannschaft aus Ingolstadt und Neckarsulm konnten wir aber zufrieden sein, wenngleich wir uns mit einer von FAW konzipierten und gebauten Lackiererei überhaupt nicht anzufreunden vermochten. Dafür musste ich mir bei meinem ersten Besuch in Changchun nach dem Montageanlauf große Beschwerden über die unzureichende Qualität der Audi-Zulieferungen anhören. Gott sei Dank dieses Mal nicht von Li Peng, sondern von Geng und seiner Audi-Mannschaft, was mir aber vollends genügte.

Am 20. November 1990 unterzeichneten Geng, Weber und ich in Berlin die Verträge zur Gründung unseres zweiten chinesischen Standbeins, der »FAW-Volkswagen Automotive Company«, die im Februar 1991 ihre Geschäftstätigkeit aufnahm und ab Ende des Jahres auf den ehemaligen Fertigungseinrichtungen aus Westmoreland die ersten Jetta[46] auf CKD-Basis herstellte.

Geng zögerte nicht, sofort seine schon laufenden, großen Investitionen aufzustocken. Dabei halfen seine Beziehungen nach Peking als einflussreicher Abgeordneter. Für meine Nachfolger begann dennoch erst einmal eine recht holprige, schwierige Wegstrecke mit Verlusten in Changchun, bis die Kasse stimmte. Inzwischen aber sind Audi wie VW in Changchun finanziell gesund, und auch die Qualität ist längst kein Thema mehr, gehört man doch auf diesem Gebiet zur Konzernspitze. Zu meiner Zeit haben wir von den inzwischen in Shanghai und Changchun erreichten Qualitätswerten nicht einmal für Europa zu träumen gewagt.

Seit Ende des 20. und mit dem Beginn des 21. Jahrhunderts ist China zum wichtigsten Motor der Weltwirtschaft geworden, hat Japan als größten Importeur in den USA abgelöst und beginnt in manchen Industriezweigen das Tempo des Wettbewerbs vorzugeben. Zwei Drittel der in der Welt produzierten Kopier- und DVD-Geräte sowie die Hälfte aller digitalen Kameras kommen heute ebenso aus China wie die Hälfte aller Fernsehgeräte in den USA, wobei Letztere in den vergangenen Jahren einen durchschnittlichen jährlichen Preisrückgang im zweistelligen Prozentbereich verzeichneten. Diese Liste könnte man endlos fortsetzen. Sie zeugt zugleich vom unternehmerischen Erfolg der chinesischen Führung.

Es sind nicht mehr Textilien, Schuhe oder Fahrräder in Millionenauflage, die China auf dem Weg vom viertgrößten Welthan-

---

46 Stufenheckversion des Golf.

delspartner weiter nach vorn bringen werden. Die großen Wissenschaftszentren des Landes sowie mehr als 600 000 Absolventen eines Ingenieurstudienganges jährlich (Indien 350 000, USA 70 000) werden ein neues Tempo in Forschung, Entwicklung und Produktivität vorgeben.

Inzwischen entstehen auch rein chinesische Automobilunternehmen. Ich sehe keinen Grund, weshalb nicht auch sie in absehbarer Zeit zu Global Players werden sollten, ebenso wie die Koreaner, nur dass sich Letztere auf eine Heimatbasis von nicht einmal 50 Millionen Einwohnern stützen können. Der Haushaltsgerätehersteller Haier oder der Elektronikkonzern TLC, weltweit größter Hersteller von Fernsehgeräten, demonstrieren exemplarisch, dass eine solche Entwicklung in anderen Zweigen der chinesischen Wirtschaft längst zur Realität geworden ist.

Der Erwerb der Hälfte der Anteile des viertgrößten koreanischen Automobilherstellers »Ssangyong Motors« durch unseren mächtigen Shanghaier Joint-Venture-Partner SAIC (Shanghai Automotive Industry Corporation) spricht Bände und verrät langfristiges Denken. Die im Frühjahr 2005 gescheiterten Übernahmeverhandlungen mit Rover werden die Shanghaier nicht von ihrem Ziel abhalten, sich als eigenständiger Automobilhersteller auch auf den internationalen Märkten zu etablieren.

SAIC, der inzwischen auch 31 Prozent an General Motors Shanghai gehören, ist nunmehr auf dem besten Weg, auch die größte Holdinggesellschaft der Welt für Zulieferfirmen der Automobilindustrie zu werden. Diese beeindruckende Entwicklung konnte wesentlich aus den Gewinnanteilen an der SVW finanziert werden. In der vom Fortune Magazine veröffentlichten Rangliste der weltweit größten Unternehmen nahm SAIC 2003 mit einem Umsatz von 11,8 Milliarden US-Dollar und einem Gewinn von 689 Millionen US-Dollar bereits Platz 461 ein.

Wir wissen also rechtzeitig und genau, was auf uns zukommen wird, und können uns darauf mit Engagement und Höchstleistung vorbereiten. Es ist und bleibt jedoch eine gewaltige Herausforderung. Geradezu verhängnisvoll wäre es allerdings, Expansionsinvestitionen nachholen zu wollen. Denn die ihnen zugrunde liegenden Absatzplanungen lassen sich nicht vorübergehend in einer Tiefkühltruhe aufbewahren und zu einem späteren Zeitpunkt wieder auftauen. Das gilt noch mehr für die Produktpolitik, die sicherlich zunehmend auch in China erfolgen muss. VW besitzt dafür bereits erste Einrichtungen, wie beispielsweise eine eigene Versuchsstrecke. Nicht »Made in China«, sondern »Designed in China« wird es zukünftig lauten.

Der wachsende Bedarf an Automobilen auf dem chinesischen Inlandsmarkt wird nicht nur die nationale Industrie zu einem Expansionstempo ohne Parallele fordern, sondern auch der Weltautomobilindustrie große Exportchancen eröffnen, bis China selbst Automobile in nennenswerten Größenordnungen exportiert. Das wird aller Voraussicht nach schon vor dem Jahr 2010 der Fall sein und würde dann die weltweite automobile Arbeitsteilung neu strukturieren. Indien (Tata) exportiert heute bereits Personen- und Lastkraftwagen in den asiatischen Raum und Mittleren Osten sowie nach Europa und Afrika. Nur wer wettbewerbsfähig bleibt, kann davon profitieren. Die Möglichkeit, Versäumnisse aufzuholen, ist bei der zu erwartenden Intensivierung des Wettbewerbs mit großen Fragezeichen versehen. Angesichts nie da gewesener Wachstums- und technischer Fortschrittsgeschwindigkeiten sowie der völlig neuen Größenordnungen sind besonders für Nachzügler erhebliche Schwierigkeiten zu erwarten.

In einer friedlichen Welt wird China noch vor Mitte des 21. Jahrhunderts zur größten Volkswirtschaft aufsteigen. Schon einmal hatte es diese Position fast ununterbrochen bis in das 19. Jahrhundert hinein eingenommen. Gemessen an der Kaufkraftparität wird China die USA wohl noch vor 2020 überholen, vorausgesetzt, es setzt sein Wachstumstempo in den kommenden Jahren mit Raten um sieben bis acht Prozent fort, nachdem sie bisher bei neun bis zehn Prozent lagen.[47]

---

[47] Vgl. Economist, 8. Oktober 2004.

:ufriedene Audi- und Käfer-
:io-Kunden: Spaniens Kö-
Juan Carlos mit Königin
ı in Wolfsburg. Hinter ih-
Prälat Holling, ein Ehren-
er der Stadt und Freund.
lie Königin in meinen VW-
einstieg, begrüßte sie als
s meinen Fahrer Herbert
endek mit Handschlag.

40 Zu Besuch beim spanischen Ministerpräsidenten Philippe Gonzales 1983 in Begleitung des jungen Seat-Chefs Juan Antonio Diaz Alvares.

3undespräsident Richard
Weizsäcker besuchte 1989
in Barcelona und trieb
beim Pflanzen einer Eiche
em Gelände unserer neuen
k in Martorell zur Arbeit

◂ 42 Im Beisein von Bundeskanzler Kohl dem chinesischen Premierminister Zhao Zi wurde am 10. Oktober 1984 in der »Großen des Volkes« in Peking der Joint-Venture-Ve zur Gründung der Shanghai Volkswagen Minister Rao Bin und mir unterschrieben. Zweite von links in der obersten Reihe ist Wolff von Amerongen. Er hatte meinen Vater mit dem Bankier Baron von Oppenheim zu mengebracht und war später als Vorsitzende Ostausschusses der Deutschen Wirtschaft Jahre ein Pionier beim Aufbau wirtschaftl Beziehungen zur Sowjetunion und China.

43 Jiang Zemin (rechts) überraschte die Welt mit Scharfsinn und Weitblick. Er stammte aus der Kaderschmiede der Ersten Automobilfabrik (FAW). ▸

◂ 44 Zhu Ronghi wurde zum Ludwig E Chinas, setzte die Vision Deng Xiaopings un machte sein Land zum Motor der Weltwirts

45 Ein Handschlag mit Zhaojie Geng besiegelte am 20. November 1990 den Vertrag zwischen der First Automobile Works (FAW) und Volkswagen. Damit wurde unser zweites Gemeinschaftsunternehmen in der Volksrepublik China gegründet. Rechts hinter mir: Paul-Josef Weber. ▸

Jemeinsam mit Mitgliedern der Regierung des Zentralkomitees der Volksrepublik China ten wir im Frühjahr 1990 das fünfjährige ıdungsjubiläum der Shanghai Volkswagen. isterpräsident Li Peng gratuliert mir. Rechts n Staatsrat Zhou Jiahua.

Viedersehen mit zwei alten Weggefährten 1995 Volfsburg, mit Hans-Joachim Paul, dem Tech-Chef der ersten Stunde bei Shanghai Volks-n und dem Chairman von Shanghai Volks-n Lu Jiang. ▸

er unter dem Codenamen e« mit Suzuki entwickelte ıraum Mini in seiner heu- Version. Der Wagen sollte Mitte der 90er Jahre ein in einer Fahrzeugklasse n, die heute viele Länder Velt dominiert.

Iermann Josef Abs, Schlüs-gur der deutschen Wirt-t und mächtigster Bankier Wirtschaftswunders, lehnte Fusion von Volkswagen Daimler-Benz Mitte der ziger Jahre ab. ▸

50 Der Autolatina-Vertrag
1986 von Ford-Chef Dc
Petersen und mir in der W
burger Forschung und
wicklung unterschrieben.
ter uns von links: Lyn Hal
Helmut Arndt, Günter I
wich, Wolfgang Sauer, Phil
ton, Wolfgang Habbel, W
Booker, Paul-Josef Weber
Peter Schindler.

51 Man traf sich immer
bei Porsche. Hier in Zell ar
anlässlich des 80. Geburt
von Ferry Porsche. Von
Lee Iacocca, C.H.H.,
Iacocca, Edzard Reuter,
hard von Kuenheim.

52 Erich Honecker im Gespräch mit Walther Leisler Kiep und mir 1988 auf der Villa Hügel in Essen.

ʐehntausende kamen an den
henenden nach dem Fall
Mauer aus allen Teilen der
R nach Wolfsburg. Wir wa-
begeisterte Gastgeber und
re Händler gewährten eine
ilitätsgarantie für alle Mar-
nicht nur für die aus dem
nen Haus.

54 Nach dem Fall der Mauer preschte VW vor und gründete noch vor der Wiedervereinigung am 22. Dezember 1989 die »Volkswagen IFA-Pkw GmbH«. Neben mir unterzeichnete IFA-Generaldirektor Dieter Voigt die Urkunde. Mein Kollege Horst Münzner (ganz links) schaute ihm zu. Rechts außen: Volkhard Köhler.

Das Fahrzeugwerk Mosel-
kau der Volkswagen Sach-
ǫmbH hat sich zu einer Er-
story entwickelt.

56 Noch im Jahr der Wiedervereinigung startete Sachsens frisch gewählter Ministerpräsident Kurt Biedenkopf die Arbeiten für einen Autobahn-Anschluß an unser Zwickauer Montagewerk. Neben dem Landesvater lacht im Gedränge seine Ehefrau Ingrid.

57 Grundsteinlegung für das neue VW-M
renwerk Chemnitz im Juni 1992. Neben mir
Sachsens Wirtschaftsminister Kajo Schom
Vier Jahre zuvor war auf diesem Gelände das
VW-Aggregat in der DDR gefertigt worden. I
weit davon entfernt hatte ich 1940 in der I
werkstatt der Auto Union am Schraubstoc
standen.

59 Mein Team und meine Tochter Pia freuten sich mit mir über die Ehrenbürgerschaft von Chemnitz, meiner Geburtsstadt. Dort und in Zschopau (DKW) lebte meine Familie von 1922 bis 1945. Von links: Hans-Viggo von Hülsen, Herbert Zgrzendek, Pia Hahn, Lieselotte Grothe, C.H.H., Ute Krause.

58 In Anerkennung unserer Politik in den n
Bundesländern erhielt ich 1991 den »Bambi«

Auf dem Boden der
tschen Botschaft in Prag
:te ich dem Team, das die
andlungen abgeschlossen
. Von links: Hans Holzer,
hard Köhler, C.H.H.,
er Ullsperger, Kristian
ger und Henning Straubel.
Trabbi – gestaltet vom
stler David Czerny – erin-
an die Befreiung der DDR-
ıtlinge, die im Herbst 1989
r Botschaft Schutz gesucht
n.

er Vertragsabschluss Bratis-
Anfang 1991 sicherte VW
weiteres kostengünstiges
dbein. Für die Slowakei war
er Beginn einer atembe-
enden Entwicklung. Ab 2006
das Land die höchste Pro-
-Autoproduktion der Welt
eisen. ▸

ährend einer Zentraleuro-
onferenz des World Eco-
ic Forum in Prag 1994, die
iten durfte, gab es ein Wie-
hen mit meinem alten
ıd Tom Bata. Sein Unter-
ıen nutzt seit 100 Jahren
ielhaft die Vorteile der
alisierung. ▾

n Glas Sekt nach Unterzeichnung des Skoda-
ags am 28. März 1991 mit Professor Tucek
) und dem damaligen Ministerpräsidenten
schechischen Republik Petr Pithart. ▸

64 Auch Václav Havel, d
liger Präsident der Tsch
schen Republik, zählte 19
den Teilnehmern der Ze
europa-Konferenz.

65 Bratislava 1990: Eine auf Expansion ausgelegte Fabrik vor den Toren der Stadt ist inzwischen zum Motor der slowakischen Automobilindustrie und Wirtschaft geworden.

66 Das Ehepaar Gorbats
ist im September 1992 in W
burg zu Gast bei uns zuh
Michail Gorbatschow war
Einladung der von mir
ierten »International Par
ship Initiative« gefolgt.

Der Volkswagen-Konzern besitzt für diese dramatische Gleichgewichtsverschiebung und die damit verbundenen Expansionschancen eine einmalige Ausgangsbasis. Eine Erfolgsgarantie für die Zukunft gibt es jedoch nicht. Schon heute ist der chinesische Markt für Volkswagen von außerordentlicher Bedeutung. Erstmals wurden 2003 mit knapp 700 000 Wagen in keinem anderen Land der Welt so viele VW- und Audi-Modelle abgesetzt wie in China.

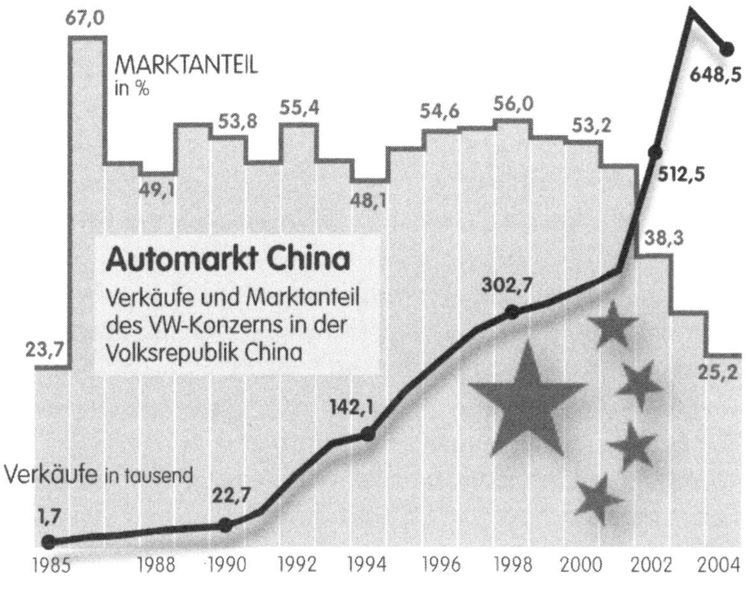

In Asien sind drei Milliarden Menschen im Aufbruch – die Hälfte der Menschheit –, fast überall mit großer Entschlossenheit und Geschlossenheit sowie größter Wissens- und Lernbegierde. Als Europäer haben wir uns auf die sich verändernden globalen Kräfteverhältnisse rechtzeitig vorzubereiten, wenn wir von ihnen nicht erdrückt werden, sondern profitieren wollen. Wichtig erscheint mir dabei, die neuen Dimensionen insbesondere auch in unseren Corporate-Governance-Strukturen entsprechend zu berücksichtigen. Eine globale Präsenz bis in die Konzernspitze ist meines Erachtens eine ebenso unabdingbare Voraussetzung für künftigen Erfolg wie die Übertragung von mehr Verantwortung auf die lokalen Entscheidungsträger. Weil ein Chinese den heimischen Markt selbstverständlich viel besser kennt als jeder andere, ist es nur konsequent, wenn dort ein chinesisches Management an der Spitze für eine antizipative Unternehmens- und insbesondere Produktpolitik verantwortlich zeichnet. China, als bald schon größter Markt der Welt, lässt sich nicht von fernen Unternehmenszentralen aus steuern. Nur als wirklich integrierter Partner werden wir an der Entwicklung dieses Landes auch morgen noch partizipieren, nicht aber als Fremder.

Auf dem Wege in die globale Welt hat es für die Volksrepublik China gleich zu Beginn mit den tragischen Ereignissen auf dem Platz des Himmlischen Friedens 1989 einen herben Rückschlag gegeben. In der idealistischen Jugend war ein verständlicher Drang nach demokratischen Freiheiten entstanden, der sich nach Auffassung der chinesischen Führung mit dem Status und Tempo des Transformationsprozesses nicht vereinbaren ließ. Die westlichen Länder hatten große Sympathie für die jungen Revolutionäre. Sie vergaßen dabei aber, dass ein Nachgeben zu diesem Zeitpunkt zu schlimmeren Verhältnissen als in Russland geführt hätte – und das in chinesischen Dimensionen.

Ich kam damals zu dem Schluss, dass China in ein Elend wie zu Zeiten der Kulturrevolution gestürzt worden wäre, über viele weitere Jahrzehnte, wenn die Studenten sich durchgesetzt hätten. Dies hätte eine Katastrophe für die Welt auslösen können. Ich schrieb daraufhin der chinesischen Regierung, nachdem sich viele Unternehmen aus dem Land zurückzogen, dass Volkswagen an seiner China-Strategie festhalten würde und ich den chinesischen Evolutionsweg für richtig hielte. Die weitere Entwicklung hat uns bestätigt.

Die Menschen Chinas besitzen nicht die Freiheiten, wie wir sie bei uns kennen und schätzen, nicht selten missbrauchen. Aber streben sie wirklich unsere Form der Demokratie in dieser Phase ihrer Entwicklung an? Hat für sie die Tatsache, dass sie nicht mehr vom Hunger bedroht sind, wie über Jahrhunderte jede ihrer Vorgängergenerationen, nicht Priorität, ebenso wie der Fortschritt, den jeder Chinese heute mit Stolz bei seinem Sonntagsspaziergang feststellt, selbst wenn im Inneren des Landes noch gewaltig viel zu tun bleibt? Außerdem hat eine schrittweise, wenn auch nur lokale Demokratisierung begonnen, deren Reichweite und Tempo China bestimmen sollte, nicht aber fremde Theoretiker. Haben wir nicht auch in unserem westlichen Kulturkreis 100 Jahre benötigt, um Demokratie zu erlernen und funktionierende Demokratien zu entwickeln? Sie sind bis heute nicht perfekt, während wir das Perfekte bei anderen vom ersten Tag an erwarten.

Anlässlich einer Diskussion mit jungen chinesischen Intellektuellen, initiiert von der Wochenzeitung »Die Zeit«, griff Bundeskanzler a. D. Helmut Schmidt diese Problematik ebenfalls auf.[48] Für ihn ist mit Blick auf das Reich der Mitte »die Existenz einer funktionierenden staatlichen Autorität« von großer Bedeutung. »Sie sollte nicht vom Militär gestellt sein, aber wenn eine große Partei sie stellt, ist das eine Möglichkeit. Es gibt kein Entwicklungsland auf der Welt, das ohne starke staatliche Autorität vorangekommen ist. Für China gilt das besonders: Wie wird in einem Land über Demokratie gedacht, das eine dreitausendjährige Geschichte ohne Demokratie besitzt? Dreitausend Jahre haben hier der Kaiser und seine Mandarine darüber entschieden, was für die Nation gut oder schlecht sei. Die Geschichte der kulturellen Evolution Chinas lässt auch heute Kontinuität erwarten.«

Schmidt, der China seit Jahren regelmäßig bereiste, zieht daraus das Fazit, »dass solche (demokratischen) Entwicklungen Zeit benötigen. Für China erscheint ein Schritt nach dem anderen viel erfolgversprechender als eine Revolution«.

Wenn man die Politik seit Deng verfolgt, kommt man zu dem

---

[48] Veröffentlicht in der Wochenzeitung »Die Zeit« vom 4. März 2004.

Schluss, dass diese Großmacht eine nicht nur sehr kluge und erfolgreiche und für die Massen menschliche, sondern auch für die westliche Welt höchst bedeutsame Politik verfolgt. Abgesehen davon verdanken wir China seit einigen Jahren ein Drittel des Wachstums der Weltwirtschaft wie auch die lange Niedrigzinsperiode. Es rangiert damit als Wachstumslokomotive noch vor den USA.

Frau Thatcher hat den Hongkong-Vertrag zu Recht unterschrieben. Ich bin davon überzeugt, dass dieses Jahrhundert zu einem friedlichen werden kann, wenn zwischen Washington und Peking eine Annäherung gelingt. Die Taiwan-Frage darf dabei nicht zu einem weltbedrohenden Hindernis werden. Hongkong war und ist eine gute Referenz für die VRC. Die nächste Führungsgeneration der Volksrepublik wird zum Teil schon in den USA studiert haben und in der Lage sein, eine für China – seinen Traditionen und Wertvorstellungen angemessene – bereits eingeleitete demokratische Entwicklung weiter voranzubringen. Marktwirtschaftliche Fortschritte – nicht zuletzt auch die riesigen Investitionen Taiwans auf dem chinesischen Festland – werden in diesem Prozess und bei der Demokratisierung als Katalysator wirken.

Jiang Zemin hat in der Außenpolitik, gerade während der letzten internationalen Krisen, eine sehr weitsichtige Strategie verfolgt. Für mich sind Jiang Zemin wie Zhu Rongji zwei Persönlichkeiten mit einer großen menschlichen Substanz, beide humanistisch geprägt im weitesten Sinne. Sie sind alles andere als Apparatschiks. Jiang Zemin korrigiert nicht nur das Deutsch oder Englisch seiner Übersetzer, sondern ist ebenso ein Kenner von Shakespeare wie von klassischer europäischer Musik. Man muss schon sehr sattelfest und gut belesen sein, bevor man sich mit ihm in eine Diskussion über Marktwirtschaft oder theoretische Volkswirtschaft einlässt. Er hat Hayek, Schumpeter wie Keynes gelesen, nicht nur Marx und Engels während seiner Studienzeit in Moskau. Bewertet man das Ergebnis seiner Politik nach menschlichen Werten, so sollte man mit Kritik zurückhaltend sein. Hat je eine Regierung des 19. oder 20. Jahrhunderts in puncto Fortschritt der allgemeinen Lebensqualität eine bessere Bilanz für ihr Volk präsentiert, noch dazu, wenn man die Ausgangsbasis und Größenordnung der Aufgabenstellung berücksichtigt? Dies gibt mir die Zuversicht, dass sie auch mit ihrer Nachfolge die richtige Wahl getroffen hat.

Der Volkswagen-Konzern beging im Oktober 2004 sein 20-jähriges Jubiläum in China, das ich verständlicherweise gern mitgefeiert hätte. Volkswagen hat in den zurückliegenden zwei Jahrzehnten auf vielen Gebieten wichtige Pionierarbeit geleistet. Dazu zählen der systematische Aufbau der Zulieferindustrie und die Umsetzung einer kompromisslosen Qualitätspolitik ebenso wie die Einführung des dualen Ausbildungssystems und der Auf- und Ausbau eines Kundendienstnetzes. Mit unserem für Shanghai erarbeiteten Vertragswerk schufen wir darüber hinaus wichtige rechtliche Grundlagen und machten damit den juristischen Weg frei für nachfolgende Joint-Venture. Schließlich trugen wir auch dafür Sorge, dass das deutsche Patentgesetz, finanziert vom Bundesministerium für Forschung und Technologie, buchstabengetreu von China übernommen wurde. Unternehmen, die sich später in China ansiedelten, haben die Früchte dieser Arbeit geerntet. Weil unternehmerisches Handeln stets auch von politischer Bedeutung ist, gaben wir indirekt dem Reformprozess im Lande wesentliche Impulse. Fast die gesamte chinesische Staatsführung hat über die Jahre mit Besuchen in unserer Konzernzentrale in Wolfsburg dokumentiert, welches Gewicht sie der Zusammenarbeit mit uns beimisst.

Wir können dank der anhaltenden Expansion der chinesischen Volkswirtschaft einer beispiellosen Zukunft entgegensehen, ungeachtet gelegentlicher Wachstumsdellen. Dabei werden wir unsere Rolle als engagierter, integrierter industrieller Partner wahrnehmen.

Die erfolgreiche Fortsetzung des Reformprozesses in China ist von entscheidender Bedeutung für die Zukunft der gesamten Welt, nicht nur unter wirtschaftlichen und ökologischen Gesichtspunkten, sondern wichtiger noch, für die Erhaltung des Friedens im 21. Jahrhundert, wenn es in gar nicht so ferner Zukunft wieder eine bipolare Welt geben wird.

VII

Kooperationsstrategien

In einer zunehmend komplexeren Welt kommt auch die Automobilindustrie ohne verschiedene Spielarten von Kooperationen nicht aus. Man ergänzt seine Programme, Kapazitäten und Absatzkanäle und versucht Kapitaleinsatz und Technik zu optimieren, Risiken zu minimieren. Dabei werden opportunistische Bindungen auf Zeit eingegangen, auch, um zu lernen.

Die Zusammenarbeit von VW und Porsche hat in der Person von Ferdinand Porsche ihren Ursprung. Porsche Salzburg ist heute der größte unabhängige VW-Importeur in der Welt, verantwortlich für Österreich, Slowenien, Ungarn und Rumänien. Hinzu kommen die Importeursfunktion für japanische und koreanische Automobile und japanische Motorräder in Frankreich sowie zahllose Einzelhandelsstützpunkte verschiedenster Hersteller in Europa. Porsche Salzburg, aufgebaut von Louise Piëch, Tochter von Ferdinand Porsche sen., leistete auch kardinale Beiträge für die finanzielle Entwicklung der Porsche AG in Stuttgart. Beide Firmen werden von den Familien Porsche/Piëch beherrscht.

Wolfsburg wiederum ermöglichte die Produktion der ersten Porsche-Sportwagen nach der Währungsreform, des legendären Porsche 356. Er basierte auf einer weiterentwickelten Käfer-Plattform. Ähnliches galt für seine Motorisierung. Porsche nutzte darüber hinaus für seinen Vertrieb, wo und wann immer opportun, die weltweite VW-Organisation. 1968 hatte Lotz für VW eine Option auf 25 Prozent des Eigenkapitals an einer gemeinsam mit Porsche Salzburg neu zu gründenden Import- und Handelsgesellschaft für VW- und Audi-Fahrzeuge in Österreich erworben. In den 70er-Jahren gab VW diese Option schließlich gratis zurück.

Mangels Entwicklungskapazität und -erfahrung in Wolfsburg arbeitete VW in den Anfangsjahren überproportional mit Porsche zusammen, nicht zuletzt dank der technischen Überlegenheit, die sich der Sportwagenhersteller in den 50er- und 60er-Jahren durch den Rennsport erarbeitet hatte. Porsche errang dabei ein einzigartiges Markenimage. Unter dem Zwang der ständigen Leistungserhöhung für seine Sportwagen kam es zu einem Abnabeln von VW-Teilezulieferungen für Porsche-Serienprodukte. Aber dann verdichtete sich die Zusammenarbeit doch wieder: In der zweiten Hälfte der 60er-Jahre zunächst mit der Konstruktion des Mittelmotorsportwagens VW/Porsche 914/6 und später – im Zuge der Umstellung auf wassergekühlte Frontmotoren bei VW – mit der Entwicklung seines Nachfolgers.

Im Krisenjahr 1975 erkannte Schmücker jedoch, dass die Markteinführung eines solchen Sportwagens aus dem Hause VW in der Öffentlichkeit als völlig falsches Signal verstanden worden wäre und nicht in Betracht kam. Die Einführung neuer Volumenmodelle, insbesondere des Golf, hatte zu diesem Zeitpunkt absolute Priorität. Darum überließ VW den bereits fertigen Sportwagen der Firma Porsche, die dringend nach einem Nachfolger für den 911 suchte, dessen Heckmotorkonzeption damals als nicht mehr ausbaufähig erachtet wurde. Man verständigte sich mit den Zuffenhausenern auf eine prozentuale Beteiligung an jedem verkauften Fahrzeug, um so die bereits an Porsche bezahlten Entwicklungskosten wieder hereinzuholen. Der Wagen kam 1976 als Porsche 924 auf den Markt. Mitte der 80er-Jahre folgte ihm der Porsche 944. Durch die Fertigung dieser Baureihe in Neckarsulm konnte das dortige Audi-NSU-Werk vor der Schließung bewahrt werden. Porsche wiederum erhielt dank der vom Land Baden-Württemberg für dieses Projekt gewährten Investitionszuschüsse einen besonders kostengünstigen Produktionsstandort. Der Absatzerfolg des Porsche 924 machte den Deal schließlich für beide Parteien zu einem lukrativen Geschäft. Das Fahrzeug bildete gleichzeitig eine zeitliche Brücke zurück zu neuen technischen Ufern des 911er-Konzepts. Während die Modellreihen 924/44 sowie 928 für den typischen Porsche-Kunden letzten Endes Fremde geblieben waren, bildet der 911 bis heute einen der Grundpfeiler der Sportwagenschmiede. Er verkörpert eine eigene Klasse in der obersten Imagekategorie, quasi ohne direkten Konkurrenten.

Mit der Fertigung der Karosserie des Porsche Cayenne im Volkswagen-Werk Bratislava hat die Kooperation VW/Porsche seit 2002 ihre Fortsetzung gefunden. Die Audi-Motorenfabrik in Györ beliefert Porsche zudem mit einem Sechszylinder-Rumpfmotor für den Cayenne. Diese Beispiele einer erfolgreichen Zusammenarbeit sind Ausdruck einer zwischen beiden Partnern bestehenden soliden Vertrauensbasis.

Für Porsche hatte sich die Suche nach einem geeigneten Partner für das Cayenne-Projekt zunächst allerdings schwierig gestaltet. Daimler-Benz, ursprünglich von den Zuffenhausenern favorisiert, erklärte sich nur gegen eine gleichzeitige Unternehmensbeteiligung zu einer Zusammenarbeit mit dem Sportwagenhersteller bereit. Bei Porsche stieß diese Forderung jedoch auf entschiedene Ablehnung. Volkswagen indessen war deutlich bescheidener und stellte mit seiner Tochtergesellschaft in Bratislava obendrein seine kostengünstigste Kapazität für die Cayenne-Fertigung zur Verfügung. Ohne einen starken Partner und den anschließenden Erfolg des Cayenne wäre Porsche in schwieriges Fahrwasser geraten, nachdem die Verkäufe der in die Jahre gekommenen Porsche-Modelle 911 und Boxter spürbar zurückgingen.

Aus Sicht des Volkswagen-Konzerns stellt sich die Frage, ob es nicht interessanter gewesen wäre, neben dem Touareg gleichzeitig ein SUV-Modell auch für Audi zu entwickeln. Die Ingolstädter werden diesen Markt mit dem Audi Q7 nunmehr erst mehr als vier Jahre später, Anfang 2006, betreten.

Ähnlich spezialisiert wie mit Porsche verlief die Zusammenarbeit mit Karmann, besonders auf dem Cabriolet-Gebiet, zunächst mit dem Käfer, dann mit dem Golf. Hinzu kamen die VW Karmann-Ghias, die eleganten Zweisitzer der 50er- und 60er-Jahre, denen der VW Scirocco in den 70er-Jahren folgte. Bis zu 50 000 Wagen wurden für VW im Jahr produziert, deren Karosserien Karmann ebenfalls entwickelt hatte.

Die Explosion der Modellvielfalt und die Verkürzung der Modellzyklen hat Firmen wie Karmann für die Automobilindustrie in den Vordergrund gerückt. Durch die Übernahme von Entwicklungs- und Fertigungsaufgaben sind sie zu Satelliten der Automobilunternehmen geworden, mit größerer Flexibilität als ihre inzwischen riesigen Auftraggeber und mit einem Wachstumspotenzial bis nach China. Besonders DaimlerChrysler hat die sich daraus ergebenden strategischen Chancen für eine schnelle Ausweitung seines Produktprogramms – ohne Investitionen in eigene, neue Kapazitäten – bei Karmann genutzt, nachdem dort durch die Verlagerung und schließlich den ersatzlosen Auslauf des Golf Cabrios Kapazitäten frei geworden waren.[49] Weitreichende Beschäftigungsgarantien der Automobilhersteller sorgten inzwischen allerdings für eine spürbare Reduzierung der Fremdvergaben, was bei Auftragsherstellern wie Karmann nicht ohne Auswirkungen auf die Beschäftigung blieb. Die Belegschaften der kleineren IG-Metall-Kunden zahlen somit die Zeche für die applaudierten, marktfremden Erfolge der IG Metall bei den Autoriesen.

---

[49] Insgesamt fertigte die Firma Karmann von 1979 bis zur endgültigen Einstellung des Golf Cabrio im Jahr 2001 mehr als 600 000 Fahrzeuge dieses Typs.

Als Pionier und Marktführer von Großserientransportern, deren Aggregate von Personenwagen abgeleitet waren, lag es für VW nahe, sich auch in der Gewichtsklasse oberhalb von einer Tonne Nutzlast umzusehen. Nach der Eigenentwicklung und Fertigung des VW LT, der den Bereich von 1,5 bis 4,5 Tonnen abdeckte, nahmen wir mit Daimler-Benz Verhandlungen auf über eine mögliche Zusammenarbeit in dieser Tonnageklasse, um auf wirtschaftlichere Stückzahlen zu kommen. Ein erstes Gespräch fand 1991 in meinem Büro mit Helmut Werner, im Daimler-Benz-Vorstand damals zuständig für das Nutzfahrzeuggeschäft, und Jürgen Schrempp statt. Das Projekt wurde nach meiner Zeit umgesetzt. Das seither arbeitsteilig in zwei unterschiedlichen Versionen gefertigte Nutzfahrzeug ist inzwischen in der zweiten Generation auf dem Markt. Die Erwartungen beider Partner haben sich erfüllt.

Bereits 1977 hatte Volkswagen mit der Maschinenfabrik Augsburg-Nürnberg AG (MAN) einen Kooperationsvertrag über die gemeinsame Entwicklung, Produktion und den Vertrieb mittelschwerer Nutzfahrzeuge in der Klasse von sechs bis neun Tonnen abgeschlossen. Die Kosten des Projekts konnten durch die Verwendung der vom VW LT stammenden Fahrerkabine, die in puncto Raum und Komfort Maßstäbe setzte, sowie von MAN-Aggregaten wesentlich reduziert werden. Zwei Jahre später, im November 1979, lief der erste Lkw im VW-Transporterwerk in Hannover vom Band. Die Fahrzeuge für die MAN- und VW-Absatzorganisationen unterschieden sich lediglich durch ihr Markenzeichen.

Die Kooperation mit MAN in der Gewichtsklasse bis neun Tonnen war nur als Einstieg gedacht. Nach der endgültigen Überwindung der VW-Krise sollte Ende der 70er-Jahre der Kauf von MAN folgen. Entsprechend dieser Absicht wurde zwischen VW und MAN bereits eine gemeinsame Südamerika-Strategie entwickelt. Vorgesehen war danach eine Zusammenarbeit mit Chrysler, unter gleichberechtigter Beteiligung aller drei Partner, in der Chrysler-Lkw-Fabrik in Brasilien. In letzter

Minute sagte MAN überraschend ab. Das Unternehmen zog es vor, seine Nordamerika-Aktivitäten durch den Einstieg bei White Motors in den USA zu forcieren. Nachdem VW sich vergeblich um einen anderen Partner als Know-how-Geber für das Nutzfahrzeuggeschäft in Südamerika bemüht hatte, entschloss man sich, den Aufbau des Lkw-Geschäfts in Brasilien durch den Kauf der alten Chrysler-Fabrik im Alleingang zu wagen. Nach einem langwierigen und mühsamen Aufbau wurde das Ziel in Brasilien voll erreicht. Die Kooperation mit MAN hatten wir auslaufen lassen.

Auch mit wichtigen Konkurrenten haben wir immer wieder strategische Kooperationen angestrebt. Schon seit Mitte der 50er-Jahre verfolgte Nordhoff die Idee einer Zusammenarbeit mit Daimler. Er führte zunächst Gespräche mit Fritz Könecke, dem damaligen Vorstandsvorsitzenden von Daimler, der wie Helmut Werner von Continental gekommen war. Zehn Jahre später wurden die Kontakte mit Joachim Zahn fortgesetzt, der zunächst Finanzvorstand, dann ebenfalls Vorstandsvorsitzender von Daimler war. Anfangs wollte man sich nur produktseitig nicht ins Gehege kommen, später dachten Nordhoff und Zahn an eine Fusion beider Unternehmen. Als gute Analytiker spürten Könecke wie Zahn die damals einzigartige Selbstfinanzierungs- und damit außergewöhnliche Ertragskraft von Volkswagen.

Bankier Hermann Josef Abs, legendärer Chef der Deutschen Bank, stand den Fusionsplänen von Anbeginn skeptisch gegenüber. Auch Friedrich Flick blieb reserviert. Einem Besuch des VW-Vorstands im Juni 1965 bei Daimler in Stuttgart sollten dennoch bald weitere folgen. Dabei schauten wir Wolfsburger recht hilflos drein, waren wir doch über die vorausgegangenen Sondierungen recht dürftig informiert. Sie waren meist von Frank Novotny betrieben worden. Er war in vieler Hinsicht die rechte Hand Nordhoffs, weit über sein Ressort »Öffentlichkeitsarbeit und Regierungsbeziehungen« hinaus. Er war unsere graue Eminenz, nach innen und außen einflussreich und geschickt. Als Grundstücksnachbar Nordhoffs wurden so manche Gespräche über den Zaun geführt.

Ein normales Vorstandsmitglied hatte unter der damaligen Corporate Governance bei VW keinen über die veröffentlichten Zahlen hinausgehenden Einblick in die Finanzen des Unternehmens, schon gar nicht in die Kalkulationen. So war ich bass erstaunt, als ich an meinem ersten Arbeitstag im Januar 1959 in Englewood Cliffs, New Jersey, als neu ernannter Chef der VW of America erstmals die Bilanz einer – meiner – VW-Tochtergesellschaft sah: Unter dem Titel »Festgeld« fand ich staunend 300 Millionen US-Dollar zu drei Prozent bei Schroeder, New York, geparkt, immerhin damals 1,26 Milliarden DM, mehr als die Bilanzsumme der Muttergesellschaft Volkswagenwerk GmbH. Finanziell war VW für die Umstellung auf die Nach-Käfer-Zeit gut gerüstet, traditionell konservativ in seinem Finanzgebaren unter dem Könner O. W. Jensen, dem stellvertretenden Geschäftsführer der Volkswagenwerk GmbH. Bei uns im Safe liegende Blankoschecks der Großhändler gingen zur Bank, wenn ein Autotransportzug den Werksbahnhof verließ. Unsere amerikanischen Großhändler zahlten, sobald die Mastspitzen des VW-Charterschiffes vom Entladehafen am Horizont auszumachen waren.

Im Sommer 1966 kam es schließlich zu einer denkwürdigen Sitzung der Vorstände von Daimler und Volkswagen bei uns in Wolfsburg. Vorauseilende Gerüchte besagten, dass Nordhoff Chef der fusionierten Gesellschaft werden solle. Zahn schwenkte die Titelseite der Bild-Zeitung des Sitzungstages. Die Schlagzeile lautete: »Fusioniert!« Das Thema war einziger Punkt der Tagesordnung. In der Debatte schöner Erläuterungen sah ich mich gezwungen, gegen das Projekt zu argumentieren. Ich vermisste handfeste Vorteile und jede Strategie für eine Fusion. Sofort kam mir mein Kollege Thomée zu Hilfe, der VW-Finanzchef. Nordhoff kommentierte unsere unterschiedlichen Meinungen lächelnd als die selbstverständlichste Angelegenheit der Welt und bat zum Mittagessen. Noch heute bin ich froh, diese immer mehr Eigendynamik annehmende Entwicklung mit gestoppt zu haben. Die Auto Union und vieles mehr sind Zeugnis dafür, dass wir damals weder die Erfahrung noch das Management besaßen, einen für damalige Verhältnisse Koloss mit solchem Wachstumspotenzial und -tempo zu führen.

Ich kann nur vermuten, dass Nordhoff und Zahn versucht hatten, ein Fait accompli zu schaffen, jedoch angesichts aufkommender Opposition die Idee aufgaben, zumal sich schon Abs gegen ein solches Vorhaben ausgesprochen hatte. Die Deutsche Bank beherrschte in seiner Person damals das wirtschaftliche Geschehen in Deutschland in einer sehr unternehmerischen, realistischen Weise. Nordhoff brachte das Thema in meiner Gegenwart nie wieder zur Sprache. Er zeigte sich auch nicht nachtragend, obwohl meine Haltung für ihn doch einen schmerzlichen Affront dargestellt haben musste. Zahn vertrat in späteren Jahren mir gegenüber die Auffassung, von vornherein gegen dieses Projekt gewesen zu sein.

Am Nachmittag des dramatischen Sitzungstages wurde als Verlegenheitslösung die »DAUG« gegründet, die »Deutsche Automobil Gesellschaft«, mit Sitz in Hannover – ein großer Name für etwas weniger Großes. Die DAUG beschäftigte sich, paritätisch strukturiert, anfangs mit Batterieentwicklungen. Schon bald wird sie ihren 40. Geburtstag feiern können, nachdem ihre Existenz, auch zu meiner Zeit, immer wieder verlängert wurde. Längst sind allerdings die beiden Vorsitzenden des Vorstands von Daimler und VW nicht mehr die Nummer 1 und 2 der DAUG.

Am Rande sei erwähnt, dass es Mitte der 50er-Jahre, jenseits eines Lehrlingsaustausches, auch Gespräche über eine unternehmerische Zusammenarbeit mit Renault gab. Mein dortiger Freund aus OECD-Tagen, Monsieur Bosquet, schlug einen Vertrag vor, der eine weitgehende Synchronisierung des Umsatzwachstums und Fortschrittstempos beider Unternehmen zum Ziel hatte, ein Vorschlag, der uns ganz und gar nicht zusagte. In den 80er-Jahren entwickelten wir mit Renault ein automatisches Getriebe. Zu große Kommunikationsprobleme führten jedoch zur Beendigung der Zusammenarbeit. Auch unsere Gespräche über einen Kauf von Citroën, Mitte der 60er-Jahre, zeitigten keinen Erfolg. Ganz ähnlich erging es Fiat bei einem späteren Versuch. Es kam lediglich zu einer vorübergehenden Bindung. Offensichtlich bestehen zwischen Europäern oft größere kulturelle Unterschiede als vermutet.

Bei meiner Rückkehr 1982 zu VW sorgte eine Kooperation mit Nissan für Schlagzeilen. Vorausgegangen waren seit 1979 Sondierungsgespräche mit verschiedenen japanischen Herstellern über eine Zusammenarbeit, die von Siegfried Höhn, dem Leiter unserer Finanz- und Investitionsplanung, geführt wurden. Erste Wahl für VW war Honda gewesen, wo jedoch kein Interesse an einer Kooperation bestand. Während Mitsubishi und Mazda bereits andere Partner in Nordamerika gefunden hatten, signalisierten Suzuki und Subaru wie auch Nissan ihre Bereitschaft zu einer Zusammenarbeit.

VW wollte sich mit einer solchen Kooperation eine Produktionsbasis in Ostasien, außerhalb Chinas, schaffen, um seine führende Rolle als Importeur in Japan auszubauen. Gleichzeitig sollten die günstigen japanischen Herstellkosten auch für Exporte in die USA genutzt werden. Im Gegenzug war an eine internationale Zusammenarbeit mit dem japanischen Partner gedacht.

Im November 1980 hatten sich die europäischen Automobilhersteller mit ihren japanischen Konkurrenten in Tokio getroffen und über freiwillige Marktzugangsbeschränkungen gesprochen. Konkret ging es um eine Selbsthilfe der Autoindustrie, als Reaktion auf staatliche Marktregulierungen. Im Anschluss an die Verhandlungen trafen sich Schmücker und Takahashi Ishihara, der damalige Präsident von Nissan, zu einem Gespräch, bei dem beide sich auf eine weitgehende Kooperation verständigten. Mit einer jährlichen Fertigung von 200 000 VW Santana für den japanischen Markt und den Export sollte die Tragfähigkeit einer solchen Verbindung getestet werden. Die Reaktion unserer europäischen Konkurrenten kann man sich unschwer vorstellen. Dementsprechend große Schlagzeilen machte Schmücker in der Presse.

Nissan wollte mit dieser Partnerschaft seine unter Ishihara

eingeleitete Strategie der Internationalisierung forcieren, Knowhow gewinnen und damit seine Position gegenüber Toyota stärken. Sehr bald sollte sich jedoch herausstellen, dass die mit dem Projekt verbundenen Zielsetzungen auf Illusionen aufbauten. Dies galt für die Wahl des Fahrzeugtyps und das angestrebte Volumen – es wurde nie auch nur zu zehn Prozent erreicht – ebenso wie für die kommerziellen Planungen bis hin zur Unterschätzung kultureller Hindernisse.

Im Gegensatz zu Nissan verloren wir zwar kein Geld, aber Gesicht. Auch einige exquisite Mittagessen im Kasino von Nissan in Tokio im Laufe der Jahre 1982 und 1983 – die Kellner im Frack, der Château Margaux im Glas und die feine französische Küche hätten Paris alle Ehre gemacht – konnten mich nicht von meiner Position abbringen, die vom ersten Tag an auf Rückzug angelegt war. Leider gab es kein faires Äquivalent, das ich hätte anbieten können.

Unverändert waren wir jedoch an einer Kooperation mit einem starken japanischen Partner interessiert. Trotz einer gewissen Vorliebe der VW-Stäbe für Mitsubishi wäre mir dabei Honda aufgrund unserer weitgehend identischen technischen Philosophie am liebsten gewesen. Honda war und blieb jedoch Einzelgänger. Sicher gehörte auch Nissan zu den technisch herausragenden japanischen Automobilfirmen. Das Unternehmen war aber sehr unter Bankeneinfluss geraten und der Politik der »behutsamen Dynamik« der Familie Toyoda nicht gewachsen. Erst mit dem Hinzutreten von Renault 1999 sollte sich dies radikal ändern.

Während des Abkoppelns von Nissan begann ich meine Beziehung zu Soichiro Toyoda zu erneuern. Bei einem Besuch in Tokio wartete die gesamte Führungsriege Toyotas auf mich. Eine Zusammenarbeit mit dem bedeutendsten japanischen Automobilhersteller, der nur wenige Jahre nach Aufnahme der Großserienfertigung so viele Benchmarks in der Produktion gesetzt hatte und nebenbei auch noch führender Textilmaschinenproduzent geblieben war, erschien mir als eine wichtige Ergänzung unseres Netzwerks.

In Eiji und Soichiro Toyoda lernte ich zwei äußerst bescheidene Unternehmer kennen, deren Intelligenz, konsequente Unternehmenspolitik und verlässliche Fairness mich tief beeindruckten. Die Fairness der Japaner war für mich eine ganz generelle Erfahrung, aus der sich Freundschaften entwickelten, teils schon während meiner Zeit bei Conti, die bis zum heutigen Tag andauern.

Während des Davoser *World Economic Forums* 1986 setzten wir unsere Gespräche auf unseren Hotelzimmern zu später Stunde fort. Dabei entstand die Idee, bei VW einen Toyota-Pickup in Lizenz und in zwei Versionen für die Absatzorganisationen von Toyota und Volkswagen in Europa zu produzieren. Unser Ziel war es, genügend Know-how zu erwerben, um später, nachdem ein genügend großer, kostengünstiger Standort gefunden wäre, ein solches Fahrzeug in Eigenregie herzustellen. Pick-up-Fahrzeuge repräsentieren in der Weltautomobilfertigung eines der volumenstärksten und härtest umkämpften Segmente, in den USA das größte überhaupt, beginnend in den niedrigsten Preisklassen. In Europa führt diese Fahrzeugkategorie dagegen bis zum heutigen Tag eher ein Schattendasein. Eine Partnerschaft mit Toyota bot uns gleichzeitig die Chance, mehr über die wirkliche Philosophie dieses Unternehmens zu lernen, das in unserer Branche bis zum heutigen Tag immer wieder neue Maßstäbe setzt und Ende 2003 – wohl nur als eine weitere Zwischenetappe – zum zweitgrößten Automobilhersteller der Welt aufstieg. In puncto Gewinn und Liquidität ist man bereits seit langem und mit großem Vorsprung die Nummer 1.

Es gab also viele Gründe, die für eine Zusammenarbeit sprachen. Überdies schwebte mir vor, dass es uns gelingen müsste, in absehbarer Zeit in Deutschland auch eine gemeinsame Montagefabrik für Personenwagen zu errichten. Allerdings gab es auch eine Warnung: General Motors hatte durch eine Kooperation mit Toyota in Kalifornien bereits ebenfalls versucht, Know-how abzuzapfen. GM-Manager pilgerten in Massen zu der gemeinsamen Montagefabrik nach Fremont, deren Leitung

Tatsuro Toyoda übernommen hatte. Man montierte dort ein Toyota-Fahrzeug sowohl für GM wie auch für Toyota. Die Ergebnisse des Know-how-Transfers waren für GM jedoch enttäuschend, nicht dagegen die der Fertigung selbst. Wir zogen daraus das Fazit: Ohne den »Toyota-Geist« funktionieren Kopien schlecht, gar nicht oder richten sogar Schaden an.

Toyota wiederum war sehr daran interessiert, auf dem europäischen Kontinent Fuß zu fassen, und unser Projekt im Werk Hannover passte in dieses Konzept. Sofort nach Vertragsabschluss installierten die Japaner ein Verbindungsbüro vor Ort. In Rekordzeit wurden daraufhin die Fertigungsvorbereitungen durchgeführt.

Mitarbeiter unseres Werkes Hannover, die in dem Gemeinschaftsprojekt eingesetzt werden sollten – vom Bandarbeiter über Meister und Ingenieure bis zu Betriebsräten – wurden zu Ausbildungszwecken nach Toyohashi entsandt. Begeistert kehrten sie aus Japan zurück und berichteten unumwunden von Fertigungsprozessen, die sie als vorbildlich erachteten. Anlauf und Hochfahren der Produktion auf Kammlinie vollzogen sich in einem Tempo, von dem man in den USA und Europa weit entfernt war.

Als es schließlich zur Diskussion der für uns vorgeschlagenen Montagezeiten kam, stellten unsere REFA-Fachleute in Toyohashi fest, dass es dort in der Fertigung keine Verfahren zur Zeiterfassung in unserem Sinne, das heißt mit der Stoppuhr, gab. Die Mitarbeiter am Band optimierten selbstständig ihre Bewegungen und Handgriffe und machten Vorschläge für Montageerleichterungen, um die Produktivität und Qualität zu verbessern. Alle Rückkopplungen waren kurz, unkompliziert und meist über Nacht erledigt. Die Verantwortung lag also weitgehend in Händen der unmittelbar an der Fertigung Beteiligten, sodass auf die Einschaltung von Stäben oder des Managements weitgehend verzichtet werden konnte. Auch wir begannen in der Folge mehr und mehr damit, unsere Mitarbeiter in dieser Richtung zu mobilisieren. Von meinen Kollegen Günter Hartwich und Folker Weißgerber wurde dieser Prozess ab Ende der 80er-Jahre systematisch vorangetrieben.

Im Beisein von Eiji und Tatsuro Toyoda liefen Anfang 1989 die ersten Pick-ups in der Gewichtsklasse von einer Tonne als Volkswagen Taro beziehungsweise als Toyota HiLux im Volkswagen-Werk Hannover vom Band. Man konnte grundsätzlich davon ausgehen, dass bei wichtigen Ereignissen ein Mitglied der Familie Toyoda anwesend war. Im Alleingang hätte sich für VW die Entwicklung eines solchen Fahrzeugs in Europa nicht gerechnet. Auf dem japanischen Markt kooperierten wir mit Toyota darüber hinaus auf dem Vertriebssektor im großen Stil. Dies half uns, die richtige, aber schmerzliche Trennung von unserem Generalimporteur Yanase ohne Rückschläge zu überwinden. Er blieb unser Händlerpartner.

Die Zusammenarbeit mit Toyota war fruchtbar und hat uns sehr beeinflusst. Inzwischen setzen auch unsere Fabriken Benchmarks, vornehmlich an unseren ausländischen Standorten. Auf jeden Fall lernten wir dank Toyota das Pick-up-Geschäft mit all seinen Anforderungen in Konstruktion, Fertigung und Verkauf kennen. Nicht lange nach meiner Pensionierung wurde die Zusammenarbeit mit Toyota auf dem Pick-up-Sektor allerdings beendet.

Auf den Vorarbeiten von Karl Anker aufbauend, dem Sekretär unseres Produktstrategiekomitees (PSK), besuchten wir in der zweiten Hälfte der 80er-Jahre systematisch nicht nur unsere japanische Konkurrenz, sondern studierten intensiv auch die Koreaner. Sie hatten ihren Markt perfekt abgeschottet und verfolgten hinter ihren Schutzmauern eine exportorientierte, aggressive Wachstumsstrategie. Technische Hilfe und Lizenzen erhielten sie dabei von Japanern (Mitsubishi und Mazda) und im Design besonders von Giugiaro, den man damals fälschlicherweise in Europa nicht auslastete. Die Konsequenzen daraus kann man heute auf den Straßen der Welt sehen.

Der koreanische Hersteller Kia beeindruckte uns besonders. Er hatte direkt am Meer eine modellhafte Montagefabrik mit

Presswerk für den Export gebaut. Unmittelbar nebenan waren seine Zulieferer angesiedelt. Bei der Herstellung eines Mazda-Derivats stand Kia dem japanischen Lizenzgeber in nichts nach. Hinsichtlich Arbeitszeit und -intensität war man den Japanern sogar überlegen.

Wir entwickelten mit Kia ein gutes Verhältnis und gaben eine Feasibility-Studie für ein A00-Projekt in Auftrag, ein Fahrzeug unterhalb des Polo, dessen Karosserie das PSK absegnete. Unsere Kalkulationen sahen eine Herstellung in Korea sowie eine Belieferung mit VW-Aggregaten und -Achsen aus Europa vor. Leider erwies sich das Produkt in Europa als preislich nicht wettbewerbsfähig. Es fehlte ein ausreichendes Refinanzierungsvolumen aus dem Verkauf in Korea selbst. Auch eine Audi-100-Lizenzproduktion in Korea zur besseren Erschließung des asiatischen Marktes rechnete sich nicht. Ein späterer Versuch, unter Einschluss von Ford und Mazda, für eine weltweite Produktion eines Kleinwagens sollte sich ebenfalls zerschlagen. Zuvor bereits waren auch Gespräche mit Samsung, dem inzwischen zweitgrößten Halbleiterhersteller der Welt, über eine Zusammenarbeit auf dem Automobilsektor ergebnislos geblieben. Letztere Unternehmung beeindruckte Piëch und mich jedoch stark, zeigte man uns dort doch elektronische Konsumprodukte, die man vorerst noch zurückhalten musste, weil die Japaner in der Entwicklung noch nicht so weit waren, sie damals aber zur Marktöffnung gebraucht wurden.

Die politischen Entwicklungen in Europa Ende 1989 forderten von uns eine Veränderung unserer Stoßrichtungen. Wir mussten unsere Kräfte nun erst einmal auf Zentraleuropa konzentrieren, sie in China verstärken und zusätzliche Entwicklungskapazitäten auch weiterhin außerhalb des Konzerns suchen.

Zweifellos hat VW Jahre später, während der asiatischen Finanzkrise, die Finanzkraft besessen, Automobilunternehmen in Japan und Korea zu kaufen. Renault, DaimlerChrysler und GM nahmen diese Chance mit sehr unterschiedlichen Ergebnissen wahr. Ford war dort schon längst durch seine Beteiligung an Mazda und damit indirekt an Kia präsent. Betrachtet man die sich heute abzeichnende Rolle japanischer und koreanischer Unternehmen in der Volksrepublik China, die Verlagerung vieler Fertigungen nach dort, ihre Reaktionsgeschwindigkeit und Kosten und ihre geografische und mentale Nähe zum »Reich der Mitte« kann man die Größenordnung des Vorteils all derer ermessen, die rechtzeitig nach Japan und Korea gegangen sind und dort die Chancen der asiatischen Finanzkrise genutzt haben.

Auch wenn das Kleinwagenprojekt mit Kia nicht zum Erfolg geführt hatte, konnten wir das Thema nicht vertagen. Wir mussten für Seat den von Fiat stammenden Marbella (Panda) ersetzen, den ebenfalls Giugiaro entwickelt hatte. Ich beauftragte deshalb Wolfgang Beese, die Suche nach einem japanischen Entwicklungspartner für eine Kleinwagenlimousine fortzusetzen. Unter Wolfgang Beese hatten wir ein international und multifunktional zusammengesetztes Team rekrutiert, das sich mit der Zukunft der Mobilität in unserer Gesellschaft sowie mit unserer Rolle und Aufgabenstellung als Automobilhersteller beschäftigte.[50]

Im ressourcenarmen und für seine hohe Verkehrsdichte bekannten Japan hatte die Regierung eine Automobilklasse mit Fahrzeugen kleinster Außenabmessungen und einer Motorisierung von höchstens 660 Kubikzentimetern Hubraum reglementiert und gefördert. Diese so genannten K-Cars, die höchstens 3,41 Meter lang sein durften, erreichten nicht nur beachtliche Stückzahlen, sondern beeindruckten mich auch technisch immer wieder, wenn ich in Japan war. Anders als dort sonst vorgeschrieben, musste man beim Kauf dieser Minis keinen Parkplatz nachweisen. Inzwischen nehmen K-Cars die Position 1 im japanischen Markt ein.

Ich bat Beese, der mir direkt berichtete, als Erstes mit Suzuki Verbindung aufzunehmen. Dieser japanische Hersteller war mir

---

[50] Der Bereich ist inzwischen aufgelöst worden.

nicht nur durch seine Motorräder und Rennerfolge[51] aufgefallen, sondern insbesondere auch dadurch, dass er unter allen kleineren japanischen Automobilfabriken immer hoch profitabel war – ganz im Gegensatz zu all seinen Konkurrenten –, obwohl sein Angebot damals in der K-Klasse begann und in der Polo-Klasse endete. Zusätzlich dominierte Suzuki den indischen Markt und besaß überdies Fertigungen in Spanien und Ungarn. Das Unternehmen bot damit mehr als genug »food for thought«.

Während meines ersten Besuchs bei Herrn Suzuki in Yokohama, 1990, zusammen mit Beese und Robert Janson[52], imponierte uns besonders die dortige Fertigung. Eine bessere Raumökonomie in Fertigungshallen hatten wir nie zuvor gesehen. Rasch entwickelte sich ein guter Draht zu Herrn Suzuki. Sein Unternehmen bot viel Raum für eine langfristige Zusammenarbeit. Es gab zu diesem Zeitpunkt lediglich eine geringfügige GM-Beteiligung. Ich sah kein Hindernis für eine Unterlegung der Kooperation durch Beteiligungen, wollte aber nicht mit der Tür ins Haus fallen.

Sehr schnell kamen wir zu einem konkreten Projektauftrag. Unter dem Codenamen »Rose« wurde von Suzuki ein Hochraumpersonenwagen unterhalb des Polo entwickelt, der, optimiert mit Komponenten beider Partner, beginnend mit einem Dreizylindermotor für den Weltmarkt bestimmt war. Auch aufgrund unserer Korea-Erfahrungen sollte die Produktion vorerst in Europa stattfinden. 1992 beantragten wir bei der Europäischen Kommission die Genehmigung für diese Kooperation. Als ideale Programmergänzung für die Marken VW und zunächst einmal besonders Seat hatten wir in einer ersten Welle die la-

---

[51] Rennerfahrung hatten sie von MZ (früher DKW, Zschopau) abgeschöpft, besonders dem legendären Rennleiter Walter Kaaden, dessen Vater Fahrer meines Vaters war.

[52] Robert Janson war unser Verbindungsmann zur japanischen Automobilindustrie. Zeitweilig übte er auch Managementfunktionen bei unseren japanischen Konzerngesellschaften aus.

teinischen Märkte Europas im Blick, aber auch bereits die Autolatina, unser Gemeinschaftsunternehmen in Südamerika, elektrisiert. Mit diesem Konzept schienen wir unserer Konkurrenz voraus, wieder auf dem Weg zu einem echten, richtigen und zeitgemäßen Volkswagen.

Noch 1992 stimmten Piëch und ich einem Stylingentwurf von Suzuki in Yokohama zu. Da Piëch auf seiner Urlaubsinsel einen Suzuki Pajero bevorzugte und davon begeistert war, bedurfte es nur eines Schrittes zu einem Suzuki-Derivat für ein VW-SUV[53] in der Golf-Klasse, mit einem Vierzylinder-VW-Motor und leichten Blechabwandlungen. Desgleichen schlug Piëch einen V6-Zylinder für Audi vor. Wir wären damit 1995 also gleich in zwei großen neuen und damit zusätzlichen Marktsegmenten erschienen. Leider wurde das »Rose«-Projekt, über das wir den Aufsichtsrat laufend informiert hatten, bald nach meinem Ausscheiden beendet.

Man kann davon ausgehen, dass wir das Fahrzeugkonzept »Rose« nach oben bis zur VW-Großraumlimousine Sharan ausgebaut hätten, mit einem geschätzten Volumen von einer halben Million Wagen in den ersten Jahren. Unser Ziel war es, Vorreiter bei der Erschließung dieses neuen Marktsegments zu werden, das auch nach einem Jahrzehnt noch immer wächst.[54] Der Wagen sollte nicht nur unsere Marktstellung in Europa und in der Welt ausbauen, sondern, wichtiger noch, neue Kundschaft für unsere kapitalintensiven deutschen Aggregatewerke gewinnen. Unsere Planung sah außerdem vor, das »Rose«-Fahrzeug in einer Übergangszeit im alten Seat-Werk Zona Franca zu produzieren. Im Bedarfsfall hätte die Fertigung dann jederzeit in das damals noch im Bau befindliche Werk in Martorell verlagert werden können. Das »Rose«-Volumen sollte Seat später

---

[53] Sport-Utility-Vehicle (SUV), sportlicher Geländewagen.

[54] Volkswagen ist seit 2003 mit dem Touran erstmals in diesem Marktsegment vertreten und übernahm in den monatlichen Verkaufsstatistiken sofort die Spitzenposition. 2004 wurden 200 000 Wagen dieses Typs an Kunden ausgeliefert.

bitter fehlen. Zusätzlich hätten sich Möglichkeiten für neue Montagekapazitäten in Asien (China) sowie für eine bessere Auslastung unserer brasilianischen Werke ergeben. Die Herstellkosten des Fahrzeugs sollten unter 6500 DM liegen.

So verfolgten wir systematisch die Strategie, das Volkswagen-Kerngeschäft durch eine zu uns passende Erweiterung des Produktprogramms volumen- und kostenmäßig zu stärken und zu stabilisieren, um uns möglichst unangreifbar zu machen. Ich bin überzeugt, dass mit einem Hochraumfahrzeug unterhalb der Polo-Klasse und entsprechenden Polo-Derivaten für den Volkswagen-Konzern in Westeuropa ein Marktanteil von insgesamt 20 Prozent zu erreichen gewesen wäre, nachdem wir den Sprung zur europäischen Marktführerschaft so schnell geschafft hatten. Der Toyota Yaris demonstrierte wenig später, welches große Marktvolumen mit einem solchen Konzept erreicht werden kann.

Suzuki stand auch als Option für eine Fertigung in Japan. Programmergänzungen, wie eine Montage des Golf, besprachen wir damals jedoch nur am Rande, weil wir vorerst mehr als genug Gesprächsstoff zu unseren konkreten Projekten der ersten Phase hatten. Gleiches galt für Indien, wo Suzuki bis heute einen Marktanteil von über 40 Prozent hält, insbesondere dank des gemeinsam mit uns entwickelten Fahrzeugkonzepts.[55]

Ford und besonders Renault zeigen heute sowohl in Japan als auch in Korea, wie erfolgreich man dort sein kann und welche Bedeutung diese Länder nicht nur für den asiatischen Raum, sondern auch für die globale Unternehmensstrategie haben können, besonders hinsichtlich der Reaktionsgeschwindigkeit in der Modellpolitik. Es wird nicht einmal bis zum Jahr 2010 dauern, um die Ergebnisse dieser Potenziale auf den Straßen zu sehen. Der »Rose«-Wagen wird seit dem Jahr 2000 von Opel in Polen produziert und unter dem Namen Opel Agila ver-

---

[55] Suzuki besitzt in Indien die Aktienmehrheit am Automobilhersteller Maruti, der dort klarer Marktführer ist.

trieben. Sein Zwilling, der Suzuki Wagon R+, läuft in Ungarn vom Band.

Gespräche hatte ich auch mit der britischen Regierung, ihrem Handelsminister Lord Young of Graffham, über unser Interesse an Rover respektive Range Rover aufgenommen. Sie erwiesen sich als ein holpriger Weg, da wir von Frau Thatcher erst einmal ausgebremst wurden. 1992 nahm ich erneut die Verbindung zu Rover auf, nachdem sich Frau Thatchers Lösung, Rover bei British Aerospace zu parken, als nicht tragfähig erwiesen hatte. Nach meiner Pensionierung wurde das Projekt aber nicht weiterverfolgt.

Mit unserer Plattformstrategie hätten wir bei Rover in England ebenso erfolgreich sein können wie bei Škoda in der Tschechischen Republik. Die Plattformstrategie implizierte Zulieferungen von Teilen und Aggregaten aus unseren deutschen Werken und damit wiederum die zumindest teilweise Finanzierung unserer Investitionen durch Deckungsbeiträge. Hinzugekommen wären Beschäftigungsimpulse in Deutschland.

Range Rover wäre die »Take-two-for-one-Zugabe« gewesen. Neben den Vertriebsorganisationen und ihren Marktanteilen, nicht nur in Großbritannien, gab es besonders bei Range Rover einen bedeutenden militärischen und zivilen Kundenstamm sowie das dazugehörende Ersatzteilgeschäft. Ford wurde schließlich zum lachenden Dritten. Hätten wir zugegriffen, besäße BMW heute keinen Morris Minor. Den Fehler, Rover technisch nicht zu integrieren, hätten wir nicht begangen, wie unsere Marken- und Plattformpolitik demonstriert. Die Japaner haben überzeugend den Beweis angetreten, dass man in England höchst produktiv und profitabel Automobilfabriken betreiben kann, trotz des Währungsrisikos. Rover besaß im Übrigen auch Know-how und Lizenzen von Honda.

Bei unserem Bestreben, die unteren Marktsegmente voll abzudecken, befassten wir uns auf Initiative meines Vorstandskollegen Daniel Goeudevert auch mit Hayeks Idee zum Bau des Kleinwagens Smart. Die Produkt- und Marketingidee erschien überzeugend, jedoch stand das Konzept eines zweisitzigen Stadtwagens der späteren VW-Zielsetzung eines vollwertigen Viersitzers entgegen. Nach meinem Ausscheiden als VW-Chef wurde dieses Vorhaben deshalb 1993 aufgekündigt.

Auch mit dem Smart zielten wir auf neue Märkte, neue Beschäftigung und eine Untermauerung unserer weltweiten Wettbewerbsposition. DaimlerChrysler demonstriert inzwischen, wie aus der Smart-Idee eine ganze Fahrzeugfamilie für die Jugend entwickelt werden kann, mit genügend Potenzial für eine selbstständige Marke und Absatzorganisation. Offensichtlich ist man dort aber in diesem Marktsegment nicht so zu Hause, zumal es sich um eine Preisklasse handelt, die zu VW, seinen Marken und technischen Strukturen sicher besser passen würde.

Ein anderes Projekt hatte die VW-Entwickler bereits über viele Jahre hinweg beschäftigt: die Schließung der Angebotslücke zwischen dem VW-Bus und dem Passat Variant mittels einer Großraumlimousine. Erste Studien waren bereits in den späten 70er-Jahren in Wolfsburg entstanden. Das Fahrzeug sollte sechs beziehungsweise sieben Sitze haben, dazu einen bequemen Einstieg und Pkw-Fahreigenschaften, es sollte aber ein erweitertes Raumangebot bieten bei einer gleichzeitig größeren Flexibilität im Innenraum. Die Einschätzung der Erfolgsaussichten eines solchen Fahrzeugs waren äußerst schwer, weil etwas Vergleichbares im Markt noch nicht vorhanden war. Kostendruck und fehlende Ressourcen kamen als weiteres Handicap hinzu und schlossen einen Alleingang aus.

Was also tun? Es reiften Überlegungen zu einer Kooperation, und schon bald begann die Suche nach einem europäischen Partner, der bereit war, Ressourcen und Risiken bei der Realisierung dieser neuen Fahrzeugkategorie zu teilen. Diese Suche sollte sich allerdings als weit schwieriger und zeitaufwendiger erweisen als erwartet.

Zwischenzeitlich hatten die US-amerikanischen Hersteller, allen voran Chrysler, erste Großraumlimousinen erfolgreich auf dem Markt eingeführt. In Europa folgte Renault Mitte der 80er-

Jahre mit dem Espace, zunächst noch vorsichtig in kleinen Stückzahlen. Eine vorübergehende Zusammenarbeit von uns mit Peugeot, die ich begrüßte, wurde wieder beendet, nachdem wir bei einem von Peugeot entworfenen Modell nicht zueinander finden konnten. Ich erklärte meinem französischen Partner Jacques Calvet, mit dem ich ein sehr gutes Verhältnis hatte, damals, dass wir uns neu orientieren würden.

Das Thema Großraumlimousine brachte uns auch mit Chrysler zusammen. Mit Lee Iacocca führte ich eine Reihe von Gesprächen in seiner Suite im »Waldorf Astoria« wie auch in seinem Büro in Detroit. Später trafen sich auch der VW-Vorstand und ein Chrysler-Managementteam. Primäres Ziel war dabei, für Audi in den USA eine breitere Basis zu finden, während vonseiten Chryslers ein besonderes Interesse an Audi-Plattformen bestand. Eine Zusammenarbeit kam allerdings nie zustande, weil wir glaubten, dass wir bei dem damaligen Kräfteverhältnis in den USA letzten Endes die Verlierer sein würden. Schließlich standen wir erst am Beginn des Aufbaus der Marke Audi zu einer Premiummarke.

Unsere guten Erfahrungen mit Ford im südamerikanischen Gemeinschaftsprojekt Autolatina veranlassten uns schließlich 1987, mit diesem Partner auch Verhandlungen über eine Kooperation im Segment der Großraumlimousinen aufzunehmen. Das Absatzvolumen beider Marken zusammengenommen ließ die notwendige Wirtschaftlichkeit erwarten. Nach fairem Ringen akzeptierte man unser Fahrzeugkonzept, und wir einigten uns auf die Eckpunkte der Zusammenarbeit. Die Verantwortung für die Entwicklung sollte danach in unseren Händen liegen, die für die Produktion und den Einkauf bei Ford.

Nach gründlicher Prüfung eines geeigneten Standorts in Westeuropa für die neue Gesellschaft, die unter dem Namen »AutoEuropa«[56] firmierte, wurde schließlich im portugiesi-

56 Nach der Autolatina in Südamerika sollte mit dem Namen AutoEuropa die strategische Ausrichtung der Zusammenarbeit mit Ford deutlich werden.

schen Setúbal, nahe Lissabon, eine Montagefabrik errichtet, in der 1995 der Serienanlauf des neuen Fahrzeugs erfolgte. Die Entscheidung war insbesondere auch deshalb für Portugal gefallen, weil für diesen Standort unter allen zur Auswahl stehen Alternativen die weitaus größten Fördermittel bereitstanden.

Wir betraten damit relativ spät den hart umkämpften Markt der Multi Purpose Vehicle (MPV). Nach einigen Anlaufproblemen sollte der Erfolg des neuen Modells unserer Wolfsburger Mannschaft unter Ulrich Seiffert alle Erwartungen übertreffen. Der VW Sharan und Ford Galaxy – später schloss sich mit dem Alhambra noch eine Seat-Variante an – eroberten sich die Gunst der Käufer und avancierten im Handumdrehen zur meistverkauften Großraumlimousine in Europa. Ende der 90er-Jahre wurde das Joint-Venture beendet, und VW übernahm allein das Werk in Portugal, das für uns der kostengünstigste Standort in Westeuropa ist.

Mit unserer Modell- und Marketingpolitik – Hans J. Hungerland und Harald Wischenbart unter Werner P. Schmidt sind in diesem Zusammenhang besonders zu nennen – setzten wir uns in Westeuropa an die Spitze der Verkaufsstatistik, anfangs gegen den erbitterten Widerstand des langjährigen Marktführers Fiat. Aber auch in Asien, dank China, und wenig später in Zentraleuropa standen die Zeichen auf Expansion und Marktführerschaft.

Demgegenüber waren unsere Beteiligungen in Südamerika schon seit den frühen 80er-Jahren zu einem Sorgenkind herangewachsen. Die brasilianische Regierung glaubte ihre galoppierende Inflation mit Preiskontrollen zügeln zu können. Dies war in vielen Ländern, nicht nur der Dritten Welt, ein schwer ausrottbarer Irrglaube. Großunternehmen und der Otto-Normalverbraucher haben stets besonders darunter zu leiden. Großunternehmen gehören zu den wenigen Teilnehmern am Wirtschaftsprozess, die der Staat in seiner Preispolitik leicht überwachen kann. Schon auf der nachfolgenden, dezentralen

Einzelhandelsebene diktiert der Markt wieder die Preise, wenn es sein muss unter dem Tisch. Folge einer solchen Politik sind schlimme Fehlallokationen von Ressourcen und Kapital, das dann größtenteils unversteuert seinen Weg ins Ausland findet.

Wir sahen in Südamerika weder den politischen Willen noch das Vermögen für eine Reform dieser für die Masse der Bevölkerung teuren Politik oder gar ein Ende der Volatilität in dieser Region. Bei einem monatlich zweistelligen Inflationstempo konnte allein eine Verzögerung von Preisgenehmigungen durch die Behörden um einen einzigen Monat ein Unternehmen erledigen. Wir hingen also auf Gedeih und Verderb von den Regierungen in Argentinien und Brasilien ab.

Gegen diese Gewalten einer stürmischen, preiskontrollierten Inflation kann man nicht erfolgreich rationalisieren. Stattdessen wurde die Korruption gefördert. Zu einem gewissen Ventil wurde der Export von Lkw für Paccar nach Nordamerika, dem Pkw-Lieferungen an die Volkswagen of America und VW Canada folgten. Mit dem Kompaktwagen VW Fox kreierten wir in Brasilien eigens ein vom Kleinwagen Gol abgeleitetes Modell für den nordamerikanischen Markt. Schließlich wickelten wir eines der größten Bartergeschäfte in der Geschichte unseres Unternehmens – und wohl auch Brasiliens – ab. Im Gegenzug für die Lieferung von mehr als 50 000 brasilianischen Santana in den Irak erhielten wir von dort Erdöl. 1000 Tanklastzüge, die wir erworben hatten, transportierten Tag und Nacht das Öl von den irakischen Ölfeldern nach Akaba, Jordanien, von wo es per Tanker nach Brasilien verschifft wurde. Der Rückgang der Erdölpreise sorgte für eine Ausweitung der Liefermengen, die uns Petrobras, der staatliche brasilianische Erdölmonopolist, vertraglich abnahm. All dies stellte jedoch keine Dauerlösung dar. Wir mussten unbedingt eine neue Strategie zum langfristigen Schutz unseres Investments finden.

Damals waren wir sogar so weit, uns aus Argentinien gänzlich zurückzuziehen. Paul-Josef Weber, der frühere Finanzvorstand der VW do Brasil, seit 1983 für die weltweite Betreuung unserer Tochtergesellschaften sowie für den Bereich Merger und Akquisition zuständig, suchte jedoch nach Alternativen und wurde fündig.

Ford verfolgte damals hinsichtlich seines Argentinien-Engagements ähnliche Überlegungen wie wir. Nach ersten Sondierungsgesprächen wurde die Idee geboren, nicht nur in Argentinien, sondern auch in Brasilien zu fusionieren. So würden wir die kritische Masse erreichen können, um die Stürme in Südamerika zu überleben – oder als Letzte unterzugehen.

Natürlich war mir klar, dass ein solcher Vorschlag auf Widerstand stoßen musste. Schließlich war die VW do Brasil damals das größte deutsche Auslandsengagement in der Welt, ein herausragendes Symbol für erfolgreiche deutsche Unternehmenspolitik. Hinzu kam die Frage, was der Chef der VW do Brasil, Wolfgang Sauer, und seine Führungsmannschaft dazu sagen würden. Wie würde die Bilanz des gegenseitigen Know-how-Abflusses aussehen? Würde man sich gegenseitig in die Karten schauen lassen, Einblicke in seine Zukunftspläne gewähren? Könnten wir schnell genug Synergien wecken, ohne dabei Marktanteile zu verlieren? Wie würde die Reaktion der auch weiterhin im Wettbewerb stehenden VW- und Ford-Händler aussehen? Würden die beiden Unternehmenskulturen zusammenpassen? Würden wir ein harmonisch qualifiziertes, den Aktionärsinteressen gegenüber ausbalanciertes Managementteam zusammenfügen können, mit fairen Chancen für unsere Manager?

Mein Kollege Münzner und ich besichtigten in einem Parforceritt alle Ford-Werke in Brasilien und Argentinien und diskutierten mit dem Management. Es folgten komplexe Verhandlungen unserer Teams. Noch fünf Minuten vor der Vertragsunterzeichnung in Wolfsburg machte die Ford-Spitze Donald Petersen letztmals einen Anlauf in Richtung einer paritätischen Beteiligung. Doch es blieb dabei, dass wir 51 Prozent der Unternehmensanteile übernahmen und den Vorsitzenden sowohl im Vorstand wie im Aufsichtsrat stellen würden. Die neue Gesellschaft sollte den Namen Autolatina tragen.

Damals besaßen Kuwait und die Monteiro-Gruppe noch je zehn Prozent an unserem Eigenkapital. Einer der großen Unternehmer Brasiliens, Joaquim Monteiro de Carvalho, war sofort im Interesse unserer Zielsetzung bereit, uns seinen Anteil an VW do Brasil zu verkaufen. Für die kuwaitische Beteiligung musste dann noch eine komplizierte Sonderlösung gefunden werden.

Unter der Leitung von Wolfgang Sauer und seinen beiden Ford-Partnern Wayne Booker und Jacques Nasser hatte die Autolatina einen erfolgreichen Start. Die Zusammenarbeit gestaltete sich beispielhaft. Während besonders unser Einkauf, Verkauf und unsere Technik ihre Stärken unter Beweis stellten, konnten wir von Ford auf dem Gebiet der Planung und des Controllings sowie der Prozessorganisation und Absatzfinanzierung lernen. Die Neuordnung der Geschäftsfelder Planung der Produktstrategie und Überprüfung der Wertschöpfungskette verlief schnell und fast reibungslos. Unsere Projektteams hatten ein erstaunliches Synergiepotenzial festgestellt. Das gesamte künftige Pkw-Programm baute fortan auf VW-Plattformen auf. Das äußere Erscheinungsbild der Fahrzeuge wurde von den Designern imagegerecht in einer Weise gewandelt, dass es weder zu Marktanteilsverlusten noch zu Unruhen in der Händlerschaft von VW oder Ford kam. Die beiden bestehenden Lkw-Reihen wurden zu einem neuen Kernprodukt optimiert, das wiederum den Ausgangspunkt für eine Ford- und VW-Baureihe für beide Absatzorganisationen darstellte. Hauptsächlich für den Export wurde darüber hinaus in Córdoba eine gemeinsame Fabrik für ein VW-Getriebe gebaut, die besonders für die argentinische Wirtschaft eine große Bedeutung erlangte und auch Ford in Nordamerika belieferte. Als 100-prozentige VW-Tochtergesellschaft versorgt sie heute unsere Konzerngesellschaften weltweit mit Getrieben.

Die Planung und Einführung neuer Produkte, meist in Brasilien entwickelt, verlief in einem Rekordtempo. Noch wichtiger war für beide Parteien, dass auch unsere Händler unseren Optimismus teilten. Härtere Umstellungen gab es natürlich für unsere Lieferanten. Sie erhielten dafür aber die Chance, ebenfalls in ganz andere Größenordnungen hineinzuwachsen, addierten sich doch die bisherigen Marktanteile beider Joint-Venture-Partner für die gemeinsamen Plattformen in der Größenordnung von 30 und 20 Prozent auf die Hälfte des brasilianischen Marktes.

Auch unsere Unternehmenskulturen konnten weitgehend synchronisiert werden, mit beidseitigem Lerneffekt. In Führungspositionen entsandte deutsche Manager machten häufig nach ihrer Zeit bei der Autolatina steile Karrieren bei VW, wie Bruno Adelt als Konzernvorstand für Controlling und Rechnungswesen oder Bernd Wiedemann als Sprecher des Vorstands der VW-Nutzfahrzeugsparte. Auch Gerd von Briel, von Audi in Neckarsulm, gehörte zu diesem Kreis. Ich hatte ihn als Nachfolger meines für das Einkaufsressort zuständigen Vorstandskollegen Münzner ausgesucht. Das Schicksal wollte es jedoch, dass dieser hoch begabte und sympathische Kollege im März 1989 bei einem Helikopterunfall in der Nähe unserer Fabrik in Anchieta ums Leben kam. Es war ein schmerzlicher Verlust, auch für VW.

Wir waren in Südamerika also ohne nennenswerte Reibungsverluste und in Rekordzeit zu einer de facto fusionierten Firma gelangt, auch wenn sie tatsächlich nur virtuell existierte, ohne jede Rechtsform. Über Nacht war dort die elftgrößte Automobilunternehmung der Welt entstanden. Da sie in ihrer neuen Größenordnung unter den wirtschaftspolitischen Verhältnissen beider Länder weniger als zuvor zu leiden hatte, wurden bald ausgezeichnete Gewinne bis zu einer Höhe von einer Milliarde US-Dollar erwirtschaftet und erstmals seit langer Zeit wieder Dividenden ausgeschüttet.

Ein Grund für den Erfolg war zweifellos der größere politische Einfluss, der in Südamerika traditionell hinter US-amerikanischen Unternehmen steht. Die Mitarbeiter fassten wieder Mut und fanden schnell eine Vertrauensbasis zueinander und zu ihrer neuen Führung. Die Zielsetzung war simpel, pragmatisch und anspruchsvoll: »No fresh money from the parents.«

Durch die Verbindung mit Ford gewannen wir auch erste Einblicke in die Praxis der US-amerikanischen Rechnungslegungsvorschriften nach GAAP[57], die inzwischen ihren Weg auch nach Europa gefunden haben. Auffallend war dabei, dass bei der Autolatina erwirtschaftete Erträge sich in den Bilanzen der beiden Muttergesellschaften sehr ungleich niederschlugen: Infolge der unterschiedlichen Bewertungsvorschriften war der Gewinnausweis bei Ford in aller Regel um etwa die Hälfte höher als bei uns. Ohne unsere traditionell konservative Bilanzierungspolitik wäre ein Wachstum aus einer Nullposition nach der Währungsreform undenkbar gewesen, auch angesichts unserer damaligen, im Verhältnis zu den USA viel kleineren deutschen und auch europäischen Kapitalmärkte.

Für VW und Ford war das Gemeinschaftsunternehmen Autolatina auf der Basis einer vertrauensvollen, ausgezeichneten Zusammenarbeit ohne Frage ein bedeutender Gewinn und eine wichtige, langfristige Risikoreduzierung. Aus ihm resultierte überdies unser Joint-Venture in Portugal, das dort die größte industrielle Investition darstellte, die das Land je gesehen hatte, mit all ihren segensreichen Folgen für die portugiesische Volkswirtschaft.

Kurz vor meinem Ausscheiden bei VW, im November 1992, trafen Piëch, Weber und ich mit der Führung von Ford, dem CEO Alex Trotman und dem Executive-Vice-President Wayne Booker in London zusammen. Ziel unseres Gesprächs war eine nahtlose Überleitung der strategischen Zusammenarbeit VW/Ford in die Ära der beiden neuen Firmenchefs Piëch und Trotman. Piëch vertrat bei diesem Treffen den Standpunkt,

---

[57] General Accepted Accounting Principles.

dass man fortan keinen strategischen Partner mehr benötige, weil der Volkswagen-Konzern über genügend eigene Marken verfüge und sein Absatzvolumen in wenigen Jahren die Fünfmillionengrenze überschreiten werde, ausreichend für seine Plattformstrategie. Das leitete den Anfang vom Ende der Zusammenarbeit mit Ford ein.

Nach meiner Pensionierung erfolgte eine Öffnung des brasilianischen Marktes, auch für Automobilimporte, und damit eine Verschärfung des Wettbewerbs, der die Auflösung der Autolatina forcieren sollte. Pierre Alain De Smedt, der von VW gekommen war, führte als Präsident der Autolatina die Trennungsverhandlungen und nahm anschließend die Teilung vor, ohne dabei das Vertrauen seiner beiden Aktionäre zu verlieren.

In den Jahren nach der Autolatina hatten beide Seiten erhebliche finanzielle Belastungen sowie Einbußen im Markt zu verkraften. VW musste in dieser Phase umfangreiche Investitionen in Montage- und Aggregatekapazitäten in Brasilien und Argentinien vornehmen. Die seither errichteten bedeutenden neuen Anlagen konnten bisher allerdings nicht in einem befriedigenden Umfang genutzt werden.

Noch zu Zeiten der Autolatina war mein Gedanke aufgegriffen worden, in das Busgeschäft einzutreten, dessen Geburt ich zwar nicht mehr feiern konnte, dessen beeindruckende Erfolge ich aber mit Freude verfolge. Ein großer Gewinn für Volkswagen wurde die von Lopez konzipierte Lkw-Fabrik in Resende, die noch heute als die kostengünstigste der Welt gilt. Ihre überlegene Kostenstruktur und Flexibilität ebnete und beschleunigte den Weg des VW-Lkw ab Mitte der 90er-Jahre zur Nummer 1 in Brasilien. Es dürfte nicht lange dauern, und auch der brasilianische VW-Bus wird die Spitze erreicht haben. Für diese VW-Lkw höchster Qualität bestehen besondere Chancen in vielen Teilen der Dritten Welt. Schon zu meiner Zeit wurden erste VW-Schwerlaster nach China exportiert.

Die erhofften Gewinne nach der Trennung von Ford ließen lange auf sich warten. Die Lkw-Fertigung in Resende bildete die einzige Ausnahme. Im Pkw-Sektor verlor VW in Brasilien überdies 2001 erstmals nach 49 Jahren die Marktführerschaft. Es wird auch vom Erfolg der Politik des brasilianischen Präsidenten Lula da Silvas abhängen, unseres Gewerkschaftspartners aus den 60er-Jahren, ob unsere Rechnung aufgeht und ob Brasilien aus seiner Volatilität herausfindet, die uns einst zur Gründung der Autolatina veranlasst hatte.

VIII

Europas Wiedervereinigung – Ostdeutschland

Die dramatischen Ereignisse, die dank des Mutes der Ostdeutschen und Zentraleuropäer zur friedlichen Wiedervereinigung Europas und zur Implosion der Sowjetunion führten, können in ihrer globalen Bedeutung kaum überschätzt werden. Wie so oft in den letzten 20 Jahren wurden wir von den Ereignissen überrascht und waren, trotz eines gesamtdeutschen Ministeriums mit 1000 Beamten, weder politisch noch wirtschaftspolitisch vorbereitet. Der Ruf Reagans 1987 am Brandenburger Tor nach einem Fall der Mauer war den meisten Menschen, auch in Deutschland, lediglich als ein politisches Ritual erschienen.

Dem Westen stand zu dieser Zeit eine bis an die Zähne bewaffnete Nationale Volksarmee und eine sowjetische Streitmacht gegenüber, aufgetankt und munitioniert, sprungbereit in weniger als einer Stunde und – im Gegensatz zur Bundeswehr – ohne jeden Urlaub, schon gar nicht zum Wochenende.

Der Turm der St.-Katharinen-Kirche im fast 20 Kilometer von Wolfsburg entfernten Oebisfelde, den ich in den elf Jahren meiner Zeit als Vorstandsvorsitzender aus meinem Büro im 13. Stock auf der anderen Seite des Eisernen Vorhangs sehen konnte, erinnerte mich ständig an die Menschen im Osten, aber auch an die Bedrohung, mit der zu leben für uns im Westen zur Gewohnheit geworden war.

Würde dieses System zuerst einen Infarkt erleiden, oder würde es einen Befreiungsschlag durch Krieg versuchen? Dies schien unsere (Über-)Lebensfrage. Die Chance zur friedlichen Wiedervereinigung als dritte und beste Option haben uns die Menschen der DDR und Zentraleuropas erkämpft – schneller und kompromissloser, dank den USA, als wir es uns vorstellen konnten, geschweige denn prognostiziert hätten.

Wenigen scheint heute noch bewusst zu sein, wie vielen Wundern wir es zu verdanken haben, dass der innere Zerfall der DDR – noch vielfach mehr der UdSSR – nicht in einer blutigen Katastrophe für Europa endete, wie zuvor der Untergang des Dritten Reiches. Dies stellt einen kardinalen Unterschied zwischen den beiden ansonsten so ähnlichen Systemen dar. Standen nicht alle Generäle und Offiziere der Nationalen Volksarmee vor der Gewissensentscheidung, eine De-facto-Kapitulation über Nacht zu akzeptieren, ja, die Uniform des Klassengegners anzuziehen?

Unsere Landsleute im Osten mussten unter dem DDR-Regime über mehr als eine Generation ausharren und ihr Leben gestalten, sofern sie nicht rechtzeitig Gelegenheit, Kraft und Mut für die Flucht in den Westen gefunden hatten.

Trotz aller Ablehnung des DDR-Regimes betrachteten wir es bei Volkswagen als Realitätspolitik, mit Ostberlin Kontakte zu pflegen, zu hören, was sich tat, wie sich die Dinge entwickelten, wie die Zukunft einzuschätzen war. So kam es Ende der 70er-Jahre unter meinem Vorgänger Schmücker zu einem damals als spektakulär betrachteten Tauschgeschäft, bei dem wir für die Lieferung von 10 000 Golf im Gegenzug Autoteile und Werkzeugmaschinen aus der DDR erhielten. Ein Planetarium aus Jena als Zugabe zu diesem Geschäft erinnert in Wolfsburg noch heute an diese Transaktion.

Schon vor meiner Zeit als Vorstandsvorsitzender hatte Volkswagen Kompensationsgeschäfte mit »Erfurter Karosseriepressen« abgewickelt und bezog Karosseriewerkzeuge aus dem

Erzgebirge. Auch für die Fertigung der ersten Käfer vor dem Zweiten Weltkrieg hatte man Werkzeuge aus Schwarzenberg im Erzgebirge verwendet. Die Erfurter Karosseriepressen sollten sich in unseren Werken in Deutschland, später in Mexiko und nach der Wende auch in China bewähren. Möglich war dies nur, weil unsere ostdeutschen Lieferanten nach ersten Aufträgen schon sehr bald durch uns in Qualität und Leistung auf Westniveau gebracht worden waren. Auch der überwiegende Teil der Golf-Scheinwerfer kam seit 1978 vom Kombinat Fahrzeugelektrik Ruhla (FER) aus Thüringen. Unter dem Namen FER Fahrzeugelektrik GmbH besteht dieses Eisenacher Unternehmen fort und zählt heute als Lieferant für alle europäischen Fahrzeughersteller von Rang und Namen zu den kreativsten und leistungsfähigsten seiner Branche.

Kurz nach meinem Dienstantritt 1982 erhielt ich von meinem Freund Walther Leisler Kiep einen Anruf. Es gäbe eine Chance für uns in der DDR. Er möchte mich bei Gerhard Beil, dem damaligen Staatssekretär und späteren DDR-Außenhandelsminister, einführen. Ich sagte sofort zu, und wir fuhren Anfang Juni 1982 zusammen nach Ostberlin.

In Gerhard Beil trafen wir auf einen kompetenten Gesprächspartner, der auf politische Diskussionen verzichtete und die Situation der ostdeutschen Wirtschaft eher nüchtern darstellte. In der westdeutschen Wirtschaft hatte er sich bereits einen Namen gemacht und als ein zuverlässiger Partner erwiesen. Im Gesprächsverlauf entwickelte ich einen Vorschlag, der mir in der Vorbesprechung mit Kiep gekommen war, dass wir der DDR die Lizenz für unseren kleinsten Motor, den »111« (einen Vierzylindermotor mit 1100 bis 1300 Kubikzentimetern) verkaufen könnten, nebst Fertigungseinrichtung und Know-how-Übertragung. Ich erinnerte, dass wir in unserem Werk Hannover eine überzählige Transferstraße für Kurbelgehäuse dieses Motors stehen hatten. Zudem war es unser Ziel, im Zuge der Fabrikbereinigung die deutsche Motorenproduktion bei VW in Salzgitter zu konzentrieren, nachdem dieses Werk mit Auslauf des von

NSU geerbten K70 für eine Fahrzeugmontage nicht mehr in Betracht kommen sollte.

Der große Vorteil dieses Geschäfts für die DDR-Volkswirtschaft bestand in einer deutlichen Reduzierung der Kraftstoffimporte aus der Sowjetunion, dank des dramatisch niedrigeren Kraftstoffverbrauchs unseres Motors gegenüber dem Zweizylinder-Zweitaktaggregat des Trabi, das noch aus der Zeit meines Vaters aus den 30er-Jahren stammte und auf einen Motorradmotor zurückging. Darüber hinaus würde der 40-PS-VW-Motor, neben den verschiedenen Komfortaspekten, vor allem für den 1964er-Trabant P 601 eine spürbare Verbesserung der Motorisierung und generell eine Entlastung der Umwelt bewirken. 1983 landete bei uns ein Wartburg, in den wir ebenfalls ohne große Probleme einen 111er-Motor einbauten. Die Eisenacher sollten in dem zurückgelieferten Wagen außerdem eine VW-Radzierblende mit Grüßen der Kollegen aus Wolfsburg finden.

Es sollte zur Tradition werden, dass wir im Anschluss an unsere Gespräche in der DDR jeweils im neuesten Devisenhotel zu Tisch gebeten wurden. Man vermittelte uns so den Eindruck, als fehle es an nichts. Abgesehen davon, dass Normalverbraucher diese Hotels gar nicht betreten durften, stammten wesentliche Erzeugnisse der Küche aus Westberlin. Einzig das »Palast Hotel« hatte eine von außen auch für DDR-Bürger zugängliche Terrasse. Als Kiep und ich dort bei einem unserer Aufenthalte einen Kaffee zu uns nahmen, bildete sich vor ihm sofort eine Schlange von Menschen, die um ein Autogramm baten. Für mich bleiben diese mutigen Berliner unvergessen.

Es dauerte nicht lange, und wir erhielten ein positives Signal für die Aufnahme von Verhandlungen, die dann hauptsächlich mein aus Chemnitz stammender Kollege Horst Münzner durch den bei ihm für die Comecon-Länder zuständigen Volkhard Köhler führen ließ. Als unsere Pläne vorzeitig im »Spiegel« veröffentlicht wurden, gab es zunächst gewaltige Aufregungen im Zentralkomitee, die für Beil sicher sehr unangenehm und für unser Projekt lebensgefährlich waren. Münzner glättete schließlich in einigen nervenaufreibenden Gesprächen die Wogen. Ansonsten wurden die Verhandlungen wie unter Geschäftsleuten geführt, und wir konnten mit den Konditionen zufrieden sein. Noch wichtiger, wir hatten fortan einen Brückenkopf, einen Seismografen in der DDR.

Bei Vertragsunterzeichnung im damals gerade neu errichteten »Internationalen Handelszentrum« in Ostberlin ahnten wir nicht, dass dieses für unsere Verhältnisse kleine Projekt für die DDR-Wirtschaft eine kritische, unvorstellbar große Belastungsprobe darstellte. Als es im Sommer 1988 endlich zum Anlauf der Motorenfertigung und der Nullserie für den Trabant kam, war das Ende der DDR schon fast eingeläutet. Meine regelmäßigen Reisen nach Ostberlin in Begleitung von Münzner und Köhler zeigten uns die immer rascher fortschreitende, unheimliche Auszehrung und den nicht mehr zu verschleiernden Verfall der DDR-Volkswirtschaft.

Von vornherein bauten wir enge persönliche Beziehungen mit der Spitze der IFA auf, der Industrievereinigung Fahrzeugbau der DDR mit Sitz in Chemnitz, insbesondere mit ihrem tüchtigen Generaldirektor Dieter Voigt. Nach der Wende halfen wir ihm aus politischen Strudeln heraus, und er fand bei uns eine Aufgabe in den USA.

Auf unseren Vorschlag hin hatte uns Beil Mitte der 80er-Jahre auch noch den Auftrag zur Entwicklung einer Nachfolgekarosserie für den Trabi gegeben, die wir ihm bei Nacht und Nebel 1988 in Wolfsburg vorstellten und anschließend nach Ostberlin lieferten. Dort verschwand sie spurlos, offensichtlich nach einer Präsentation vor Honecker.

Der DDR-Führung war die politische Bedeutung des Automobils bewusst. Alle Versuche beeindruckender Neuentwicklungen der Zwickauer IFA-Ingenieure in der Golf-Klasse, einschließlich des RGW[58]-Autos Typ 760 in Kooperation mit

[58] RGW – Rat für gegenseitige Wirtschaftshilfe.

Eisenach und Škoda, scheiterten daher weniger am politischen Interesse der Parteiführung und schon gar nicht am Können der sächsischen Ingenieure, sondern an den systembedingten wirtschaftlichen Realitäten. Der Auftrag an uns muss somit als verzweifelter, wenn auch völlig unrealistischer Schritt eines untergehenden Systems bewertet werden, das Volk noch einmal mit etwas ruhigzustellen, das man sich gar nicht mehr leisten konnte. Die DDR-Wirtschaft stand vor dem Zusammenbruch.

Den Fall der Mauer erlebten wir in Wolfsburg hautnah. Jedes Wochenende begrüßten wir Zehntausende Landsleute aus dem Osten. Sie erhielten Begrüßungsgeld, Informationsmaterial, ein kleines Geschenk, wurden verpflegt und zu Stadt- und Werksbesichtigungen eingeladen. Viele Wolfsburger waren auf der Straße und bewährten sich als herzliche Gastgeber, während gleichzeitig die VW-Händler überall zur ehrenamtlichen ersten Mobilitätshilfe bereitstanden. Die Begegnungen, die Gespräche dieser Tage werden mir unvergessen bleiben. Sie gaben einen tiefen Einblick in das Herz und die Erwartungen unserer ostdeutschen Mitbürger.

Geschäftlich überraschte man uns nach dem Fall der Mauer vor den Toren Zwickaus mit einer nagelneuen, eingemotteten Montagefabrik, die für eine Jahresproduktion von 100 000 Personenwagen ausgelegt war. Wie beim Karosserieprojekt hatte man auch in diesem Fall einfach nicht mehr die wirtschaftliche Potenz für eine Inbetriebnahme besessen. Die tüchtigen Facharbeiter der IFA produzierten den Trabi stattdessen unverändert in Hallen August Horchs aus den 20er-Jahren, in die es an allen Ecken und Enden hineinregnete.

Für diese Arbeiterinnen und Arbeiter waren besonders in der Karosserieaußenhautfertigung die Arbeitsbedingungen aufgrund der hohen Temperaturen und des Baumwollstaubs unmenschlich. Sowjetische Baumwolle wurde nach dem Kalandrieren in ein spezielles Kunstharz getaucht, unter Druck in Heizpressen geformt und einer Art Vulkanisation unterzogen.

So schaffte man eine gute Oberfläche und kannte keine Korrosion, war aber durch die Sprödigkeit dieser Karosserieaußenhaut bei Unfällen besonders gefährdet.[59]

Die Verhältnisse in diesen Hallen waren Symbol für das Versagen eines Systems, das trotz größten Erfindergeistes, Fleißes und Könnens seiner Bürger am Ende war. Die Menschen hatten seit 1945 ununterbrochen ungezählte unbezahlte Schichten für den Triumph des Marxismus geleistet. Nun war das enteignete Kapital einschließlich der gesamten Infrastruktur der ostdeutschen Volkswirtschaft aufgezehrt. Was blieb, waren die Schulden.

Für VW bot das eine gute Ausgangsbasis, um nach dem Fall der Mauer blitzartig nach Sachsen aufzubrechen. Bereits Anfang Dezember 1989 besuchten wir die Spitze der IFA in Chemnitz. Dabei taten wir alles nur denkbar Mögliche, um sie nicht in die Rolle der Besiegten, der Deutschen zweiter Klasse zu rücken.

Bei unserem ersten Fabrikbesuch in Zwickau, wo ganze Straßenzüge wegen Einsturzgefahr gesperrt waren, überraschte uns die große Zahl von ausländischen Arbeitskräften, insbesondere aus Polen und Vietnam sowie Angola und Mosambik. Ihr Leben war hart. Die Studenten aus diesen Ländern hatten es da in den Studentenheimen zweifellos besser. Beil berichtete stolz, dass über 40 Prozent der »naturwissenschaftlichen Intelligenz« Vietnams in der DDR ausgebildet worden sei. Leider haben wir versäumt, uns diesen unschätzbaren strategischen Vorteil in diesem Land Südostasiens mit seinen mehr als 80 Millionen Einwohnern für die Zukunft zunutze zu machen.

Wo immer es ging, verbreiteten wir Mut und Zuversicht, auch bei jedem Fernsehauftritt oder einer Betriebsversammlung der IFA. Zu dieser Betriebsversammlung in Zwickau waren alle Belegschaftsangehörigen in ihrem besten Sonntagsstaat

---

[59] Noch 1990 erwarb ich ein Trabi-Cabrio der Polizei aus Blech mit VW-Motor vorn und Benzintank hinten, das bis heute seinen Dienst auf meiner Urlaubsinsel Sardinien verrichtet.

erschienen. Es war für mich ein bewegender Anblick. Die Ostdeutschen brachten damit ihre Bereitschaft, für eine nunmehr gute Sache zu arbeiten, feierlich zum Ausdruck, mit einer Stimmung wie in einer Kirche. Der Westen war den meisten aus dem Fernsehen bekannt, noch besser allerdings der totale Zusammenbruch der eigenen Wirtschaft.

Nach dem Fall der Mauer diktierten die Menschen der DDR mit ihrer politischen Dynamik Tagesordnung und Tempo. Alle unsere Pläne und Verhandlungsergebnisse wurden immer wieder zur Makulatur, wie zum Beispiel ein Vertrag über eine 50:50-Planungsgesellschaft vom 22. Dezember 1989 zwischen IFA und VW, den wir in Wolfsburg abschlossen, oder aber intensive Gespräche mit Frau Professor Luft, der stellvertretenden Ministerpräsidentin, über die Zukunft der Automobilindustrie. Frau Luft erwies sich als eine äußerst interessante und interessierte Persönlichkeit aus dem anderen Lager. Ehemals war sie Rektorin der Hochschule für Ökonomie in Ostberlin gewesen. Wir lernten sie zu achten. Ihre beiden Söhne pendelten jeden Tag nach Westberlin und schienen für sie eine sprudelnde Informationsquelle zu sein. Aber immer wieder wurden wir von politischen Fortschritten überholt, kaum hatten wir mit ihr, Modrow oder schließlich mit de Maizière gesprochen. Sowohl im Vorzimmer von Herrn Modrow als auch von Herrn de Maizière trafen wir dabei auf einen alten Bekannten – Gerhard Beil.

Damals galt es, meine Kollegen im Vorstand für einen Aufbruch nach Osten zu gewinnen, denn mit Ausnahme von Münzner war für sie, wie für die meisten Westdeutschen, Sachsen oder Ostdeutschland ein weißer Fleck auf der Erfahrungskarte. Zu leicht wird vergessen, dass es im Vorkriegsdeutschland, bei der damaligen Mobilität, nur wenigen vergönnt war, das ganze Land bereist zu haben. Überdies schrumpfte die Zahl derer immer mehr, die Deutschland noch aus der Vorkriegszeit kannten und überlebt hatten. Eine Ausnahme gab es allerdings in Ostdeutschland: Besatzungen der NVA-Panzer hatten sich als Lkw-Fahrer eine intime Kenntnis der für sie wichtigen topografischen Verhältnisse in Westdeutschland erworben. Nicht selten waren sie dabei »zufällig« Beobachter von Manövern geworden.

Anfang 1990 traten wir eine umfassende Informationsreise durch Sachsen und Thüringen an. Sie gab uns Einblick in die katastrophale Lage der dortigen Betriebe. Sie dokumentierte gleichzeitig aber auch die hohe Qualifikation und das handwerkliche Können der Menschen, die meist auf einem technischen Vorkriegsniveau arbeiten mussten, während die in Sachsen produzierten, relativ modernen Werkzeugmaschinen in erster Linie für die UdSSR verplant waren.

Unser Motorenprojekt hatte viele verstreute Einzelinvestitionen ausgelöst. Dabei waren offenbar weniger die Wirtschaftlichkeit des einzelnen Zulieferteiles als vielmehr die Beziehungen des jeweiligen Werkleiters zur Planungsmaschinerie für die Größe der Scheibe aus dem Modernisierungskuchen ausschlaggebend gewesen. Die Baukapazität von Chemnitz und Umgebung war auf Jahre hinaus absorbiert worden. Nichts lief termingerecht.

Unsere endgültigen Pläne sollten sich schnell herauskristallisieren, nachdem wir wussten, dass die Einheit Deutschlands unmittelbar bevorstand. Für Chemnitz wurde ein neues Motorenwerk konzipiert, auf dem Gelände der einstmaligen Zentrale der Auto Union AG, die in meiner Jugend an der Bernd-Rosemeyer-Straße lag. Am Standort Eisenach waren wir nicht interessiert, außer dass die Planung der DDR dort unsere Zylinderkopffertigung eingerichtet hatte, die noch einige Jahre weiterlief. Wir konzentrierten uns auf Zwickau, die Heimat von Horch und Audi.

Bereits im Frühjahr 1990, nur sechs Monate nach dem Fall der Mauer, sollte dort in Zwickaus Vorort Mosel in der bislang eingemotteten Montagefabrik die Fertigung des Polo anlaufen, kein Wunder, stammte doch der Chef der VW-Produktionsplanung, Folker Weißgerber, aus dem benachbarten Chemnitz. Er wurde später Mitglied des Konzernvorstands von Volkswagen für den Bereich Produktion.

Die sich überstürzenden Ereignisse des Jahres 1990 bestätigten die Richtigkeit unseres entschlossenen Vorgehens in Ostdeutschland. Mit dem Inkrafttreten der Wirtschafts- und Währungsunion am 1. Juni 1990 und dem Umtauschverhältnis von 1:1 hatte aber die DDR-Wirtschaft ihre Wettbewerbsfähigkeit schlagartig verloren, allen voran die nicht mehr zeitgemäße Automobilfertigung des Landes. Eine Jahreskapazität von weit über 200 000 Fahrzeugen war über Nacht entwertet; Lieferfristen für den Trabi von 13 Jahren und mehr hatten sich in nichts aufgelöst. Der Markt war offen und das Verlangen der Menschen nach Westprodukten unbegrenzt. Ganz oben auf der Wunschliste standen Automobile. Es entwickelte sich ein außerordentlicher Nachfragesog, auch auf den westeuropäischen Gebrauchtwagenmärkten.

Begünstigt waren in dieser Situation jene westeuropäischen Hersteller, die sofort liefern konnten, während wir durch den hohen Auslastungsgrad im Konzern in unseren Möglichkeiten begrenzt blieben. Diese Realität spiegelte sich auch in den Marktanteilsunterschieden zu Westdeutschland wider. Die Motorenfertigung in Chemnitz und die Zwickauer Polo-Montage sollten uns zwar helfen, einen Teil unseres Marktpotenzials in den neuen Bundesländern zu erschließen. Wir brauchten aber dringend weitere Kapazitäten. Auch ging es darum, den Menschen in Ostdeutschland Arbeit und eine Perspektive zu geben, was leider vielfach versäumt wurde. Als Automobilunternehmen standen wir praktisch allein auf weiter Flur, von einer kleinen GM-Opel-Montagefabrik in Eisenach einmal abgesehen.

Wir planten damals nach meiner einfachen »Über-den-Daumen-Rechnung« proportional zum Bevölkerungszuwachs des vereinten Deutschland einen zusätzlichen Bedarf für eine neue VW-Montagekapazität von jährlich 250 000 Fahrzeugen. Dies war zwar nicht sehr wissenschaftlich, aber pragmatisch, und es stellte sich im Nachhinein als richtig heraus.

In Mosel bei Zwickau, unmittelbar angrenzend an die bisher eingemottete Fabrik, wurde ein Montagewerk nach modernsten

Gesichtspunkten errichtet. Vorbildliche, zukunftsweisende Wege beschritten wir dabei auch beim Umweltschutz und auf dem sozialen Sektor. In enger Partnerschaft mit kommunalen Vertretern forcierten wir darüber hinaus den Aufbau einer zeitgemäßen, leistungsfähigen Infrastruktur. Alle Behörden arbeiteten im Zeitraffertempo.

Mit der Gründung eines Volkswagen-Bildungsinstituts, das seinen Lehrbetrieb bereits im September 1990 aufnahm, leisteten wir überdies einen Beitrag zur Qualifizierung der Arbeitnehmer an unseren beiden Standorten in Zwickau und Chemnitz. Das Institut stand der gesamten Wirtschaft offen.

Die VW Gedas, die innerhalb des Konzerns für die Informationstechnik verantwortlich zeichnet, ließ sich mit einer Tochtergesellschaft ebenfalls in Zwickau nieder. Hinzu kam schließlich eine Vertriebsgesellschaft, die im Juli 1990 zunächst noch gemeinsam mit dem IFA-Kombinat Personenkraftwagen gegründet wurde. Sie sollte uns zwar nicht nur Musterbetriebe bescheren, dafür verfügten wir jedoch über Nacht über ein Händlernetz, das schnell ausgebaut werden konnte. Das erste ostdeutsche VW-Händlertreffen in Wolfsburg gehört zu meinen schönsten Erinnerungen.

Für die Besuche in Sachsen konnten wir bald einen sowjetischen Militärflughafen außerhalb Altenburgs, nahe Zwickau, anfliegen, der noch aus der Zeit des Dritten Reichs stammte. Seine ungewöhnlich breite, für den Parallelstart mehrerer Maschinen geeignete Startbahn sowie die Verbunkerung der Flugzeuge, wenige Flugminuten von der Zonengrenze entfernt, zeugten von aggressiven Plänen. Die Tiefe der Schlaglöcher aber, der Verfall der ausgeschlachteten Gebäude und die ausgezehrten Sowjetsoldaten, die uns mitunter in Pantoffeln den Schlagbaum öffneten, wiesen auf ganz andere Realitäten hin.

Als wir unmittelbar nach der friedlichen Revolution in Richtung Osten aufbrachen, glaubten wir noch, vor einem Verteilungskampf um die Standorte mit unseren europäischen Konkurrenten zu stehen. Wir sollten uns gründlich irren. Im

Westen schauten mich so manche Konkurrenten mitleidig an und kommentierten in den Medien meinen »Größenwahn« in völliger Unkenntnis der Situation und der industriellen Tradition Sachsens, auf die wir aufbauten. Sie war ohne Abstriche lebendig geblieben, wenn es auch in der westdeutschen Presse zum guten Ton gehörte, immer wieder das Gegenteil zu behaupten.

Vor dem Krieg waren rund 30 Prozent der deutschen Kraftfahrzeuge in Sachsen produziert worden, und mit DKW stand dort seinerzeit die größte Motorradfabrik der Welt. Im Grunde geht die industrielle Tradition des Landes zurück bis auf den Silberbergbau des Erzgebirges, mit der ältesten Ingenieurschule der Welt in Freiberg aus dem Jahre 1765.

Gern wurde auch darüber spekuliert, dass mich familiäre Bindungen beeinflusst, ja verführt hätten. Weit gefehlt. Sie beschleunigten allerdings mein Tempo, weil wir heimisch waren und mit Trittsicherheit loslegen konnten. Natürlich bin ich heute zutiefst dankbar, dass wir gehandelt haben und mir dabei die Rolle zugefallen war, die Initialzündung für den Wiederaufbau der sächsischen Automobilindustrie zu geben.

Endlich verspürten wir wieder nationalen Stolz und nationale Freude, als Menschen unsere Flagge als Symbol hochhielten, wie wir es sonst nur bei europäischen Nachbarn und Amerikanern beobachten konnten.

Das große Maß an Unwissenheit im Westen über den Osten war generationsbedingt und somit verständlich. Andererseits war man aber auch nicht sehr aktiv, Wissenslücken zu schließen, indem man sich an Ort und Stelle informiert hätte, wie wir es taten. Schon zu DDR-Zeiten hatte ich es mir zur Routine gemacht, fast täglich die DDR-Nachrichten anzusehen oder Honeckers Reden zu lauschen, obwohl er ein ausgesprochen schlechter Vorleser war und ständig dieselbe Melodie sang.

In der heutigen schnelllebigen Zeit sollte der erste Mann eines Unternehmens Strategie immer als etwas sehr Lebendiges betrachten und als seine vornehmste Aufgabe. Man hat eine weit stärkere Verhandlungsposition, wenn man sich bei kardinalen Aufgabenstellungen an die Spitze stellt. Bessere Ergebnisabschätzungen und ein höheres Tempo sind die Folge. Kommt man als erster Mann, geht man allerdings auch persönlich ein größeres Risiko ein. Dies ist Grund genug für viele, einen solchen Weg gar nicht erst einzuschlagen. Besonders bei US-Gesellschaften schützt man seinen ersten Mann wie den König im Schach. Dies ist Teil der »Corporate Policy«. Ich habe immer das Gegenteil praktiziert, nicht nur in Sachsen.

Heute weiß man, dass wir bei VW all unsere Ziele erreicht, in der Regel übertroffen haben. Unsere Führungsmannschaften in Ost und West arbeiteten Hand in Hand. Der erste Chef von VW Sachsen, Gerd Heuss, hatte daran entscheidenden Anteil, wie auch die Belegschaft, die sehr feinfühlig realisierte, dass die strikte Lohn- und Arbeitszeitanpassung an den Westen den Verlust von Zukunftschancen bedeutet hätte. So manches Mal kam es jedoch zu Spannungen mit aus dem Westen importierten Betriebsräten, die durch Angleichung um jeden Preis offenbar eher ihre Gewerkschaftskarriere als das Wohl der Menschen im Osten im Sinne hatten. Bei solchen Konflikten vermochte sich unsere Führungsmannschaft nicht in jedem Fall auf Rückendeckung aus Wolfsburg verlassen.

In Chemnitz konnten derartige Probleme vermieden werden. Die Spitzenstellung unseres Motorenwerks in Qualität und Produktivität, seine Expansion über die ursprünglichen Investitionen hinaus, ist deshalb in hohem Maße nicht nur ein Verdienst unserer Führungskräfte aus Ost und West sowie der Belegschaft, sondern besonders auch der dortigen lokalen Betriebsräte, an deren Spitze viele Jahre Elke Kilian und Klaus Bilek unternehmerisch wirkten. Ich nenne beide hier stellvertretend für viele ihrer beispielhaften Kollegen in Ostdeutschland. Unsere Erwartungen wurden dadurch mehr als erfüllt, die neuen Kapazitäten mehr als gebraucht, weitere hinzugefügt und zusätzliche Arbeitsplätze geschaffen.

Die Entwicklung unserer sächsischen Tochter erfüllt mich

heute mit besonderer Freude und Genugtuung, waren doch unmittelbar vor meinem Ausscheiden als Vortandsvorsitzender bei VW mit dem Aufziehen erster konjunktureller Wolken beträchtliche Zweifel über die Richtigkeit der langfristigen Investitionsentscheidungen für die neuen Bundesländer aufgekommen. Angesichts der sich verschärfenden Absatzsituation verkündete mein Vorstandskollege Goeudevert, damals VW-Markenchef, bereits die Absicht, die in Mosel geplanten Kapazitäten um die Hälfte auf 125 000 Fahrzeuge zu reduzieren. Nach meinem Ausscheiden – die Kritik an meiner Politik hatte inzwischen an Intensität zugenommen – entschied VW, die Investitionen in Ostdeutschland zu strecken, eine Entscheidung, die nach Ende der Rezession mit Kapazitätsmangel bestraft wurde.

Ungeachtet dessen entwickelte sich Volkswagen zum größten industriellen Investor und Arbeitgeber in den neuen Bundesländern, vergab sehr schnell auch Entwicklungsaufgaben an Institute und Hochschulen. Die Volkswagen Sachsen GmbH ist umsatzmäßig das größte Unternehmen, ganz zu schweigen vom VW-Einkaufsvolumen in den neuen Bundesländern oder der Rolle des Unternehmens als größter Steuerzahler.

- Seit 1990 sind in den Aufbau der ostdeutschen VW-Fertigungsstandorte (bis einschließlich 2000) rund 1,8 Milliarden Euro investiert worden. Seither werden pro Jahr zwischen 100 und 150 Millionen Euro für anstehende Modell- und Technologiepflegemaßnahmen investiert.
- Einschließlich der 7100 bei der Volkswagen Sachsen GmbH beschäftigten Mitarbeiter haben durch das VW-Engagement heute mehr als 37 600 Menschen in den neuen Bundesländern einen Arbeitsplatz gefunden.
- Im Jahr 2004 wurden 211 000 Volkswagen sowie 541 000 Motoren in Sachsen gefertigt.
- Inzwischen sind mehr als zwei Millionen Volkswagen und sieben Millionen VW-Motoren in Sachsen hergestellt worden.

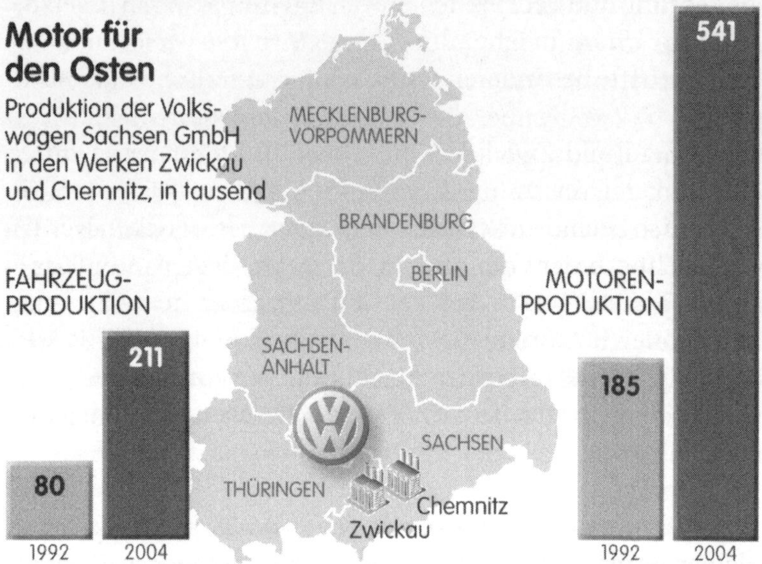

Durch die Ansiedlung einer kompletten Zulieferindustrie wurden viele weitere Investoren angezogen. Besonders sie bereiteten den Nährboden für kleine und mittelständische Betriebe, die in einer industriellen Wüste selten gedeihen. Diese Zeitfolge wurde von der Regierung im Rahmen ihrer Förderpolitik fast immer verkannt. Die in Sachsen entstandenen modernsten automobilen Zulieferstrukturen sollten mehr als zehn Jahre später auch den Ausschlag geben für die Standortentscheidung von BMW und Porsche. Die VW-Investitionen in Chemnitz und Zwickau hatten darüber hinaus Signalwirkung auch für andere, mit der Automobilindustrie überhaupt nicht verbundene Branchen, wie beispielsweise die Pharmaindustrie.

Ohne die Schlüsselinvestitionen von VW wäre diese Region wohl vor kaum lösbare Aufgaben gestellt. So aber wurde der Freistaat Sachsen zum Musterstaat unter den neuen Bundesländern. Die Menschen waren die eigentlichen Gewinner. Sie erwiesen sich als so zuverlässig, so fleißig und so gut ausgebildet, wie ich sie in meinem Herzen erinnerte, als ich im Krieg als Lehrling und Fabrikarbeiter während der Sommerferien bei der Auto Union in Chemnitz arbeitete. Diese persönliche Erfahrung hatte besonderen Einfluss auf den Entscheidungsprozess.

Das Stadtbild Zwickaus, nicht nur zu DDR-Zeiten durch eine Kokerei verrußt, war zu keinem Zeitpunkt seiner Geschichte so beeindruckend schön wie heute. Inzwischen werden dort nicht nur der Golf und der Passat produziert, sondern in Horch-Tradition auch die Karosserie des Phaeton und des kleinen Bentley. So kommt die alte neue, für die Großserie zu kleine 100 000er-Fabrik wieder zu Ehren, die wir zunächst als Übergangslösung genutzt hatten, um den Menschen schnell ein Zeichen zu setzen.

Chemnitz hat es da viel schwerer, da der Arbeitsanteil eines modernen, kapitalintensiven Motorenwerks relativ sehr viel kleiner als bei Montagewerken ist. Darüber hinaus war Chemnitz am 5. März 1945 ohne jeden militärischen Grund bombardiert und weitgehend zerstört worden. Der Bombenteppich begann damals direkt neben meinem Elternhaus …

Als ich zum Ende meiner aktiven Volkswagen-Zeit von Birgit Breuel, der damaligen Treuhand-Chefin, und Tyll Necker, dem BDI-Präsidenten, zum Verantwortlichen der von ihnen konzipierten »Einkaufsoffensive neue Bundesländer« des BDI vorgeschlagen wurde, erhielt ich eine mir gut liegende Aufgabe. In dieser Offensive haben wir seit 1993 viele tausend Unternehmer und ihre Mitarbeiter aus West und Ost zusammengeführt und erlebten eine engagierte Arbeit aller Beteiligten. Im Rahmen der »wir. Wirtschafts-Initiativen für Deutschland« des BDI wurde diese Arbeit unter dem geschäftsführenden Vorstand Jürgen Bauer noch bis Ende 1999 fortgesetzt und von mir betreut. Die abschließende Bilanz war durchaus ermutigend: Die Initiative hatte nicht nur die ursprünglich gesteckten Einkaufsziele vorzeitig erreicht – die angestrebte Zielmarke lag bei einem Volumen von 50 Milliarden DM –, sondern gleichzeitig einen wichtigen Beitrag für den Kapital- und Know-how-Transfer Richtung Osten geleistet. Nach Auftragserfüllung lösten wir 1999 den Verein »wir. Wirtschafts-Initiativen für Deutschland« planmäßig auf – auch das ein wohl nicht alltäglicher Vorgang.

Die Wiedervereinigung bewahrte die westdeutsche Wirtschaft 1990/91 vor einer Rezession. Selbst seit Beginn des 21. Jahrhunderts gehen aber jährlich immer noch in einer Größenordnung von etwa 80 Milliarden Euro mehr Waren und Dienstleistungen von West nach Ost als in die umgekehrte Richtung. Diese keynesianische Arbeitsbeschaffungsmaßnahme großen Stils zugunsten Westdeutschlands übertünchte zu Beginn der 90er-Jahre unsere gewachsenen Strukturprobleme. Anstatt sie zu korrigieren, exportierten wir sie nach Ostdeutschland, wo die wirtschaftliche Entwicklung trotz beträchtlicher Transferzahlungen von fast fünf Prozent des Bruttosozialprodukts stagniert. Diese dauerhaften finanziellen Belastungen bildeten schließlich eine der wesentlichen Ursachen für unsere ausufernden Defizite.

Aus illusorischen Erwägungen und im Überschwang des Einheitsrausches waren 1990 die wirtschaftspolitischen Weichen falsch gestellt worden. Die realitätsbewussten Ostdeutschen hatten niemals ein Umtauschverhältnis ihrer Währung von 1:1 erwartet. Über Nacht wurde damit ihre Wirtschaft zerstört. Karl-Otto Pöhl, einer der Mahner vor einer solchen Politik, zog daraus die Konsequenzen und trat als Präsident der Bundesbank zurück.

In keinem zentraleuropäischen Land verlief der Anpassungsprozess so verfehlt wie in Ostdeutschland. Dafür erzielen diese Länder heute Wachstumsraten aus eigener Kraft, die für uns beispielgebend sind. Unsere Transferzahlungen in Richtung neue Bundesländer versickern dagegen ganz überwiegend im Konsum, verändern zu wenig zum Besseren, sondern zehren im Gegenteil die deutsche Wirtschaft aus. Hatten wir in Westdeutschland nach der Währungsreform 1948 nicht gerade durch eine günstige Dollar/DM-Parität von 4,2:1 sowie eine zurückhaltende Lohnpolitik so außergewöhnlich profitiert und über Nacht mehr Arbeitsplätze geschaffen, als wir Arbeitskräfte besaßen?

Natürlich gibt es stolze Inseln, die das Potenzial Ostdeutschlands eindrucksvoll demonstrieren. Auch eine Reihe kleinerer Unternehmungen ist mittlerweile international erfolgreich, prosperiert dank technisch-unternehmerischer Kreativität, eingeschworener Mitarbeiter und wettbewerbsfähiger Personalkosten, die überwiegend nicht an Flächentarifverträge gebunden sind. Generell hat unsere Politik jedoch zu einer Schwächung der deutschen Wirtschaft geführt. Tiefgreifende Korrekturen sind deshalb überfällig. Beginnen müssen sie allerdings im Westen unseres Landes.

Das alles ändert aber nichts an der Tatsache, dass Kohl die Vision hatte und in Gorbatschow einen Partner fand, der den Mut besaß, die Konsequenzen aus seinem maroden und unmenschlichen System zu ziehen.

IX

Zentraleuropa[60]

Durch die europäische Wiedervereinigung wurde Deutschland wie auch VW aus einer geografisch äußerst ungünstigen und gefährlichen Randlage in die Mitte, in das Herz Europas, gerückt. Für uns waren damit über Nacht alle politischen und wirtschaftlichen Rahmendaten, die Grundlagen unserer bisherigen Strategien, Makulatur. Eine Welt hatte sich radikal und zum Besseren verändert, wenn auch nicht bis zum »end of history«. Europa war von einem Tag zum anderen um über 100 Millionen Menschen gewachsen, ein historisches Ereignis, nur vergleichbar mit dem Zutritt Chinas zur Weltwirtschaft in den 80er-Jahren. Dass diese Entwicklungen nicht zu einem nachhaltigen Boom in Deutschland führten, sollte uns alarmieren.

Alle europäischen Verflechtungen, Arbeitsteilungen, Standortpolitiken waren neu zu überdenken, neue Wettbewerbsparameter waren vorgegeben oder würden sich bilden, alles war im Fluss. Panta rhei. Europas politische Grenze konnte sich bis zum Ural verschieben, wirtschaftlich wahrscheinlich eines Ta-

---

60 Der hier verwendete Begriff Zentraleuropa umfasst in seiner geografischen Abgrenzung die folgenden Länder: Estland, Lettland, Litauen, Polen, Tschechien, die Slowakei, Ungarn, Rumänien, Bulgarien, Albanien sowie alle Nachfolgestaaten des ehemaligen Jugoslawien.

ges sogar bis Wladiwostok über ebenso viele Zeitzonen hinweg wie Richtung Westen zwischen Frankfurt und Hawaii liegen. In einem Roundtablegespräch anlässlich der Frankfurter Automobilausstellung 1991 sagte ich, dass sich wohl niemand die ganze Dimension der Veränderung vorstellen könne, aber jeder seine Strategiearbeit von Grund auf neu zu gestalten habe, um ein »Zu früh«, ein »Zu spät« oder ein »Unrealistisch« zu vermeiden. Realistisch bemerkte Altbundeskanzler Schmidt, der Weg zur Marktwirtschaft würde für die GUS eine Nacht, neun Monate und 40 Jahre dauern.

Beinahe parallel zu den politischen Umbrüchen setzte die Revolution des Internetzeitalters ein. Seit 1988 war ich mit unserem Management weltweit bis hin nach Shanghai per E-Mail verbunden. Wir verfügten damit über ein Kommunikationsinstrument, das nicht nur kostengünstig war, sondern gleichzeitig Hierarchiestufen ignorierte. Nach 1990 sollte die neue Technik der gesamten Wirtschaft entscheidend helfen, die neuen Größenordnungen und das sich unaufhaltsam beschleunigende Tempo des Wandels zu beherrschen, weltweit in »real time« zu leben und zu agieren.

Geografisch, geschichtlich und kulturell stellte Deutschland seit Jahrhunderten eine wichtige Brücke nach Zentraleuropa und weiter nach Osteuropa dar. Die neuen politischen Realitäten bedeuteten für VW Herausforderung und Chance zugleich. Wir gingen nicht davon aus, bei der Erschließung der zentraleuropäischen Märkte allein zu bleiben. Zu unserer Überraschung aber sollte es, von zwei ernsthaften Ausnahmen abgesehen, schließlich doch weitgehend der Fall sein. Unsere westlichen Wettbewerber waren zumeist mental und erfahrungsmäßig nicht auf einen solchen radikalen Wandel vorbereitet gewesen oder hatten ihn nicht verstanden. So bremste uns niemand, das gesamte Kerngebiet Zentraleuropas zu erschließen und auch dort durch neue Produktionsstandorte eine klare Führungsposition aufzubauen.

Dabei waren unsere Kräfte bei VW zu jener Zeit eigentlich

Strategische Weichenstellungen im Volkswagen-Konzern 1983–1993

1983
- Verkauf des VW-Montagewerkes Sterling Heights, Michigan/USA
- Start der VW-Passat-Fertigung bei SEAT, Barcelona/Spanien

1984
- Start der Polo-Fertigung bei SEAT, Pamplona/Spanien
- Erwerb des italienischen Importeurs „AUTOGERMA S.p.A."

1985
- Gründung des Joint Ventures „Shanghai Volkswagen Automotive Company, Ltd.", Shanghai/China

1986
- Mehrheitserwerb von „SEAT, S.A.", Barcelona/Spanien
- Verkauf von Triumph-Adler

1987
- Schließung des Werkes South-Charleston/USA und Verlagerung der Pressteilefertigung nach Puebla/Mexiko
- Fusion mit Ford zur „AUTOLATINA" in Brasilien u. Argentinien

1988
- Schließung des Werkes Westmoreland/USA und Verlagerung der Fahrzeugfertigung nach Puebla/Mexiko
- Erwerb eines 50%-Anteils von Europcar und Fusion mit VW-interRent

1989
- Einführung des Direkthändlersystems in Deutschland
- Start der Toyota-Pickup-Fertigung im VW-Nutzfahrzeugwerk Hannover
- Verkauf des VW-Werkes Fort Worth (Klimaanlagen), Texas/USA

1990
- Gründung der „Volkswagen Sachsen GmbH", Zwickau
- Grundsteinlegung für das Automobilwerk Mosel, Zwickau

1991
- Zusammenlegung der Finanzdienstleistungen in der „Volkswagen Finanz GmbH"

→

- Gründung des Joint Ventures „FAW-Volkswagen Automotive Company, Ltd.", Changchun/China
- Erwerb von zunächst 31% des Grundkapitals der „Škoda, automobilová a. s.", Mladá Boleslav/Tschechische Republik, und Übernahme der Management-Verantwortung
- Gründung der „Volkswagen Bratislava, spol. S.r.o.", Bratislava/Slowakei
- Gründung des VW-/Ford- Gemeinschaftsunternehmens „AutoEuropa-Automóveis Lda.", Setúbal/Portugal
- Grundsteinlegung für das neue VW-Motorenwerk Chemnitz

1992
- Zuschlag für Györ/Ungarn als Standort für ein neues Audi-Motorenwerk
- Inbetriebnahme des SEAT-Werkes Martorell/Spanien
- Inbetriebnahme des Getriebewerkes Transax, Córdoba/Argentinien

1993 1. Januar
- Erwerb des britischen Importeurs „V.A.G. United Kingdom Ltd."

überstrapaziert. Die Kumulation der Ereignisse hielt uns weltweit in Atem: der Anlauf des Gemeinschaftsunternehmens Autolatina in Südamerika, die Integration von Seat in Spanien, die Errichtung von AutoEuropa gemeinsam mit Ford in Portugal sowie last, not least unsere Projekte in China und Ostdeutschland. Ausnahmslos alle Geschäftsbereiche, allen voran der technische Bereich, steckten aufgrund der globalen Expansion des Unternehmens in einem Marathon um die Welt. Riesige Planungen waren zu erstellen und durchzuführen, Milliardeninvestitionen zu verantworten und zu finanzieren, all dies neben der eigentlichen Tagesarbeit, für die man personell ausgestattet war.

Einer derart überlasteten Mannschaft mutete ich nunmehr zu, mir nach Zentraleuropa zu folgen und ihre Belastung zu vervielfachen. Eine Opposition gegen diesen Kurs wäre nur zu verständlich gewesen. Aber man erkannte die Einzigartigkeit der Stunde und die Chancen der Europäisierung und Globalisierung und zog mit. Als nach unserem Škoda-Engagement in Mlada Boleslav noch Bratislava und das zweite Motorenwerk in Chemnitz hinzukamen, bestürmten mich allerdings einige Kollegen, einzuhalten, mit dem Erreichten zufrieden zu sein, hätte ich doch alle Ziele von Wichtigkeit erreicht. Aber manchmal muss man sich eben schwerhörig stellen.

Heute erscheint es mir wie ein Wunder, dass wir so viele Projekte gleichzeitig und erfolgreich abwickeln konnten. Ein größeres Kompliment für das Können unserer Wolfsburger Führungsmannschaft als das erreichte Ergebnis kann ich mir nicht vorstellen. Bei meinen Kollegen Münzner, Frerk, Hartwich, Seiffert, Schmidt und Ullsperger kumulierten in dieser Zeit alle Arbeits- und Verantwortungsströme.

Wenig Beachtung fand bis zum heutigen Tag die Tatsache, dass wir in der Lage waren, diese Expansionen zu finanzieren und die vorlaufenden Kosten in unserer Gewinn- und Verlustrechnung zu absorbieren. Das alles im Hochlohnland Deutschland, nach dem Einstieg in die 35-Stunden-Woche und ohne bereits von den Vorteilen der neuen Niedrigkostenstandorte profitieren zu können, die meinem Nachfolger zufielen. Ganz im Gegenteil: Zu den Vorlaufkosten für die neu entstehenden Standorte kamen noch die Produktanpassungs- und -entwicklungskosten hinzu.

Außer Toyota kenne ich keinen anderen Automobilkonzern, der ein vergleichbares Tempo je erreicht und so gut verdaut hätte. Auch unsere Bilanzrelationen blieben ungefährdet, und wir wiesen stets eine beachtliche Liquidität aus. Hinzu kamen nicht genutzte syndizierte Kreditlinien internationaler Bankenkonsortien für Krisenzeiten in Höhe von 7,5 Milliarden DM. Die international wohl renommiertesten Ratingagenturen Moodys sowie Standard & Poors stuften uns bis zu meinem Abschied als erstklassigen Schuldner ein und ermöglichten uns dadurch weltweit äußerst günstige Refinanzierungskonditionen.

Die Presse hingegen kritisierte zwar oft unsere »mageren« Gewinne, deduzierte aber nicht aus unseren Cashflow-Zahlen, wie kompromisslos konservativ wir bilanzierten, indem wir beispielsweise die Zonenrandabschreibungen als einzige Automobilfabrik im Betrag von bis zu 1,4 Milliarden DM jährlich – mit Ausnahme des Jahres 1992 – ausschöpften.[61] Als Folge dieser Maßnahmen lag etwa der Jahresüberschuss des Volkswagen-Konzerns im Geschäftsjahr 1991 um 26 Prozent unter dem sonst auszuweisenden Wert. Nicht zulässig war damals außerdem die Aktivierung von Entwicklungskosten, die nach IAS[62]-Richtlinien in unserer Industrie inzwischen zur Regel geworden ist und zu applaudierten Gewinnen führt, selbst wenn nach deutschem HGB De-facto-Verluste auszuweisen wären. Für uns hatte nicht die Maximierung des Gewinnausweises, sondern des Cashflows zur Sicherung langfristiger Zukunftsinvestitionen Vorrang. Mit unserer Dividende entsprachen wir dem deutschen Standard.

---

61 Investitionen wurden im ersten Jahr mit 50 Prozent abgeschrieben.

62 International Accounting Standards (internationale Rechnungslegung).

Da unser Unternehmen so durchlässig war wie ein Sieb, gelangten unsere vertraulichsten Informationen, Aufsichtsratsberichte und Planungen traditionell an die Presse, nicht zuletzt zur Freude unserer Konkurrenten. Ich muss allerdings zugeben, dass sich die ganze Branche in diesem Bereich inzwischen in etwa auf das Niveau der Politik begeben hat. Ständig werden die Medien mit Meinungen und Absichten, Plänen und Prognosen über die Zukunft versorgt, die man früher streng geheim hielt. So hat man eine neue Dimension der Berichterstattung geschaffen, die meiner Generation erspart blieb. Management scheint vielfach auf dem Marktplatz stattzufinden.

Gewiss gingen wir damals Risiken ein. Wer aber Bilanzen analysieren konnte, keine sehr weit verbreitete Eigenschaft, der wusste genau, dass sich VW durch diese Politik finanziell und in seiner Konkurrenzfähigkeit entscheidend stärkte, dass wir uns diese Risiken leisten konnten und unsere strategische Kostenposition außerordentlich verbesserten. Abwarten und zusehen wäre bei weitem das größere Risiko gewesen, wie die Entwicklung inzwischen bewiesen hat. Die professionellen Ratingagenturen verstanden uns jedenfalls ebenso wie unser Aufsichtsrat.

Noch zu Anfang meiner Zeit als Vorstandsvorsitzender, 1982, lag in der europäischen Zulassungsstatistik Fiat hinter Renault auf Platz 2, später auf Platz 1, also weit vor uns als Fünftplatzierter. Aber das Versäumnis, sich den neuen europäischen und weltwirtschaftlichen Realitäten anzupassen, führte bei Fiat zu einer Krise existenziellen Ausmaßes, mit entsprechend schwerwiegenden Auswirkungen auf die italienische Wirtschaft. Keine Regierung, kein Sondergesetz kann noch helfen, wenn strategische Fehler dieser Größenordnung über einen so langen Zeitraum begangen werden. Das wäre auch für Volkswagen verhängnisvoll gewesen.

Was wäre gewesen,

- wenn wir unsere von Deutschland kostenmäßig abhängige Position nicht neutralisiert hätten?

- wenn wir in Zentraleuropa nicht so dynamisch vorangestürmt wären?
- wenn Wettbewerber unsere heutigen zentraleuropäischen Positionen besetzt hätten?
- wenn unsere deutschen, kapitalintensiven Fabriken nicht die wesentlichen Zulieferer und Abnehmer unserer neuen Marken zu Verrechnungspreisen sein könnten?

Wir wären in unserer Existenz gefährdet und würden in Europa nicht einmal mehr die Position fünf halten können. Auch ein VW-Gesetz könnte dann nicht mehr helfen. Man vergisst immer wieder, dass der strategische Faktor Zeit nicht zurückgespult werden kann.

Manche Medien attackierten mich in den Jahren des Aufbruchs heftig. Größenwahn war noch das Mildeste, was ich zu hören bekam, angereichert mit Zitaten von der Konkurrenz. Aus »worst case«-Szenarien in unseren Aufsichtsratsunterlagen, die einigen Presseorganen im Original vorlagen, wurde einseitige Schwarzmalerei zur Auflagenerhöhung produziert. Natürlich blieben solche Kampagnen nicht ohne Auswirkung auf die eigene Mannschaft oder den Aufsichtsrat unter Karl Gustav Ratjen und ab 1987 unter Klaus Liesen, die trotzdem beide den Mut hatten, unsere Politik ohne einen einzigen Abstrich zu unterstützen und zu genehmigen. Dies gilt auch für unseren Großaktionär Niedersachsen sowie für unsere Arbeitnehmervertreter in diesem Gremium.

Es war gar nicht ganz einfach, die Argumentationskette zu vermitteln, dass jede Investition im Ausland deutsche Arbeitsplätze nicht nur sicherte, sondern sogar zusätzliche schuf. Aber es gelang. Unserem Management eröffneten wir gleichzeitig ungeahnte Chancen des Aufstiegs, brauchten wir doch fast jedes Jahr weltweit scharenweise neue Vorstände und Führungskräfte für Tochtergesellschaften. Das machte uns natürlich als Unternehmen attraktiv.

Chancen haben aber die kürzesten Halbwertzeiten. Sie kommen – zumeist unangemeldet – so schnell, wie sie gehen. Das macht sie so gefährlich. Bereits Anfang der 90er-Jahre sollten die europäischen Chancen alle vergeben sein, neue industrielle Landkarten vorliegen und wir uns wieder im »Stellungskrieg« befinden. Ähnlich kurz war für strategisch denkende amerikanische und europäische Investoren das Zeitfenster in Japan und Korea geöffnet, infolge der asiatischen Finanzkrise in den 90er-Jahren. Auch eine in einem solchen Zeitfenster genutzte Chance ist aber noch lange keine Garantie für den Erfolg, wie das Chrysler- und Mitsubishi-Engagement von Daimler zeigt.

Die McKinsey-Statistiken sind angefüllt mit fehlgeschlagenen Fusionen und Kooperationen, mit Substanzvernichtungen. Im Falle von Volkswagen ist heute festzustellen, dass wir im Gegensatz zur Politik der Diversifizierung der 70er-Jahre mit unserer Expansionspolitik in den 80er- und Anfang der 90er-Jahre nur Treffer erzielten. Ähnliches war mir bei Continental mit dem Kauf von Uniroyal 1979 gelungen, nur hatten wir damals lediglich einen einzigen Schuss im Rohr.

Dank Zentraleuropa tarierten wir unsere europäischen Fertigungsstrukturen, unsere Arbeitsteilung völlig neu und optimierten die Herstellkosten für unsere Produkte und Aggregate in enger Zusammenarbeit mit den Lieferanten. Es war im Übrigen auch die Zeit, in der die Reduzierung der Fertigungstiefe zunehmend an Bedeutung gewann.

Unsere europäischen Konkurrenten blieben fast ausnahmslos auf ihre nationalen Standorte fixiert, ganz im Gegensatz zu den amerikanischen und japanischen Automobilunternehmen, die bei ihren Standortentscheidungen für die alte Welt von vornherein europäisch dachten und handelten.

Mit der Europäisierung unserer Konzernstrukturen, also durch das Engagement in Spanien und Portugal einerseits sowie in Zentraleuropa andererseits, befreiten wir uns vorerst aus dem Würgegriff der Kosten am Hochkostenstandort Deutschland. Aber auch die Standorte in den neuen Bundesländern zeigten erfreuliche Kostenvorteile gegenüber Westdeutschland dank hoher Produktivität, größerer Flexibilität und längeren Arbeitszeiten bei niedrigeren Lohnkosten. Da es sich jeweils um modernste Fabriken handelte, kamen diese Vorteile besonders zum Tragen. Subventionen und Sonderabschreibungsmöglichkeiten traten hinzu.

Durch die Isolierung unserer eigentlichen Achillesverse waren wir auf dem Kostengebiet erst einmal wieder wettbewerbsfähig und konnten unsere technische Überlegenheit ausspielen. Die aus der neuen Konzernstruktur resultierenden Ertragssteigerungen in der zweiten Hälfte der 90er-Jahre waren aber offensichtlich zu verführerisch ... Zumindest widmete man dem angestammten Massensegment und dazugehörigen, wichtigen Nischen, also dem täglichen Brot für unsere Fabriken und Händler, nicht die gebotene Aufmerksamkeit, was unserer Konkurrenz unverhoffte Chancen eröffnete.

Verschiedene Angebote aus der Sowjetunion, die seit Beginn der Perestroika auf uns zukamen, erschienen uns stets unrealistisch, sosehr uns Gorbatschow auch beeindruckte und begeisterte. Umso verwunderter waren wir, dass Konkurrenten Projekte für Automobilfabriken mit Kapazitäten von bis zu 900 000 Fahrzeugen pro Jahr unterschrieben, die wir als völlig wirklichkeitsfremd abgehakt hatten. Sie wurden denn auch nie realisiert. Die Entwicklung in Russland und der Ukraine hat unsere Einschätzung leider bestätigt. Aber auch dort ist nunmehr ein Zeitfenster aufgegangen, das sich allerdings nicht so schnell schließen wird. Diese Region ist historisch anders geprägt als die westlich von ihr gelegenen zentraleuropäischen Länder. Russland hat überdies fast 80 und nicht nur 40 Jahre Kommunismus hinter sich. Die meisten der zentraleuropäischen Nationen gehörten dagegen immer auch zum westlichen Kulturkreis und besaßen teilweise eine große industrielle Tradition, im Falle Tschechiens schon seit den Zeiten der Doppelmonarchie.

Beim Staatsbesuch von Bundespräsident von Weizsäcker in

der ČSFR[63] Anfang 1990 hängte ich mich an jeden seiner Schritte. Ich antichambrierte überall, was mir persönlich zwar gar nicht sehr lag, aber notwendig erschien. Auf meinem Kalender sollte fortan – parallel zu den Fahrten nach Ostdeutschland – laufend das Ziel Prag stehen, sehr bald kombiniert mit Mlada Boleslav, dem Sitz von Škoda, sowie Posen und Bratislava, dem ehemaligen Pressburg, vor den Toren Wiens. Bratislava bot somit Anschluss an die gesamte westliche Infrastruktur, vom Wiener Flughafen angefangen.

Ähnlich wie mit Ostdeutschland hatten wir während des Kalten Kriegs mit allen Automobile produzierenden Comecon-Ländern stets Kontakte gepflegt. Jeder Besucher von dort war uns willkommen. Wir hatten auch bereits in einen Škoda Felicia einen VW-Motor eingebaut und wussten, dass er passte. Gorbatschows Politik ließ uns mehr und mehr vermuten, dass es zu einer gewissen Öffnung kommen würde. Hand am Puls hieß für uns deshalb die Parole.

Škoda betrachteten wir als die Perle des Ostens. Selbst in einigen Ländern des Westens hatte diese traditionsreiche Autofirma und Marke aus den Anfängen des Automobils noch Geltung. Die eigentliche Wurzel des Unternehmens bildeten die nach ihren beiden Gründern benannten Laurin & Klement Werke, die bereits seit 1905 Automobile fertigten.

Auch der tschechische Lkw-Produzent Tatra hatte mit seinem einzigartigen Konstruktionsprinzip des Zentralrohrrahmens für schwere Lkw Weltruf errungen ebenso wie mit seinem stromlinienförmigen Personenwagen mit luftgekühltem Achtzylinderheckmotor und Aluminiumzylinderblock. Tatra bestreitet heute noch mit seinen Lkw erfolgreich die Rallye Paris–Dakar. Schon zu Zeiten Nordhoffs leisteten wir eine einmalige Lizenzzahlung für verschiedene im Käfer verwendete Patente von Tatra/Baron Ringhofer. Auf sie hatte der Reichsverband der Automobilindustrie (RDA) meines Wissens schon 1935 hingewiesen.

---

63 Tschechische und Slowakische Föderative Republik.

In Böhmen stand die Wiege vieler großer Pioniere der Automobilindustrie, angefangen bei Baron F. Ringhofer über Hans Ledwinka bis zu Ferdinand Porsche. Bis heute gibt es sehr viele, die dort oder in Österreich ihre Wurzeln hatten und sich besonders in der deutschen Automobilindustrie erfolgreich einen Namen machten. Man denke nur an Dr. Jakob von Deutz, meinen Entwicklungskollegen im VW-Vorstand, Prof. Ernst Fiala, Prof. Eberan von Eberhorst, den Forschungs- respektive Entwicklungschef der Vor- und Nachkriegs-Auto-Union, oder Ferdinand Piëch. Auch mein Vater gehörte zu ihnen, der »2-Takt-Hahn« von der DKW-Auto-Union.

Für uns war – ohne Alternative – Škoda in Mlada Boleslav das wichtigste Ziel. Wir mussten auf Sieg setzen. Wie aber gewinnen gegen einen namhaften Mitbewerber aus Frankreich, einem Land, dem sich führende tschechische Politiker wegen dessen politischer Unterstützung verpflichtet fühlten? Dies war offensichtlich auch einer der Gründe, weshalb man uns zuerst einmal Bratislava verkaufen wollte.

Als wir, Volkhard Köhler und ich, den Außenhandelsminister der ČSFR, Slavomír Stračár, der leider viel zu früh starb, zusammen mit dem tschechoslowakischen stellvertretenden Industrieminister Jozef Uhrik am 4. Februar 1990 erstmals an der Kaffeebar des damals nicht gerade modernen Prager Flughafens trafen, dirigierten sie uns sofort weiter nach Bratislava, nicht aber nach Mlada Boleslav.

Wieder erlebte ich dort vor den Toren der Stadt eine zwar schon zehn Jahre alte, aber doch völlig neue Fabrik auf der grünen Wiese, in weit größerer Dimension noch als »Mosel 1«, die nie ein Auto produziert hatte. Sie besaß dafür aber unter ihrem Dach, neben einem kleinen Stylingstudio, den größten Werkzeugbau, den wir bis dato gesehen hatten. Größer war nur der, den wir anschließend bei Škoda in Mlada Boleslav antreffen sollten.

Die ČSFR verfügte über eine Kapazität für den T72-Panzer, die – besonders zur Freude des Kunden Irak – wohl größer war

·8 Meine letzte Betriebs-
ammlung im Stammwerk
fsburg im Dezember 1992.

69 In der Kaiserpfalz zu Goslar schaute Marisa Hahn am 19. Januar 1993 strahlend dem (vermeintlic Ruhestand ihres Mannes entgegen. Ich wurde offiziell als Vorstandsvorsitzender von VW verabschi Hinter meiner Frau von links: Ferdinand Piëch, Helmut Werner, C.H.H., Umberto Agnelli, Werner N Eberhard von Kuenheim und Wendelin Wiedeking.

70 Mein liebstes Aufsichtsratsmandat war mehr als 40 Jahre die Gerling-Versicherungsgruppe. VW mittelbar am Eisernen Vorhang gelegen, war von den deutschen Entscheidungszentren weit entf Aufsichtsratsmandate ermöglichten wichtige Verbindungen. Links von mir Paul-Robert Wagner, r Hans Gerling, ein großer Unternehmer und großer Freund. Daneben: Harald J. Schröder.

irgistan, im Herzen Zentralasiens gelegen, ist eines der schönsten, zugleich aber auch eines der ärmsten
ler dieser Welt. Ernst Albrecht, Ministerpräsident a.D. (Mitte) und ich haben es uns zur Aufgabe
acht, Kirgistan in seinen Reformbemühungen zu unterstützen. Der langjährige Präsident des Landes,
r Akajev (rechts) hatte als einziges Staatsoberhaupt der Nachfolgestaaten der Sowjetunion nicht der
munistischen Nomenklatura angehört, sondern war ein international angesehener Professor der Physik
esen. Seine Arbeit war nicht perfekt, aber niemand in den GUS-Staaten ist mit der Demokratisierung
besser vorangekommen als er bis zu seinem Sturz.
Albrecht und ich haben uns in dieses durchschnittlich 3000m hohe wunderschöne Land und seine
schen mit ihrer großen Nomadentradition verliebt. Hier eine Strategiediskussion bei Osh.

73 Nicht nur das Automobil, sondern auch das von mir initiierte Kunstmuseum verbindet Wolfsburg der Welt. Durch die großzügigen Zuwendungen unseres Mäzens, Asta Holler, ist es überwiegend privat fi ziert. Das internationale Renommee unseres Hauses verdanken wir dem Gründungsdirektor Gijs van

74 Der Theaterplatz in Chemnitz überstand den Zweiten Weltkrieg ohne größere Schäden. Der Sa rungsbedarf war nach der Wende dennoch groß. Im Rahmen einer Bürgerinitiative haben wir uns zum gesetzt, die St. Petrikirche (rechts) wieder im einstigen Glanz erstrahlen zu lassen. In der Mitte die C links das Gebäude der Kunstsammlungen Chemnitz.

Seit meiner Pensionierung ich nie unter Auftragsgel. Beispiel Benediktiner ter Ilsenburg: Unter Maria tin zu Stolberg-Wernide setzen wir uns im Kuraım der Stiftung Kloster burg für den Erhalt und Wiederherstellung dieses 1000 Jahre alten, auch baunichtlichen Kulturdenkmals

udienz bei Papst Johannes II.: Anlässlich einer Tagung Europäischen Automobilistrie 1990 in Rom wurden vom Heiligen Vater empen. In der Mitte Umberto elli.

ommerferien mit der Familie auf einer Dude Range bei Jackson Hole in den Teton Mountains. Es war t immer leicht, Familie und Beruf so mit einander zu verbinden, dass keiner zu kurz kam. Arbeit Verantwortung hörten nie auf, kannten weder geographische noch zeitliche Grenzen.

7 Auf Sardinien genießen die schönsten Tage des es.

Wolfsburg feiert sein 50-iges Stadtjubiläum – ein r Grund, Korken knallen ıssen. ▸

80 An der Pinne meines Hobbie Cat 14 (s
18(!)) »Marisa« finde ich vor Sardinien Ents
nung. Es ist der ideale Ort für neue Ide
zumindest bis Windstärke 4.

81 Beim Engadiner Ski-Marathon mit se
12.000 Teilnehmern liefen mir die VW- und A
Teilnehmer jedes Jahr davon. Aber Sport
durch alle Hierarchien ist ein großartiger Kitt

82 Das Vergnügen vor dem Frühstück.

als die gesamte diesbezügliche Kapazität Westeuropas. Doch Prag war bemüht, die Industrialisierung der Slowakei nicht nur auf der exportintensiven Rüstungsindustrie aufzubauen. Darum war Ende der 70er-Jahre die Idee entstanden, außerhalb von Bratislava eine moderne Montagefabrik für eine Alfa-Romeo-Lizenzfertigung zu errichten, die jedoch nie anlaufen sollte. Die Kapazität von Bratislava war enorm, aber ohne Marke und Marktanteil, Absatzorganisation und Personal. Außer einigen Tauchbecken für eine Lackiererei existierten nicht einmal Fertigungseinrichtungen. Was sollten wir mit diesem Brocken anfangen?

Unsere Gesprächspartner wollten, ja mussten versuchen, das schwerer verkäufliche Objekt zuerst loszuschlagen. Das machte unsere Lage verzwickt: Ohne über Bratislava zu verhandeln, würden wir nicht zu Škoda kommen, wo wir eigentlich hinwollten. Ich fühlte mich beim ersten Besuch deshalb recht unwohl in meiner Haut, wie ein unerfahrener Hochstapler. Es erforderte einige Zeit, bis wir erkannten, wie beide Asse zu gewinnen und zu kapitalisieren sein würden.

Das Interesse für Bratislava ließ unsere Gesprächspartner uns wie geplant auch Škoda in Mlada Boleslav zeigen. Dort waren wir auf das Angenehmste überrascht. Alles stand im Kontrast zu der ausgelaugten Fabrik der IFA in Zwickau und dem tristen Trabant, so genial seine aus der Not heraus geborene Karosse zweifellos war. Die ČSFR hatte offenbar mehr im Sinne Schwejks die Comecon-Zeit gemeistert. Mit dem Škoda Felicia verfügte man über einen modernen Wagen der Polo-Klasse, den man überall verkaufen konnte, wenn auch im Westen nur nach einigen Korrekturen. Im Markt war zudem immer noch ein »Comecon-Preisabschlag« zu kalkulieren, den rechnende Kunden zu nutzen wussten. Dass die Hinterachse vom Golf kopiert war, schmeichelte und erfreute uns besonders. Škoda kopierte nicht als Einziger unsere Verbundlenkerachse. Die Liste der Nachahmer reichte bis Detroit und zu seinen deutschen Ablegern. Die Fertigung des Škoda erfolgte in einer gewachsenen

Autofabrik unterschiedlichster Altersstruktur, von uralt bis hin zu einem klug automatisierten Karosserierohbau mit neuesten Kuka-Robotern aus Deutschland und, direkt neben dem Eingang, einem Gefängnis mit politischen Häftlingen für ungeliebte, körperlich schwere Arbeitsgänge.

Wir erhielten durch unseren Besuch die Bestätigung, dass es sich lohnte, um Škoda zu kämpfen, dass mit der Führungsmannschaft und den Beschäftigten, ihren Fahrzeugen und Fabriken eine erfolgreiche Zukunft zu entwickeln war, wenn auch die Absatzorganisation im Comecon eine vergängliche und im Westen nur schwache Basis besaß. Überdies bestanden zeitweise Schwierigkeiten, die Fertigung weiterlaufen zu lassen, nachdem die Velvet-Revolution die politischen Gefangenen befreit hatte.

Welch ein Unterschied zur DDR: Während die alte Trabi-Fabrik in der Innenstadt Zwickaus für uns unbrauchbar war und die Trabant-Fertigung ebenso wie das Ersatzteilgeschäft sich nach der D-Mark-Einführung über Nacht in nichts auflösten, würde man bei Škoda erst einmal mit dem vorhandenen Fahrzeug ohne merkliche Verluste über die Runden kommen. Der Škoda Felicia bewies nach technischen und qualitativen Verbesserungen und einem gelungenen Facelifting durch Giugiaro bis zum Anlauf der neuen, wie auch bei Seat auf VW-Plattform aufbauenden Modelle seine Marktfähigkeit. Bei näherem Hinsehen zeigte ein 1,1-Liter-Škoda-Aluminiummotor sogar so viel Potenzial, dass er bald in einem VW-Modell Einzug hielt und uns erst einmal einen größeren Investitionsbrocken ersparen sollte.

Da es um hohe Beträge für den schrittweisen Kauf sowie um beträchtliche Folgeinvestitionen ging, war mit harten Verhandlungen zu rechnen. Finanzkollege Dieter Ullsperger wurde die Schlüsselfigur eines Verhandlungsteams aller Fakultäten. Volkhard Köhler und unsere Juristen unter Ehinger unterstützten ihn. Der Industrie- und Handelsminister der Tschechischen Teilrepublik, Miroslav Gregr, hatte White & Case aus den USA als Rechtsberatung zur Seite sowie die Investmentbank Credit Suisse First Boston (CSFB) für die Finanzen. Unsere Kontrahenten waren also professionell vorbereitet. Überhaupt stellten wir fest, dass die ČSFR immer mit dem Westen in Verbindung geblieben war, ganz im Gegensatz zur DDR. Selbst Politiker wie Václav Klaus hatten im Westen studieren können. Wir erhielten sehr bald den Eindruck, dass die DDR zwar die Wirtschaftsstatistiken des Comecon stets angeführt hatte, ihr die Menschen der ČSFR allerdings in puncto Lebensqualität und geistiger Unabhängigkeit eindeutig voraus waren. Dies galt in ähnlicher Weise für die Situation in Polen und Ungarn. Hatten wir in der DDR vielleicht die besseren Statistiker?

Aber nicht wir allein interessierten uns für Škoda. Auch Renault stand auf dem Plan. Wie in der Industrie jedoch meist üblich, dachte die Renault-Spitze gar nicht daran, sich zu exponieren, sondern schickte ihre Beauftragten ins Rennen. Gleichzeitig baute man auf diplomatischem Wege massiven politischen Druck in Prag auf, spielte siegessicher auf Dinge an, die unsere geschichtlichen Hypotheken betrafen. Dies machte es der tschechischen Seite sicher nicht leichter, zu einem objektiven Urteil zu gelangen. Auch waren wir nicht imstande, die Vorzüge von Paris oder Industriepräferenzen anzubieten, was die Gegenseite aufgrund wichtiger staatlicher Schlüsselindustrien recht wirksam konnte.

Zu guter Letzt konnten wir die Regierung der tschechischen Teilrepublik jedoch aufgrund unseres fundierten Angebots von den Vorteilen eines VW-Engagements überzeugen. Ministerpräsident Pithart, Industrieminister Gregr sowie sein Nachfolger Vrba, insbesondere aber der stellvertretende Ministerpräsident Vlasak hatten durch ihren großen persönlichen Einsatz und ihr unbürokratisches Vorgehen wesentlichen Anteil daran, dass die zwar harten, aber stets fair geführten Verhandlungen zu einem erfolgreichen Abschluss gebracht werden konnten.

Entscheidend trug dazu Hans Holzer, Konsul der ČSFR in Basel, bei, der sich selbstlos und mit einer Unermüdlichkeit als Berater für uns einsetzte, wie ich es in meinem Leben ganz selten erlebt habe. Hinzu kamen Höflichkeitsbesuche bei der Spitze des Staates, etwa beim damaligen Finanzminister Václav Klaus, beim Kanzler Fürst Schwarzenberg und beim Präsidenten der ČSFR, Václav Havel. Natürlich hielten wir die Bundesregierung stets informiert, wie auch unseren Botschafter Hermann Huber in seinem historischen Palais Lobkowicz.

Da die Familie meines Vaters mindestens seit dem 17. Jahrhundert in Südböhmen ansässig war und ich als Kind hunderte Male in dem kleinen Dorf Gratzen (Nove Hrady) bei Budweis an der österreichischen Grenze meinen Großvater besucht hatte, war ich mit der Mentalität der Menschen vertraut. Viele glaubten sogar, ich spräche Tschechisch, was zwar bei meinem Vater, leider aber nicht bei mir zutraf. Etliche Industrielle aus der Tschechoslowakei hatten in meinem Elternhaus verkehrt. JAWA war Lizenznehmer von DKW gewesen, nachdem Wanderer in den 30er-Jahren keine Motorräder mehr baute (der Name »JAWA« setzte sich aus Janecek und Wanderer zusammen). Außerdem montierte JAWA einen DKW-Pkw auf Basis von CKD-Teilesätzen. Auf jeden Fall schien man mir meine innere Verbundenheit mit diesem Land zu glauben, was schließlich in eine vertrauensvolle Partnerschaft münden sollte.

Während Renault mithilfe seiner Regierung in die Schlacht zog, setzten wir den Schwerpunkt unserer Arbeit darauf, die Menschen von Škoda an der Basis zu überzeugen. Wir konzentrierten uns dabei auf die verschiedenen Werke von Škoda, zeigten uns immer wieder in den Betrieben und bauten einen intensiven Dialog mit den Führungskräften und Betriebsräten auf. Zugleich wurden bereits Gegenbesuche und VW-Managementkurse für Škoda-Mitarbeiter durchgeführt, so für Qualitätsmanagement, als wir gerade mit der Regierung der Teilrepublik zu verhandeln begannen.

In Prag war man realistisch genug, zu erkennen, dass in der Automobilwelt von heute eine Fabrik mit noch so tüchtigen

Menschen keine Überlebenschance außerhalb eines starken, großen Verbundes haben würde.

Überall und immer wieder erläuterten wir auf allen denkbaren Kanälen unsere Kernstrategie: Škoda bleibe ein eigenständiges Automobilunternehmen, eine stolze tschechische Marke im Einklang mit ihrer Tradition, unter Nutzung der nationalen Stärken und der großen Begabungen der Menschen des Landes. Dies stand im Gegensatz zu Renault, das keine Mehrmarkenstrategie verfolgte, sondern angeblich die Montage eines Renault Kleinwagens plante. Renault baute damit zu unseren Gunsten ein Schreckgespenst erster Klasse auf. Wir hingegen verkündeten unsere Philosophie der »equal opportunity« für jeden Mitarbeiter im Konzern sowie der föderativen Selbstständigkeit im globalen Konzernverbund, wie bei Seat exemplarisch zu besichtigen. Nur der VW-Pass zähle.

Parallel dialogisierten bei gegenseitigen Besuchen die Betriebsräte von Škoda mit den unsrigen, sodass sie unsere Thesen und unsere Unternehmensphilosophie aus der Sicht des Arbeitnehmers testen konnten. Diese Gespräche scheinen besonders erfolgreich verlaufen zu sein, wie wir in der Endrunde der Verhandlungen feststellen konnten: Die Belegschaft von Škoda teilte der Regierung in Prag mit, dass sie streiken würde, erhielte VW nicht den Zuschlag. Wir waren also willkommen.

Inzwischen hatten wir gehört, dass GM sich für Bratislava interessierte. Die Verhandlungen seien bereits fortgeschritten. Das veranlasste uns, nun auch in Bratislava konkreter zu werden. In der mittelfristigen Entwicklung sahen wir Bratislava im konservativsten Fall als strategische Reservekapazität während einer Übergangszeit an, die auf keinen Fall einem Konkurrenten in die Hand fallen dürfe. Bei den gegebenen Kaufpreisvorstellungen würde ein Minimum an Montagevolumen genügen, um die Investition bis zur besseren Ausschöpfung der Kapazitäten zu tragen. 60 Kilometer vor den Toren Wiens war dies ein idealer Standort für eine zukünftige Fahrzeugmontage in dieser Region Zentraleuropas, die nicht weiter von Ingolstadt entfernt war als Ingolstadt von Wolfsburg.

Somit verhandelten wir nunmehr auch um Bratislava, wenn auch vorerst hinhaltend, weil es für uns eine Katastrophe gewesen wäre, hätten wir den Zuschlag für Bratislava vor dem für Škoda erhalten. Denn in diesem Fall hätte die tschechische Regierung dem Druck aus Paris kaum widerstehen können und Škoda wohl an Renault verkauft.

Der Rest der Geschichte ist bekannt: Zu den drei Marken des Konzerns – Volkswagen, Audi und Seat – trat Škoda als vierte gleichberechtigte Marke hinzu. Die französische Presse zürnte nach dem Zuschlag »Blitzkrieg«, »Dampfwalze« und »der Osten bleibt das Jagdgebiet der Deutschen«. Uns sollte es recht sein. Der größte Teil des Kaufpreises wurde als Eigenkapitalaufstockung eingebracht, floss dem Unternehmen also anteilig wieder zu. Im Einzelnen sah der Vertrag vor, dass sich die Volkswagen AG an der Škoda Automobilova zunächst mit 31 Prozent beteiligte, jedoch sofort die Managementverantwortung übernahm. Bis 1995 sollte durch den Erwerb weiterer Anteile – hauptsächlich im Wege von Kapitalerhöhungen (1,2 Milliarden DM) – die Beteiligungsquote auf 70 Prozent erhöht werden. Zusätzlich versprachen wir bedeutende Investitionen in Produkte, Fertigungsmodernisierungen, Kapazitätsaufstockungen und die Umwelt sowie das Mitbringen namhafter Zulieferer. Ein neues Kraftwerk für Mlada Boleslav kam noch hinzu.

Dank der sich erfreulich rasch stabilisierenden Ertragslage unserer neuen Tochtergesellschaft führten die Kapitalerhöhungen schon bald zu einer Eigenkapitalquote von über 60 Prozent. Die Anteilseigner beschlossen daraufhin 1997 eine Kapitalrückzahlung im Betrag von insgesamt 500 Millionen DM, von denen 350 Millionen DM an die VW AG und 150 Millionen DM an den tschechischen Staat flossen. Die Eigenkapitalquote verminderte sich dadurch auf knapp 38 Prozent, einen also immer noch beachtlichen Wert. Im Jahr 2000 ging Škoda schließlich vollständig in den Besitz von VW über. Aus heutiger Perspektive ist es sicher nicht übertrieben, wenn man feststellt, dass die Akquisition dieses traditionsreichen tschechischen Automobilherstellers für beide Seiten in jeder Hinsicht ein ungewöhnlicher Erfolg war.

Der Erwerb von Škoda festigte unsere führende Position in Europa. Gleichzeitig wurden wir über Nacht Marktführer in Zentraleuropa. Uns eröffneten sich darüber hinaus neue Optionen in Richtung Osten. Schließlich verfügten wir von nun an über Mitarbeiter im Konzern, die auch die ethnischen Voraussetzungen mitbrachten, uns eines damals noch nicht bestimmbaren Tages eine Sonderstellung beim Erschließen der GUS-Märkte zu eröffnen.

Ohne Škoda, mit seinen bis heute relativ fast unveränderten Kostenvorteilen, wären unsere Mehrmarkenstrategie und unsere Position in der Weltspitze der Automobilindustrie nicht denkbar. Unsere tschechische Tochtergesellschaft ermöglichte nicht nur volumenbedingte Kostendegressionen und Ertragsverbesserungen an unseren kapitalintensiven deutschen Standorten. Wichtiger noch: Wäre Škoda in die Hände unserer französischen Freunde gefallen, würden sie heute ihre Produkte zu Niedrigkosten vor unseren Toren produzieren können, geografisch-logistisch im Herzen Europas. Sie würden damit die Rolle in Zentraleuropa spielen, die wir uns dort erarbeitet haben. Mit dem Ende des ersten Jahrzehnts im 21. Jahrhundert werden wir aber nicht umhin kommen, uns mit in Zentraleuropa produzierten Fahrzeugen unserer wichtigsten Konkurrenten auseinander zu setzen. Die dort entstehenden Kapazitäten von etwa einer Million Fahrzeugen, und das in nur einem einzigen Marktsegment, werden den Wettbewerb und damit den Preisdruck in ganz Europa schlagartig verschärfen.

Durch Škoda erreichten wir im Konzern einen Zuwachs von inzwischen fast einer halben Million Fahrzeugen, der mittelfristig auf 600 000 Wagen ausgeweitet werden soll. Der wachsende Zuspruch, den die Marke Škoda gerade auch auf dem westeuropäischen Markt erfährt, ist nicht zuletzt das Ergebnis ihrer hohen Produktqualität. In Großbritannien beispielsweise, einem ihrer Traditionsmärkte, bescheinigten ihr die aussagefähigen Kundenzufriedenheitsanalysen von J. D. Power bereits 2002 Platz 1 vor sämtlichen Konkurrenten.

Nicht auszudenken, wenn die mit Škoda verbundene Größenordnung der Konkurrenz gehören würde. Die Differenz bedeutet Welten in der Wettbewerbsstärke wie auch in der Gewinn-und-Verlust-Rechnung. Schließlich war in unserem Škoda-Paket eine weitere Händlerorganisation, wenn zum Teil auch nur potenziell, eingeschlossen. Wir erhielten damit einen zusätzlichen Angelhaken im Fischteich, verbunden mit der Chance, neue Marktsegmente und neue Märkte, insbesondere im Osten Europas und darüber hinaus, gezielt zu besetzen, ganz zu schweigen von dem Zugewinn eines überproportionalen Marktanteils im Heimatland von Škoda von um die 50 Prozent. Wir kauften also nicht nur eine neue Produktionskapazität, sondern, wie schon im Falle Seat, eine Marke einschließlich Marktanteil und Kundenstamm. Die Option, eines Tages den Markt über die Bedienung der verschiedenen Preisklassen völlig abdecken zu können, bedeutete Wettbewerbsvorteile für alle unsere Marken. Unseren Servicegesellschaften, von den Finanzgesellschaften angefangen, eröffneten sich ebenfalls neue Wachstumspotenziale und Kostendegressionen.

Gleichzeitig lagen jene Kritiker falsch, welche die von uns in Zwickau und Mlada Boleslav (oder bei Seat) erworbenen Kapazitäten als Netto-Zusatzkapazitäten einstuften. Weil dem nicht so war, wurden wir ein viel kleinerer Störfaktor für die Märkte als von manchen befürchtet. Dies war auch Geheimnis unseres organischen, schnellen Wachstums im Markt. Im Grunde handelte es sich bei Seat und Škoda wie auch bei Zwickau in der ersten Phase um eine Umbuchung von Marktanteilen und Fertigungskapazitäten auf unser Konto, gefolgt von organischem Wachstum. Ein solches Vorgehen steht ganz im Gegensatz zum reinen Verdrängungswettbewerb mit zusätzlichen Kapazitäten auf der grünen Wiese, für die man die Marktanteile erst noch erobern muss.

Die Tinte unter dem Škoda-Vertrag war noch nicht trocken, bescheidene, aber herzliche Unterschriftszeremonien kaum zu Ende, als wir Richtung Bratislava aufbrachen. Als ich verkündete, nun nach Bratislava fliegen zu wollen, schüttelte so mancher ungläubig den Kopf. Unsere neuen Prager Freunde waren sichtlich enttäuscht über meine mangelnde Urteilsfähigkeit. Offenbar wurden die Slowaken von den Tschechen teilweise ähnlich eingeschätzt wie bei uns die Ostfriesen. Vorurteile und Verallgemeinerungen scheinen ein weltweites, langlebiges Problem zu sein, das viel Unglück anrichten kann.

Innerhalb nur weniger Wochen sollten wir auch die Fabrik in der Slowakei gewinnen. Die slowakische Regierung, damals noch Teilrepublik, brachte uns einen großen Vertrauensvorschuss entgegen. Durch Einbringung von 48 Millionen DM im ersten Jahr und weiteren 140 Millionen DM bis 1994 sollte sich der VW-Anteil auf 94 Prozent erhöhen. Im Gegenzug erhielten wir ein – wenn auch noch ungeschliffenes – Juwel: 1 300 000 Quadratmeter Fläche, davon 190 000 Quadratmeter mit modernen Gebäuden bebaut und exzellenter Verkehrsanbindung. Für die slowakische Seite war es das wichtigste Geschäft ihrer jungen Industriegeschichte. Ganz im Gegensatz zur Partnerschaft mit VW hätte Bratislava unter Opel sicherlich bald schon schließen müssen, wenn man an den Kapazitätsabbau bei GM in Europa denkt. Unter den Bedingungen der Rezession und weltweit bestehender Überkapazitäten Anfang der 90er-Jahre wäre es schließlich kaum möglich gewesen, einen Käufer für diese Fabrik zu finden. Bei der stolzen Lkw-Fabrik Tatra war genau das denn auch leider der Fall.

Es sollte sich sehr schnell zeigen, dass wir die so genannte Reservekapazität in Bratislava dringender brauchten als in den Planungen zu meiner Zeit angenommen. Wir hatten aufseiten von Volkswagen den Bedarf für unsere Kernprodukte unterschätzt. Schon bald musste man die Fertigung in Bratislava auf die Rekordmarke von 20 Schichten in der Woche ausweiten. Entgegen unserer ursprünglich konservativen Planung entwickelte sich Bratislava mehr und mehr zu einem Zentrum für arbeitsaufwendige, komplizierte Produkte, unter anderem für die Pkw-Allradfertigung im Konzern. Sehr rasch hatte sich die dortige junge Mannschaft, bestehend zu je 50 Prozent aus Ingenieuren und Handwerkern, dank hoher Motivation, Qualität und Produktivität einen ausgezeichneten Ruf erarbeitet. VW Bratislava gilt heute als Hochleistungsfabrik und hat nicht aufgehört zu expandieren. Die Entscheidung für die Fertigung des VW Touareg sowie die Karosserie des Porsche Cayenne bestätigt die Potenz dieses Standortes. Neue Produktsegmente werden weitere Marktpotenziale öffnen. Bratislava verbesserte außerdem die Arbeitsteilung innerhalb der europäischen Standorte und brachte uns gleichzeitig dem Süden Zentraleuropas geografisch näher.

Heute steht an der Donau, vor den Toren der Stadt, eine moderne Fabrik mit Bahn- und Autobahnanschluss. Im Über-Nacht-Sprung wird sie von den deutschen Aggregatewerken und Lieferanten per Bahn versorgt. Inzwischen entstand in Martin zusätzlich eine Fabrikation für Getriebe- und Fahrwerkskomponenten, nachdem in der ersten Phase Getriebe in Bratislava lediglich montiert worden waren.

Im Jahr 2004 wurden bei der VW Bratislava 223 500 Fahrzeuge sowie knapp 360 000 Getriebe von 8300 Mitarbeitern produziert, 14 Jahre nach der Unterschrift für eine »Reservekapazität« im »worst case«, wie man heute sagen würde, die wir für nicht einmal 200 Millionen DM erworben hatten. Im Frühjahr 2003 erreichte diese Erfolgsgeschichte mit der Fertigung des millionsten Fahrzeugs ihren ersten Höhepunkt. Mit deutlich über vier Milliarden Euro Umsatz hat sich das Unternehmen inzwischen der Größenordnung Škodas angenähert. Ich gehe sicher nicht fehl in der Annahme, dass Bratislava im konzerninternen Vergleich hinsichtlich der Ertragskraft heute in der Spitze rangiert.

Wie schon Škoda in Tschechien, wurde auch VW Bratislava zum wichtigsten Wirtschaftsfaktor, zu einem Magneten für Industrieansiedlungen sowie größten Exporteur, Devisenbringer und Steuerzahler des Landes. Etwa 90 Prozent der Produktion der slowakischen Konzerntochter werden heute exportiert, was mehr als einem Fünftel der Gesamtausfuhren der Slowakei entspricht.

Unsere Dynamik übertrug sich damit auch auf die jeweiligen Volkswirtschaften. Als weiterer Multiplikator wirkte die Welle unserer Lieferanten, die große Kapazitäten aufbauten, erst Know-how und Kapital ins Land brachten und schließlich ebenfalls aus Zentraleuropa exportierten. Besonders für unsere Werkzeugmaschinenindustrie wurden wir, wie zuvor schon einmal in Südamerika, nun auch in Zentraleuropa und China zur Speerspitze. Die Errichtung neuer Montagefabriken in Tschechien und der Slowakei durch Toyota, Peugeot und Hyundai zeigt, welche Sogwirkung die verbesserten industriellen Strukturen dieser Länder inzwischen haben.[64] Unser Engagement in Zentraleuropa wurde also zu einem Lehrbuchbeispiel für die Funktion der Automobilindustrie als Schlüsselindustrie, die volkswirtschaftliches Wachstum und internationale Verflechtungen schafft. Eine ganz ähnliche Entwicklung erleben wir in der Volksrepublik China. Überzeugender kann man die Vorteile der Globalisierung und den daraus resultierenden Beschäftigungszuwachs wohl kaum demonstrieren.

Audi genoss den Vorteil ausländischer Standorte bis dahin nur indirekt über den Volkswagen-Konzern, insbesondere durch Lieferungen aus dem Motorenwerk in Mexiko. Anfang der 90er-Jahre begann Piëch, sich strategisch neu zu orientieren, und entwickelte die Idee, zur Stärkung seiner Wettbewerbsfähigkeit eine Motorenfabrik in Europa zu errichten.

---

[64] Die in Tschechien und der Slowakei entstehenden neuen Fabriken von Toyota beziehungsweise Peugeot und Hyundai erreichen zusammen eine Jahreskapazität von zirka einer Million Pkw in der Polo-Klasse und darunter.

Unter 180 Standortalternativen fiel die Entscheidung Ende 1992 schließlich zugunsten von Györ in Ungarn. Im Dreiländerdreieck Ungarn–Slowakei–Österreich und nur 100 Kilometer von Bratislava gelegen, bot dieser Standort die mit Abstand überzeugendsten Vorteile. Sie sind auch heute, nach dem EU-Beitritt Ungarns, wirksam geblieben und werden immer wertvoller.

Es war nicht schwer, auch das Györ-Projekt im Aufsichtsrat von Audi unter meinem Vorsitz genehmigt zu erhalten und im Anschluss daran auch im Aufsichtsrat von VW – beide Male mit praktisch identischen Diskussionen. Es hatte anfänglich nur im Konzernvorstand gewisse Probleme gegeben, da Audi zweifellos etwas sparsam im Informationsfluss nach Wolfsburg war, und das, obwohl der Vorstandsvorsitzende von Audi gleichzeitig dem Konzernvorstand angehörte. Letztlich ging es aber um die Sache, die immer meine volle Unterstützung fand. Am schwierigsten, weniger argumentativ als emotional, war es in diesen Wochen jedoch für mich, dem verständlichen Druck von Bundeskanzler Kohl zu widerstehen, der uns mit unserer Audi-Investition lieber in den neuen Bundesländern gesehen hätte.

Nachdem das neue Werk in Györ 1994 zunächst mit der Fertigung von Vierzylindermotoren begonnen hatte, wurde im Laufe der Jahre fast das gesamte Motorenprogramm bis hin zu den Zehn- und Zwölfzylindermotoren bei der Audi Hungaria in Györ konzentriert. Für die Arbeitnehmervertreter bei Audi in Deutschland war dieser Schritt sicher nicht leicht zu akzeptieren. Die Kostenvorteile ließen jedoch keine Alternative zu. Den Grad des Erfolgs dieses Projekts erkennt man daran, dass heute in Györ mit dem Audi TT auch Automobile montiert werden. 2004 fertigte die ungarische Audi-Tochtergesellschaft 1,5 Millionen Motoren und 23 500 Wagen der TT-Klasse und avancierte damit nicht nur zum größten Exporteur des Landes, sondern auch zum zweitgrößten Unternehmen Ungarns überhaupt mit einem Umsatz von fast vier Milliarden Euro.

Unter den Montagefabriken aller Automobilhersteller in

Europa liegt Györ in Qualität und Produktivität laut einer unabhängigen Studie auf den vordersten Rängen. Für uns ein Beweis, dass mit der richtigen Philosophie, einem qualifizierten Management, guter Personalauswahl und -schulung sowie durch Motivation überall in der Welt Spitzenprodukte gefertigt werden können. Mit dem Erfolg des Werkes Györ stärkten wir gleichzeitig auch unsere dortige Verkaufsposition. So wurde Györ zu einem wichtigen Standort für Porsche Salzburg, den Generalimporteur des Volkswagen-Konzerns für Österreich, der inzwischen auch Importeur für Ungarn, Rumänien und die Slowakei geworden war.

Parallel hatte die Leitung unseres Transporterwerks in Hannover Initiativen in Polen ergriffen, die mein Kollege Goeudevert maßgebend betreute. Aus kleinen Anfängen entwickelten sich in Posen Fertigungen und Montagen für unsere leichten Nutzfahrzeuge und darüber hinaus eine wichtige Arbeitsteilung mit Hannover. Außerdem werden in Posen Personenwagen der Marke Škoda montiert. Meine Nachfolger haben, ermutigt durch die guten Erfahrungen in Polen, das weit mehr industrialisiert ist, als wir in Deutschland gemeinhin realisieren, in Polkowice bei Wroclaw (Breslau) mittlerweile eines der modernsten Motorenwerke der Welt geschaffen.

Damit ist der Volkswagen-Konzern in allen wichtigen zentraleuropäischen Ländern etabliert. »Dacia« in Rumänien ließen wir absichtlich aus, trotz der Avancen der rumänischen Regierung, weil uns nach der europäischen Wende das damalige, der Ceauşescu-Diktatur unmittelbar nachfolgende Regime kein Vertrauen einflößen konnte. Wir betrachteten aber den Vertrauens- und Stabilitätsfaktor als erste Voraussetzung für eine Standortentscheidung, was eine ausreichende marktwirtschaftliche und rechtliche Ordnung sowie sozialen Frieden implizierte. Nach einer, wenn auch späten, so doch ermutigenden politischen Neuordnung hat schließlich Renault die recht kleine Automobilfabrik aus der Zeit Ceauşescus übernommen, die ohnehin bereits eine Renault-Lizenz besaß. Ursprünglich hat-

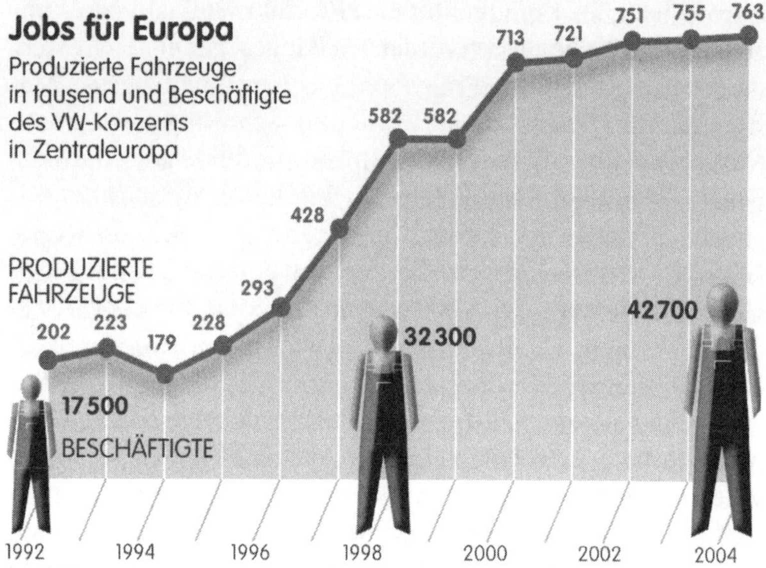

te Ceauşescu von meinem Vorvorgänger Rudolf Leiding eine VW-Lizenz erwünscht, war aber auf keinerlei Gegenliebe gestoßen und schließlich bei den Franzosen gelandet.

Wenn man heute die Statistiken des Volkswagen-Konzerns betrachtet, stieg der Marktanteil in Zentraleuropa von 2,2 Prozent im Jahr 1989 auf nunmehr etwa 30 Prozent. Die Nähe zum Markt durch unsere Fabriken, besonders aber auch Škoda, gestatteten uns, die Marktführerschaft in Zentraleuropa zu übernehmen, eine Jahresproduktion von gut 800 000 Wagen[65] zu erreichen und in unseren Betrieben annähernd 43 000 Mitarbeitern Arbeit und Brot zu geben.[66] Ohne diese Kapazitäten würde es heute schlecht um unsere Marktführerschaft in Gesamteuropa stehen, wie auch um unsere Wettbewerbsfähigkeit. Wir gewannen für die deutschen Standorte große, neue Kunden für unsere Plattformen. Deutlicher ist die für die Zukunft

---

65 Einschließlich für Porsche gefertigter Karosserien für den Cayenne.

66 Die Zahlen beziehen sich auf das Geschäftsjahr 2004.

des Volkswagen-Konzerns vitale Rolle unserer damaligen Entscheidungen nicht zu beweisen. Damit übernahmen wir auch eine wichtige Schrittmacherfunktion für die deutsche Wirtschaft.

Alles dies wäre nicht realisierbar gewesen ohne das große Engagement unserer Führungskräfte, Mitarbeiter und Lieferanten sowie das Vertrauen, das man unserer Unternehmensphilosophie und -strategie entgegenbrachte, sowohl vonseiten des Aufsichtsrats, der Arbeitnehmervertreter und ganz besonders der zentraleuropäischen Länder und ihrer Regierungen.

Aus einem typisch national aufgestellten Unternehmen war zum Ende meiner Dienstzeit ein echter Europäer geworden, der als Marktführer die Zulassungsstatistik Europas mit deutlichem Abstand zur Nummer 2 anführte. Portugal, Spanien und Zentraleuropa besaßen ein Wachstumspotenzial, das sich ab der zweiten Hälfte der 90er-Jahre unaufhaltsam entfalten sollte.

Wir hatten die Neuordnung Europas in West und Ost wie kein Zweiter genutzt und damit vielen Menschen eine sichere Zukunft eröffnet. Gleichzeitig waren wir damit rechtzeitig auf den Euro und die Erweiterung der Europäischen Union vorbereitet. Unsere Generation hat, beginnend mit den Verträgen von Rom 1957, eine politische Evolution erlebt, die unsere kühnsten Vorstellungen übertraf. Dafür sollten wir unendlich dankbar sein. Mehr als ein halbes Jahrhundert Frieden in Westeuropa sind die andere Seite dieser geschichtlich einzigartigen Medaille.

X

Nummer 1 bei Allfinanz

Bei amerikanischen Unternehmen spielen Finanzdienstleistungen zur Stärkung des Kerngeschäfts eine tragende Rolle. Neben ihrer verkaufsfördernden Aufgabe wurden sie über die Jahre jenseits des eigentlichen Automobilgeschäfts zu einer immer wichtigeren Gewinnquelle, mit schließlich Allfinanz-Charakter. 50 Prozent des Gewinns von General Motors resultierten im Geschäftsjahr 2003 aus Finanzdienstleistungen, davon wiederum 50 Prozent aus dem Hypothekengeschäft.

Die Volkswagenwerk GmbH hatte bereits 1949 eine Finanzierungsgesellschaft gegründet, weil Banken und Sparkassen zu diesem Zeitpunkt nicht bereit waren, Autokäufe von Privatkunden zu finanzieren. Die Tätigkeit der Gesellschaft beschränkte sich zunächst auf die Händlereinkaufs- und Kundenfinanzierung. Das Geschäft entwickelte sich profitabel und war nur mit einem geringen Risiko verbunden. Zehn Jahre später wurde es dann auch von den Geschäftsbanken entdeckt.

Parallel zu den VW-Aktivitäten hatten Christian und Asta Holler ein Versicherungsmaklergeschäft für die VW-Kundschaft zunächst in Deutschland, später in fast ganz Europa und auch in einigen Überseeregionen geschaffen. Für die Nutzung des Namens »Volkswagen« in ihrem Firmenlogo »Volkswagen-Versicherungs-Dienst« (VVD) und den Zugang zur VW-Absatzorganisation entrichtete Holler steigende Umsatzvergütungen. Unsere Händler verdienten durch die Vermittlung der Policen und die Ausführung der Reparaturen. Die führende Marktposition des Volkswagen-Konzerns machte den VVD zu einem gesuchten Partner der Versicherungsgesellschaften. Inzwischen ist der VVD von der Volkswagen Financial Services AG übernommen worden. Diese hat damit ihr Finanzdienstleistungsangebot zu einer »Allfinanz« komplettiert, mit entsprechenden Möglichkeiten der weiteren Leistungsverbesserung und Synergieausschöpfung.

In den USA, einem Markt ohne Preisbindung, war mir als Chef der Volkswagen of America die Bedeutung des Finanzierungs- und Versicherungsvermittlungsgeschäfts für den Absatz und die Ertragslage unserer Händler frühzeitig deutlich geworden. Bei steigenden Verkaufszahlen zu Beginn der 60er-Jahre mussten wir feststellen, dass es zunehmend schwieriger wurde, den Käfer zu versichern. Mutig beschlossen wir deshalb 1964, eine eigene Versicherungsgesellschaft zu gründen. Durch unseren Außendienst verfügten wir über eine enge Verbindung zu den seinerzeit fast 1000 VW-Händlern.

Aus Wolfsburg fehlte es nicht an Warnungen vor unserem Vorhaben, und man verbot uns, in eine solche Unternehmung VW-Kapital zu investieren. Dennoch ließen wir nicht von unserem Plan. So kam es zur Gründung der »VICO« (Volkswagen Insurance Company), die wir durch einen erfolgreichen Börsengang mit der Platzierung von 727 000 Aktien zu je zwölf US-Dollar mit Eigenkapital ausstatteten. »These are speculative Securities« stand in fetten Druckbuchstaben auf der Frontseite des Prospekts der Investmentbank E. F. Hutton & Company Inc. Persönlich zeichneten wir keine Aktien, und von Optionen, wie sie heute üblich sind, hatten wir damals ohnehin noch nichts gehört.

Bald schon machten wir durch das neue Geschäft wertvolle Erfahrungen, die allerdings mitunter auch bitter für uns waren, insbesondere was das Unfallverhalten unserer Fahrzeuge betraf.

Nicht selten führten die neuen Erkenntnisse zu technischen Konsequenzen. So wurde der Käfer weltweit von einer Pendel- auf eine Doppelgelenkhinterachse umgestellt. Das bewahrte uns vor Problemen, wie sie GM später mit der wunderschönen Corvair (mit luftgekühltem Sechszylinderheckmotor) erlebte, die sich in extremen Fahrsituationen überschlug. Auf Druck der nordamerikanischen Öffentlichkeit wurde GM gezwungen, das Fahrzeug vom Markt zu nehmen.

Eine weitere Erkenntnis war für uns, dass wir nicht ohne spezialisierten Außendienst auskommen konnten. Höhere Schadenquoten sowie höhere Kosten bei Verkauf und Schadenregulierung als kalkuliert wirkten sich unmittelbar auf die Gewinn-und-Verlust-Rechnung von VICO aus, natürlich aber auch auf den Kurs ihrer Aktien. Wir, besser gesagt ich, schlitterten dadurch in eine mehr als heikle Situation gegenüber Wolfsburg und unseren VICO-Aktionären. Gott sei Dank hatten wir den Rechtsbeistand unserer Anwaltsfirma Herzfeld und Rubin.

Walther Herzfeld, erst jüdischer Anwalt in Berlin, anschließend in Paris, später Fremdenlegionär im Zweiten Weltkrieg und schließlich Mitinhaber einer Sozietät in der Wall Street, war einer der besten Berater während meiner beruflichen Laufbahn. Wir wurden Freunde. Er ersetzte in internationalen Verhandlungen Scharen von Anwälten. 1967 starb er, viel zu früh, in Wolfsburg. Sein unermüdlicher Partner Herb Rubin ist mit VW inzwischen ein halbes Jahrhundert verbunden. Niemals verloren wir einen wichtigen Prozess in den USA, und davon gab es unter dem dortigen Rechtssystem viele. Auch mit Herb Rubin verbindet mich eine enge Freundschaft.

VICO konnte über Wasser gehalten werden, nachdem die Gesellschaft zusätzlich Lebensversicherungen per Post verkaufte und in einigen Häfen das Löschen hereinkommender Fahrzeugtransportschiffe, einschließlich aller damit verbundener Formalitäten, übernommen hatte. Schließlich fusionierten wir Ende der 60er-Jahre mit einer größeren Gruppe. Ich war noch einmal mit einem blauen Auge davongekommen und um einige

Erfahrungen reicher. Noch entscheidender war jedoch, dass das Fahrverhalten des Käfer keinen Anlass mehr zu Beanstandungen gab, was ihn und die Kunden zu den eigentlichen Gewinnern unseres Ausflugs in die US-Versicherungsbranche machte. Nicht auszudenken, was passiert wäre, hätten wir die Pendel-Hinterachse beibehalten.

In den USA lernte ich auch die Bedeutung des Leasings für den Automobilabsatz kennen, wenngleich es damals noch längst nicht seine heutige Bedeutung hatte. Für den Kunden besteht der Nutzen insbesondere im weiterhin disponiblen Eigenkapital sowie teilweise in steuerlichen Vergünstigungen. Überzeugt von den Vorteilen dieses Instruments für beide Seiten, schlug ich meinen Kollegen nach Eintritt in den VW-Vorstand vor, eine VW-Leasinggesellschaft ins Leben zu rufen.

Richard Berthold, eine junge Führungskraft aus dem VW-Finanzbereich und späterer Audi-Finanzvorstand, wurde ein halbes Jahr zur VW of America entsandt, um in den USA das Leasinggeschäft zu studieren. Schon im Oktober 1966 wurde eine VW-Leasinggesellschaft mit ihm als Geschäftsführer gegründet. Sie nahm eine herausragende Entwicklung. Von Beginn an waren wir die größte Automobil-Leasinggesellschaft Deutschlands und sehr bald auch Europas. Das Nordamerika-Geschäft wäre ohne eine eigene Leasinggesellschaft heute undenkbar. Als mit Abstand führender Leasingpartner im Markt erschloss VW auch seinen Händlern und Werkstätten herausragende Umsatz- und Gewinnquellen. Neben seiner absatzfördernden Bedeutung erwies sich das Leasinggeschäft überdies als ein wichtiges Instrument zur Kundenbindung.

Es sollte fast ein Vierteljahrhundert vergehen, bis unsere deutschen Konkurrenten uns auf diesem Wege folgten. Über 45 Prozent des VW-Verkaufs an Firmenkunden in Deutschland laufen heute über Leasingverträge. Damit verbunden ist ein weitreichendes Serviceangebot, das von der Finanzierung und Versicherung bis zur Wartung der Fahrzeuge reicht. Im Idealfall kümmert sich der Kunde nur noch um den Kraftstoff. Inzwischen ist das Angebot um ein Flottenmanagement erweitert worden, mit dem man den speziellen Anforderungen großer Fuhrparkbetreiber Rechnung trägt.

Gegen Ende der 80er-Jahre wurde uns mehr und mehr bewusst, dass unsere verschiedenen Tätigkeiten im Finanzsektor eine breitere, professionelle Bankführung und integrierende Holdingstruktur erforderten. Durch die über das Leasing- und Finanzierungsgeschäft entstandenen Verbindungen zur Kundschaft erschien der Schritt ins Bankgeschäft nur konsequent.

Ich bat deshalb 1990 meinen für das Finanzressort zuständigen Vorstandskollegen Dieter Ullsperger, sich nach einem geeigneten Bankier umzusehen. Unsere Führungsmannschaft war zwar hervorragend, aber zu hochgradig spezialisiert. Schnell wurde er mit Norbert M. Massfeller, bis dahin Chef der Norisbank, fündig. In einem gemeinsamen Gespräch in unserem Gästehaus einigten wir uns rasch über die einzuschlagende Strategie. Die Zielrichtung lautete:

- Einstieg in das Direktbankgeschäft
- Einführung eines Volkswagen/Audi-Card-Systems (Kombination von Eurocard/Mastercard und Visa-Card)
- Ausschöpfen aller denkbaren Synergien, insbesondere zwischen der Volkswagen Bank und Volkswagen-Leasing-Gesellschaften
- Globalisierung
- Aufbau einer Vollbank, um »nebenbei« unter anderem Kundeneinlagen zu gewinnen

Letzteres erschien mir im Hinblick auf unsere Wachstumsstrategie eine sehr plausible und wirtschaftlichere Refinanzierungsoption als klassische Bankkredite. Massfeller sollte im Übrigen Recht behalten mit seiner Auffassung, dass sich als Folge der damaligen neuen »Basel I«-Regeln die großen Banken aus dem Kreditgeschäft eher zurückziehen würden. Vollends überzeugt von der Richtigkeit unseres Weges hat mich die Diskussion im VW-Aufsichtsrat, der diesem Geschäft zustimmen musste. Die Beiträge der Bankenvertreter in diesem Gremium über die Risiken eines solchen Geschäfts hätten dabei fast erreicht, dass uns diese Finanzierungsquelle verschlossen geblieben wäre. Es wird wohl immer ihr Geheimnis bleiben, warum sie Spareinlagen von Privatkunden riskanter einschätzten als Darlehen von Banken. Bis dahin hatte ich immer gedacht, dass man beide bei Fälligkeit zurückzahlen müsse.

Am Ende war mein Vorschlag, dass man zur Eingrenzung des Risikos ja eine Obergrenze festlegen könne, zustimmungsfähig. Wir waren damit zwar die einzige Bank der Welt, die Einlagen – nicht das Kreditgeschäft – begrenzte, aber wir konnten starten und auf spätere Einsicht hoffen, die dann auch kam.

In der Folge entstand eine der ersten deutschen Direktbanken. Sie wurde zum Pionier im 24-Stunden-Telebanking und damit rund um die Uhr für den Kunden erreichbar. Heute ist die Volkswagen Financial Services AG eine Vollbank, allerdings ohne die Kosten teurer Bankpaläste. Ihre Einlagen sind mit 20 Prozent an der Refinanzierung eines gegenüber 1990 verzehnfachten Kreditgeschäfts beteiligt. Unsere deutschen Wettbewerber haben uns mit fünf- beziehungsweise zwölfjähriger Verspätung auch auf dem Bankensektor kopiert. Das Angebotsspektrum unserer Tochtergesellschaft reicht inzwischen von Finanzierungs- und Leasingkonzepten sowie kompletten Versicherungspaketen rund um das Automobil über die Bereitstellung von Darlehen für kleine und mittlere Unternehmen, auch außerhalb der Automobilindustrie, bis hin zu privaten Baufinanzierungen, Vermögensanlagen und der Altersvorsorge.

Zehntausende VW-, Audi-, Seat- und Škoda-Händler bilden für uns heute in Europa, elektronisch miteinander verknüpft, ein engmaschiges Verbindungsnetz zum Kunden vor Ort. Unter den »24-Stunden-Banken« ist die VW-Bank die Nummer zwei in Deutschland. Sie operiert inzwischen in 24 Ländern, bis nach Russland und China.

Die Finanzdienstleistungen erreichen heute 50 Prozent der

Bilanzsumme des Volkswagen-Konzerns, nachdem schon zu meiner Zeit die 40-Prozent-Marke überschritten worden war (vor Konsolidierung). Diese Relation zeigt dramatisch die Strukturveränderung eines Automobilkonzerns, der gleichzeitig ein bedeutendes Dienstleistungs-/Finanzinstitut geworden ist. Die Gewinne dieses Konzernbereichs können sich ebenso sehen lassen wie seine Finanzierungsrelationen. Das Verhältnis Kreditstand zu Eigenkapital betrug im Geschäftsjahr 2004 9:1. Für die VW-Finanzierungsgesellschaft bedeutet das einen Spitzenplatz unter den Allfinanz-Instituten. Ihr operatives Ergebnis 2004 von 926 Millionen Euro verzinste das durchschnittliche Eigenkapital mit 20 Prozent. Mit über acht Milliarden Euro Einlagen ist sie überdies heute eine der großen deutschen Sparkassen.

Es ist davon auszugehen, dass der Finanzdienstleistungsbereich auch zukünftig schneller als das Gesamtunternehmen wächst und damit eine immer größere Bedeutung für die Wettbewerbskraft des Konzerns darstellen wird. Bisher gab es kein einziges Jahr ohne steigende Gewinne. Wieder einmal waren wir um Jahrzehnte früher und schneller als unsere Konkurrenz und schufen eine weitere Nummer-1-Position in Europa, mit Ausstrahlungen auf Nord- und Südamerika sowie Asien.

Wenn es auch thematisch nicht direkt hierher gehört – es ist aber im Konzerngeschäftsbericht und organisatorisch so zugeordnet –, soll nicht unerwähnt bleiben, dass ich 1970, nach der Einführung des Leasinggeschäfts im Konzern, den Kauf des damals größten deutschen Mietwagenunternehmens, der Selbstfahrer-Union, veranlasste. Die Verhandlung bei dieser Transaktion führte Horst Kabisch, der legendäre Leiter des Vertriebs Inland. Die Gesellschaft wurde später in »interRent Autovermietung GmbH« umfirmiert.

Es fehlte unserem Vermietgeschäft allerdings eine europäische Struktur. »interRent« war ausschließlich auf Deutschland ausgerichtet. Unser Interesse zielte deshalb auf Europcar, das weitgehend europäisiert und damals im Besitz von Renault war. In

Deutschland war Europcar indessen nur schwach vertreten, was uns zu idealen Partnern machte. Ich hatte mir ausgerechnet, dass Renault vor dem Hintergrund seiner in dieser Zeit unbefriedigenden Situation an einem Verkauf seiner Tochtergesellschaft durchaus interessiert sein müsste. Dies sollte sich bewahrheiten, wenn man auch nur ungern an einen Wettbewerber verkaufen wollte.

Nach telefonischer Ankündigung wurde ich deshalb 1986 im Büro von Antoine Veil, dem Chef des belgischen Freizeit- und Touristikunternehmens Compagnie Internationale des Wagon-Lits et du Tourisme, am Boulevard Haussmann in Paris vorstellig. Veil erachtete den Einstieg in das Vermietgeschäft als einen wichtigen strategischen Schritt für sein Unternehmen. Unser Gespräch an diesem Tag bildete den Ausgangspunkt für eine Reihe komplexer Verhandlungsrunden zwischen Projektteams beider Unternehmen, in denen schließlich Einigkeit über das weitere Vorgehen erzielt wurde.

1988 ging Europcar zunächst vollständig in den Besitz von Wagon-Lits über. Noch im gleichen Jahr übernahmen wir dann die Hälfte der Anteile. Gleichzeitig wurden »interRent« und Europcar zur »Europcar International« fusioniert. 50-prozentiger Partner wurde nach einer kurzen Übergangszeit die französische Firma Accor, einer der größten Hotelkonzerne der Welt, die Wagon-Lits 1991 erwarb. Es folgten harte Lehrjahre, in denen sich zeigen sollte, wie schwierig es war, eine im paritätischen Besitz befindliche Gesellschaft zu steuern, zumal auch der Vorsitz im Aufsichtsrat jährlich zwischen den beiden Gesellschaftern wechselte.[67]

Unerwartete und beträchtliche Sanierungsnotwendigkeiten bei den Europcar-Tochtergesellschaften, insbesondere in Italien und Großbritannien, absorbierten schon bald nach unserem

---

[67] Von VW gehörten zum Aufsichtsrat Norbert Massfeller, Rutbert Reisch, Detlev Wittig und Paul-Josef Weber, der auch die Aufgabe des Vorsitzenden für die VW-Seite wahrnahm.

Einstieg in starkem Maße Finanz- und Managementressourcen. Probleme bei der Einführung eines neuen europaweiten elektronischen Reservierungssystems, das in dieser Branche unabdingbare Voraussetzung für die schnelle Bedienung des Kunden ist, kamen erschwerend hinzu und führten zu einer einige Jahre andauernden Verlustsituation. Nachdem man nach meiner Zeit zunächst einen völligen Ausstieg aus dem Vermietgeschäft quasi zu jedem Preis in Betracht gezogen hatte, erwarb Volkswagen wenige Jahre später auch die Accor-Anteile an Europcar und erlangte damit die notwendige Gestaltungsfreiheit. Inzwischen gehört das Rent-a-car-Business offiziell zum Kerngeschäft von VW, und Europcar ist die Nummer 1 unter den europäischen Autovermietern.

Es hatte bei VW zu Beginn lange Diskussionen über das Pro und Contra eines Engagements in diesem Geschäftszweig gegeben. Einerseits tritt man dadurch in Konkurrenz zum großen Kundenblock der Vermietgesellschaften, die jährlich Millionen Fahrzeuge kaufen. Andererseits kann man über diesen Vertriebskanal selbst Probefahrten für Interessenten mit gezielt ausgerüsteten Fahrzeugen steuern und vermag beim Auslauf von Modellen die Produktionsströme besser zu lenken.

Bei VW wechselten im Lauf der Jahrzehnte die Ansichten über dieses Geschäft, wie im Übrigen auch bei unseren amerikanischen Konkurrenten. Inzwischen hat man sich wohl meiner von Anfang an vertretenen Philosophie wieder angeschlossen. Ich war und blieb immer ein Verfechter einer firmengebundenen Gesellschaft. Die Autovermietung ist viel mehr als nur ein Thermometer im Marktgeschehen. Sie ist ein wichtiger Vertriebskanal und, wie die VW-Geschäftsberichte zeigen, inzwischen wieder eine Gewinnquelle.

Das Geschäft verlangt allerdings großes Können und Standhaftigkeit in einem hart umkämpften Markt mit extremen Einkaufsbedingungen. Das eigene Unternehmen kann in diesem Wettbewerbsumfeld nur existieren, wenn es nicht schon von den Einkaufspreisen her benachteiligt – aber auch nicht bevorzugt – wird. Ebenso wichtig ist der richtige Mix in der Angebotspalette, die von Land zu Land die Konkurrenzsituation des jeweiligen Marktes widerspiegeln muss. Deshalb ist Europcar in Europa auch ein bedeutender Kunde anderer Automobilunternehmen – eine in vieler Hinsicht aufschlussreiche Rolle.

Unser Engagement in dieser Sparte hat dem Geschäft mit den übrigen Vermietfirmen keinen Abbruch getan. Dabei war VW nicht darauf angewiesen, überschüssige Fahrzeuge über diesen Vertriebsweg zu verschleudern, im Gegensatz zu den »großen Drei« in den USA, die praktisch ständig dazu gezwungen sind.

Meinem Freund Jochen Mackenrodt, bis zu seiner Pensionierung Generalbevollmächtigter von Siemens und einer der Pioniere des Venture-Capital-Geschäfts in Deutschland, verdanke ich den Hinweis auf eine in Belgien existierende attraktive Gesetzgebung für internationale Finanzgesellschaften. Danach können sich wichtige ausländische Unternehmen um eine Lizenz für eine Finanzierungsgesellschaft bewerben und bei Erfüllung bestimmter Voraussetzungen – unter anderem müssen mehr als zehn Mitarbeiter beschäftigt werden – von der Steuer befreit werden. Nach Deutschland ausgeschüttete Gewinne bleiben ebenfalls von der deutschen Körperschaftsteuer ausgenommen.

1985 veranlasste ich daraufhin über meinen Vorstandskollegen Selowsky, dass wir in Brüssel eine solche Gesellschaft gründeten, die sich fortan mit Konzernfinanzierungen beschäftigen sollte. Unsere neue Tochtergesellschaft, die unter dem Namen »Coordination Center Volkswagen« firmierte, eröffnete uns völlig neue Möglichkeiten der Finanzierung unserer weltweiten Unternehmensaktivitäten und entwickelte sich zu einer großen Sparkasse für den Konzern. In der Bilanz der Volkswagen AG wären ihre Gewinne nur erschienen, hätte man sie nach Deutschland ausgeschüttet, was meines Wissens zu meiner Zeit aber nie der Fall war.

Im Zuge der gesetzlichen Harmonisierungen in der EU werden solche nationalen Steueroasen wohl in absehbarer Zeit der

Vergangenheit angehören. Ich schätze, dass dies nach dem Jahr 2010 schrittweise der Fall sein dürfte. Aber wir nutzten natürlich auch in anderen Ländern steuerliche Vergünstigungen, besonders auch in Irland, um unser Unternehmen zum Wohle aller Stakeholder finanziell zu stärken. Dagegen kann selbst der deutsche Finanzminister keine Einwände haben, wie das deutsch-belgische Doppelbesteuerungsabkommen zeigt.

Angesichts der Größenordnung des bei uns angerichteten Schadens von fast einer halben Milliarde DM, möchte ich auch den VW-Devisenfall in der zweiten Hälfte der 80er-Jahre hier nicht übergehen. Nicht nur die Herstatt-Pleite hatte zuvor gezeigt, dass Devisenspekulationen durchaus existenzvernichtende Wirkung haben können.

Bei meiner Rückkehr zu VW 1982 betrieb die Devisenabteilung einen vom Exportgeschäft losgelösten Devisenhandel, der in seiner Dimension sogar die Bundesbank auf den Plan gerufen hatte. Unserem Finanzvorstand Friedrich Thomée gelang es allerdings, die Bundesbank, den Aufsichtsrat und die Kollegen zu beruhigen.

Ich schaute mir nach meinem Dienstantritt unsere Devisenabteilung und die von ihr erwirtschafteten Ergebnisse näher an. Nach einem ausgiebigen Gespräch mit ihrem Leiter sah ich keine Veranlassung, diese eine von damals wenigen Gewinnquellen zum Versiegen zu bringen, denn es brannte an zu vielen Stellen im Konzern lichterloh.

Die von uns erlassenen Handelsvorschriften und Kontrollen schlossen durch den Stop-Loss-Order-Zwang und die Maßgabe, Devisenpositionen über Nacht glattzustellen, ins Gewicht fallende Risiken so gut wie aus und ermöglichten uns Gewinne, wie sie auch Banken in diesem Geschäft erzielen. Aus meiner Tätigkeit in Bankaufsichtsräten weiß ich, dass wir genauso gut wie damals Banken mit »Front- und Backoffice« organisiert und abgesichert waren. Die VW-interne Revision unter meinem Kollegen Frerk tat hierfür das Ihrige.

Aber entgegen allen Vorschriften und unter Umgehung sämtlicher Kontrollen war eine Fehlspekulation auf eine Dollar-Hausse immer wieder verlängert worden. Man offenbarte sich erst nach dem Kippen des Dollars bei einem Fehlbetrag von 95 Millionen DM. Gleichzeitig existierte jedoch auch noch ein Ringsystem mit der Ungarischen Nationalbank, die überhöhte (ebenfalls verspekulierte) Dollar-Geschäfte im Kreis einiger – anfangs sogar vieler – renommierter europäischer, amerikanischer und kuwaitischer Banken zirkulieren ließ. Unsere Händler hatten auch dort mit einem gehörigen Maß an krimineller Energie alle Vorschriften gebrochen und waren insbesondere einem Frankfurter Devisenhändler auf den Leim gegangen. Die Endabrechnung für VW addierte sich auf insgesamt 470 Millionen DM.

Anfang 1987 kam der damalige Finanzvorstand Rolf Selowsky zu mir und beichtete die Devisenkatastrophe. Wir unterrichteten sofort nicht nur den Staatsanwalt und den Aufsichtsrat, sondern auch die Öffentlichkeit. Zeugnis unserer erzkonservativen Bilanzierung war, dass sich durch diesen Vorfall weder die Dividende änderte noch wichtige Kennziffern unseres Abschlusses für 1986.

Es würde Bücher füllen, die kriminelle Vorgehensweise unserer Mitarbeiter aus der Devisenabteilung zu beschreiben, die teils schon vor meiner Zeit begonnen hatte. Sie wurden später zu Freiheitsstrafen verurteilt. Wir bekamen außerdem Schadenersatzleistungen, besonders von einer renommierten Genfer Bank, die aber nichts an der Größenordnung der Blamage und Rufschädigung änderten.

Verständlicherweise brachte uns der Devisenskandal eine Welle negativer Publizität. Besonders die Banken, auch die Deutsche Bank, sahen ihre Stunde gekommen. Sie wollten demonstrativ zeigen, wie unabhängig und souverän sie das Depotstimmrecht und damit die Interessen des kleinen Aktionärs vertraten. Ihre Absicht war deshalb, den Vorstand auf der Hauptversammlung 1987 für das Geschäftsjahr 1986 nicht zu entlasten. F. Wilhelm Christians, damals Sprecher der Deutschen Bank und Mitglied unseres Aufsichtsrats, versuchte die Wogen zu glätten. Dennoch enthielt sich die Deutsche Bank auf der Hauptversammlung beim Tagesordnungspunkt »Entlastung des Vorstands« der Stimme und war damit nicht allein. Erst nach der Hauptversammlung 1987 begann man allmählich, uns als Opfer krimineller Machenschaften und nicht mehr als Mitschuldige zu betrachten.

Einige Monate später stellte ich meinen Sitz im zentralen Beraterkreis der Deutschen Bank zur Verfügung. Natürlich hatte ich mir auch Gedanken über einen Rücktritt als Vorstandsvorsitzender von VW gemacht. Der Aufsichtsratsvorsitzende Ratjen lehnte es jedoch ab, auch nur darüber zu diskutieren. Der Aufsichtsrat war ohnehin – Kapital- wie Arbeitnehmervertreter – strikt auf meiner Seite. Das hatte seinen guten Grund, ein Grund, der lange zurücklag.

Unmittelbar vor meinem Amtsantritt hatte der VW-Aufsichtsrat den angesehenen Finanzvorstand Thomée pensioniert und durch Rolf Selowsky ersetzt. Selowsky hatte sich bei Klöckner Humboldt Deutz einen hervorragenden Ruf erworben. Nach einem Vieraugengespräch mit ihm im »Sheraton Airport Hotel« in Frankfurt, Ende 1981, meldete ich dennoch beim VW-Aufsichtsratsvorsitzenden ernste Bedenken an. Selowsky erschien mir ausgebrannt und ohne jeden Antrieb. Ich hatte zudem einen mir für das Finanzressort ideal erscheinenden Kandidaten im Auge. Mir blieb jedoch keine Wahl. Selowsky war bereits verpflichtet.

Im Lauf der Zeit verdichtete sich mein Unbehagen. Über ein Jahr vor dem Devisendebakel bat ich den Kollegen Selowsky darum zu einer Rücksprache mit mir an einem Sonntagvormittag in meine Wohnung. Ich eröffnete ihm, dass seine Leistungen völlig unzureichend seien und der Aufsichtsratsvorsitzende meine Auffassung teilte, ihn honorig und in selbstverständlicher Respektierung des bestehenden Vorstandsvertrags zu bitten, sein Amt zur Verfügung zu stellen. Heute wird in einer solchen Situation meist der betroffene Kollege zunächst einmal über die Medien vorbereitend demontiert. Dies ist ein Weg, den ich nie beschritten habe. Ich erachtete es außerdem als meine Pflicht, diesen Schritt ohne Abstimmung mit meinen Kollegen im Vorstand allein zu vollziehen, obgleich auch ihnen der Leistungsmangel Selowskys nicht verborgen geblieben war.

Erst ein Jahr später erfuhr ich, dass er schwerstkrank war. Aufgrund seines Zustands ließ Selowsky meist durch seine Mitarbeiter vortragen, während seine tapfere Frau die Situation nicht nur gesellschaftlich mit großem Geschick überspielte.

Unser Gespräch an jenem Sonntag war kurz und sachlich. Selowsky nahm meinen Vorschlag sofort an. Unser Generalsekretär und Justiziar Hans-Viggo von Hülsen, einer meiner engsten Vertrauten und Berater, der mit der Lopez-Affäre seine größten Taten noch vor sich hatte, formulierte einen entsprechenden Vertragsentwurf für den Aufsichtsratsvorsitzenden, den wir mit Selowsky in unserem Gästehaus am folgenden Montagabend durchgingen. Ohne jede Korrektur akzeptierte er unseren Vorschlag. Selbstverständlich war ich einverstanden, dass er über den Text noch schlafen wollte, ehe er ihn unterschrieb.

Nach Beendigung unserer Vorstandssitzung am darauf folgenden Dienstag bat mich der Vorstand, noch einmal zurückzukommen. Arbeitsdirektor Briam eröffnete mir, dass alle über meine Menschen verachtende Brutalität im Fall Selowsky entsetzt seien. Sie hätten sich geschlossen solidarisiert mit der Forderung, meine Absicht zurückzunehmen und ihre Verträge zu garantieren. Als Zeichen der Geschlossenheit trug jeder Kollege – wenn auch mit recht unterschiedlichem Tenor – seine offensichtlich kollektiv vorbereitete Ansicht zu diesem Thema vor.

In einem anschließenden Gespräch mit Briam und meinem Stellvertreter Horst Münzner in meinem Büro versuchten beide, mit Rhetorik und Drohungen auf mich einzuwirken. Ihre Ziele waren offensichtlich. Es ging um meine Nachfolge wie auch um eine »Arbeitsplatzgarantie« für die Vorstände. Ich blieb jedoch genauso kompromisslos wie nach der vorausgegangenen Vorstandssitzung. Heute weiß ich, dass beiden Herren die Krankheit Selowskys bekannt war und er gegen mich instrumentalisiert wurde.

Am Vorabend der folgenden Aufsichtsratssitzung, auf der ich einen in jeder Hinsicht erfahrenen, hoch qualifizierten Controller von einem der »Großen Drei« als Selowskys Nachfolger vorstellen wollte – ein Deutscher mit Harvard-Ausbildung –, saßen die Mitglieder des Präsidiums bis auf den Betriebsratsvorsitzenden Walter Hiller bei mir zu Hause auf Warteposition: der Aufsichtsratsvorsitzende Karl Gustav Ratjen, sein Vertreter, der IG-Metall-Chef Hans Mayr, Frau Minister Birgit Breuel und Minister Walther L. Kiep.

In einer Arbeitnehmersitzung, die parallel dazu lief und die vor Aufsichtsratssitzungen Routine war, stimmte der Kollege Briam die Arbeitnehmerseite, bis auf Albert Schunk von der IG Metall in Frankfurt, geschlossen für Selowsky ein. Schunk wurde anschließend auf Jahre wegen seiner mangelnden »Solidarität« schikaniert. In einer späteren dramatischen Versammlung zur Wahl der Aufsichtsräte der Arbeitnehmerseite in der Wolfsburger Stadthalle wäre er zweifellos nicht wieder gewählt worden, hätte sich nicht IG-Metall-Chef Mayr für ihn eingesetzt.

Schunk – engster Berater von Eugen Loderer, Hans Mayr und Franz Steinkühler während deren aktiver Zeit – war nicht nur der längstdienende VW-Aufsichtsrat, sondern auch eines der konstruktivsten Mitglieder dieses Gremiums, das ich kennen gelernt habe. Als Chef der Auslandsabteilung der IG Metall war er für eine realistische und erfolgreiche Politik seiner Organisation verantwortlich. Auch die Kapitalseite in unserem Aufsichtsrat hörte auf seine Beiträge.

Es folgten Sondersitzungen des Präsidiums, eine im »Schlosshotel Kronberg« mit Ratjen, Frau Breuel, Mayr, Kiep, Hiller sowie Münzner und mir. Einige meiner Freunde glaubten, ich sei unverantwortlich stur, so weit hatte sich die Diskussion von der Realität entfernt. Ich sah mich nicht in der Lage, meine Meinung zu Selowsky zu ändern. Ratjen und Frau Breuel versuchten, den Weg zurück zur Vernunft zu finden, aber Hiller wie Münzner (»Herr Hahn, ich entziehe Ihnen mein Vertrauen!«) gaben keinen Fuß Boden preis. Über den Sitzungsverlauf, mit Sitzordnung und Zitaten, lasen wir in der nächsten Ausgabe eines Hamburger Magazins. Überflüssig zu spekulieren, welchen Weg die Informationskette nach Hamburg genommen hatte.

Briam und der Wolfsburger Betriebsrat sollten sich in dieser Auseinandersetzung als stärker erweisen als selbst der IG-Metall-Vorsitzende Hans Mayr, unser stellvertretender Aufsichtsratsvorsitzender. Die von mir angestrebte Trennung von unserem nur bedingt einsatzfähigen Finanzvorstand Selowsky kam nicht zustande. Er blieb. Volkswagen verlor ein weiteres Jahr. Dann flog der Devisenskandal auf. Nun trat der kranke Selowsky sofort zurück, wozu er ehrenhafterweise schon vor Jahresfrist bereit gewesen war.

Die meisten meiner Vorstandskollegen hatten sich lange vorher bei mir entschuldigt, einige bereits unmittelbar nach der inszenierten Vorstandssitzung, auf der es zum Eklat gekommen war. Inzwischen war wohl auch allen anderen Akteuren klar geworden, was sie angerichtet hatten.

Mitbestimmung kann verführerisch sein, besonders wenn Arbeitsdirektoren zu viel Zeit haben und zu wenig die globalen Zusammenhänge unserer Welt verstehen. Man kann das in den Büchern von Briam nachlesen, die er während seiner aktiven Zeit schrieb. Eine Professur im fernen Mexiko kam hinzu. Nachdem Briam 1988 in Pension gegangen war, normalisierte sich die Situation. Münzner trat Ende 1989 in den Ruhestand.

Mit Martin Posth als Nachfolger Briams hatten wir erstmals seit den Tagen von »Papa« Goransch und Kurt Haaf wieder einen Personalvorstand und Arbeitsdirektor mit professionellem Background und der Unabhängigkeit von der Gewerkschaft, die wohl zwingend ist, wenn man in dieser Position beispielsweise Tarifverträge mit der IG Metall abschließen muss.

Für unsere Devisenabteilung fanden wir nach dem Skandal in Rutbert Reisch einen Leiter, um den uns die Bankenwelt, besonders auch dank seiner New Yorker Erfahrungen, beneidete, wenn ich die Zahl der ihm angebotenen Vorstandspositionen bei Banken als Maßstab nehme. Der Aufsichtsrat und besonders das Präsidium informierten sich künftig regelmäßig und detailliert und verwiesen uns in sehr enge Grenzen, die schrittweise »normalisiert« wurden.

Klaus Kemper schrieb in der »FAZ« am 16. März 1987 über die Affäre Selowsky:

»Da ist ein Finanzchef, der mit erheblichen gesundheitlichen Problemen zu kämpfen hat, sie aber nicht wahrhaben will. Er schweigt darüber sogar dann noch, als der Vorstandsvorsitzende ins Gerede kommt, weil er in seinem und des Unternehmens Interesse nach einem vernünftigen Ausweg sucht. Im Gegenteil, er findet sogar noch Unterstützung bei denen, die ohnehin keine Gelegenheit auslassen, zur Stärkung ihrer eigenen Position die des Vorstandsvorsitzenden zu schwächen und sich schon deshalb mit aller Macht gegen ein zusätzliches Vorstandsressort Controlling zur Wehr setzen. Jetzt hat nun eine peinliche Affäre Selowsky dazu gezwungen, den Aufsichtsrat zu bitten, ihn mit sofortiger Wirkung von seinem Amt zu entbinden.« …

Epilog

Zu meiner Verabschiedung als VW-Chef veranstaltete Gerhard Schröder, damals Ministerpräsident von Niedersachsen, im Januar 1993 einen großen Wachwechsel auf der Kaiserpfalz zu Goslar. Der feierliche Rahmen konnte allerdings gewisse Dissonanzen nicht überstrahlen, die nicht nur Umberto Agnelli als einem der vielen Ehrengäste befremdeten.

Vor Erreichung der Altersgrenze hatte das Präsidium des Aufsichtsrats mich gebeten, noch zwei Jahre länger im Amt zu bleiben – einerseits, um Zeit für eine endgültige Nachfolgeregelung zu gewinnen, andererseits, um mir Gelegenheit zu geben, meine Unternehmensstrategie abzurunden.

Mein Vorschlag, Ferdinand Piëch als meinen Nachfolger einzusetzen, wurde vom Vorsitzenden des Aufsichtsrats, Klaus Liesen, bereits im Frühjahr 1992 akzeptiert und wenig später – nach einer dramatischen Abstimmung des Arbeitnehmerflügels – auch vom Plenum des Aufsichtsrats verabschiedet.

Schon kurz darauf konnte man weniger als 24 Stunden nach Vorstandssitzungen Auszüge daraus in der »Frankfurter Allgemeinen Zeitung« und anderen Medien lesen. Damit war eine gezielte PR-Maschinerie angelaufen.

Rückblickend war es ein Fehler, in und wegen dieser Situation nicht wie ursprünglich von mir beabsichtigt sofort nach der Nachfolgeregelung auszuscheiden, sondern bis zum Ablauf meines Vertrags Ende 1992 zu bleiben. Ebenso falsch war die anschließende Übernahme eines VW-Aufsichtsratsmandats bis zum Sommer 1997. Denn ich war in diesem Gremium ein »lame duck«: Im Interesse des Unternehmens unfähig, mich gegen Anschuldigungen zu wehren, und dadurch ideale Zielscheibe für Vorwürfe verschiedener Art. Deutschland litt unter einem Konjunktureinbruch – das rückläufige Geschäft wurde jedoch exklusiv meiner Unternehmenspolitik angelastet.

Ministerpräsident Gerhard Schröder gehörte zu den wenigen, die meine Politik auch nach meiner Pensionierung öffentlich verteidigten. Heute trägt sie ihre Früchte. Unsere frühen Engagements, langfristig angelegt, haben sich nicht nur auf der Iberischen Halbinsel, in Zentraleuropa, Ostdeutschland und China, sondern auch im Financial-Service-Sektor in jeder Hinsicht ausgezahlt. Sie wurden zu wichtigen Ertragssäulen für das Unternehmen. Dies gilt im Übrigen auch für Audi nach seinem harten Aufstieg zum weltweit etablierten Premiumhersteller.

Meine ersten Jahre als so genannter Pensionär waren also nicht unbedingt angenehm. Ich hatte aber das Glück, vielfältige neue Aufgaben in Europa, Zentralasien (Kirgistan) und in den USA zu finden.

* * *

Ich empfinde es als Privileg, nunmehr, nach Ablauf eines halben Jahrhunderts, auf die Früchte meiner Arbeit mit dem nötigen Abstand zurückblicken zu können. Wir durften globale Strukturen, eine Rekordzahl von Arbeitsplätzen in der ganzen Welt sowie bleibende Werte für das 21. Jahrhundert mit der Europäisierung und Globalisierung von Volkswagen schaffen. Dass dies überhaupt möglich wurde, verdanken wir einer Politik, die seit den Verträgen von Rom Voraussetzungen für Frieden und Kontinuität im Wandel geschaffen hat, wie sie keiner Generation in Europa je beschieden war, nachdem die erste Hälfte des 20. Jahrhunderts sich zur blutigsten seiner Geschichte entwickelt hatte.

Dennoch ist unsere heutige Situation nicht sorgenfrei. Deutschland optierte in einer globalen Welt voller Chancen und explodierender Aufgabenstellungen für immer weniger Arbeit, immer längeren Urlaub und höhere Ansprüche an das Gemeinwesen. Technologieführerschaft wird dabei selbst von so manchen in Reihen der Unternehmerschaft als ein von Gott garantierter Erbhof betrachtet. Gleichzeitig demontieren wir Werte unserer abendländischen Kultur und minimieren durch Zerfall der Familien unsere Zukunftschancen. Sitte und Moral wurden zu Unterhaltungsthemen degradiert, was weder Nationen noch Unternehmen in der Welt von morgen eine Perspektive eröffnet. Das Land wird dadurch in seinen Grundfesten unterminiert. Aber wir halten Kurs.

Schon 1982 schloss ich meine Rede auf der VW-Hauptversammlung mit den Worten:

»Es wird Zeit, dass alle Interessengruppen, die gesellschaftliche oder politische Verantwortung tragen, endlich die industriellen und staatlichen Realitäten mutig zur Kenntnis nehmen und auch zu Opfern bereit sind. Der für unsere Wirtschaft notwendige Heilungsprozess erfordert es. Hier hilft aber kein Appell an Dritte, sondern nur an uns selbst, an jeden von uns ...

Schließlich müssen endlich die Kosten des Staates, die sich in unseren Kosten und damit in unserer Wettbewerbskraft widerspiegeln, energisch reduziert werden. Unsere Wirtschaftspolitiker müssen endlich handeln und Entscheidungen treffen, die zur Verbesserung der Rahmenbedingungen und damit der Wettbewerbsfähigkeit der deutschen Industrie auf den Weltmärkten beitragen.

Alle unsere Mitarbeiter müssen sich darüber im Klaren sein, dass ein Mehr an Beschäftigung nur aus einem Mehr an Leistung mit dem Ziel eines größeren Anteils an den unverändert wachsenden Weltmärkten resultieren kann.«

Mehr als zwei Jahrzehnte sind seither vergangen, ohne dass meine Worte an Aktualität eingebüßt hätten. Was könnte den Grad der Erstarrung und der Reformresistenz samt ihrer Gefahren für unser Land besser veranschaulichen? Es ist, als wäre die Zeit bei uns stehen geblieben, während die Welt sich rasend veränderte. Als Konsequenz unserer Realitätsverweigerungen betreten wir die Welt des 21. Jahrhunderts mit einem überschuldeten, immer weniger handlungsfähigen Gemeinwesen, einem nicht mehr zeitgemäßen Erziehungssystem, einem Heer von Arbeitslosen und einer sinkenden Wettbewerbsfähigkeit.

Wir wählen eine Regierung ab, weil sie richtige Reformen eingeleitet hat und nicht etwa, weil die Reformen unzureichend waren. Niemand in unserem Land stellt den Reformbedarf grundsätzlich infrage, jedoch dürfen um Gottes willen keine persönlichen Opfer damit verbunden sein. Kurt Biedenkopf charakterisierte unsere Situation treffend mit folgenden Worten: »Wir verdrängen, was unseren Frieden stören könnte, und bestrafen die Störer. Wir werden so unfähig zu Innovation und Erneuerung.«[68]

Kaum ein Wort wird in Deutschland darüber verloren, dass wir in wichtigen Zukunftsindustrien wie der Elektronik, der Informations- und Biotechnologie bis zur Pharmaindustrie und Gentechnik, deren wissenschaftliche Grundlagen einst häufig von deutschen Forschern gelegt wurden, unterrepräsentiert oder sogar so gut wie gar nicht mehr vertreten sind. Vorbei sind die Zeiten, in denen wir in der Foto-, Radio- oder Fernsehindustrie den Ton angaben. Ob in modernen Wachstumszweigen, wie der Kohlefaserverarbeitung und Nanotechnologie, oder auch in vielen klassischen Wirtschaftsbereichen – deutsche Konzerne sucht man vergeblich in der internationalen Spitzengruppe. Unter deutscher Flagge existieren weder führende Mineralöl- noch Bergwerkskonzerne, um nur zwei Beispiele von strategischer Dimension im heutigen Kampf um Ressourcen zu nennen.

Nuklearforschung und zivile Nutzung der Nuklearenergie werden in Deutschland politisch diskreditiert, ohne Rücksicht auf die damit verbundenen Belastungen der Volkswirtschaft oder der Umwelt. Bei einer heute gegen null tendierenden Zahl von Absolventen der Kerntechnik werden uns bald die für das Betreiben und die Wartung unserer Kernkraftwerke notwendigen deutschen Fachleute fehlen. Wir verzichten damit von vornherein darauf, an dem sich abzeichnenden weltweiten Aufschwung der Nuklearindustrie teilzuhaben.

Beklagenswert ist gleichzeitig der internationale Rangplatz deut-

---

[68] Kurt-Biedenkopf-Interview in der *Frankfurter Allgemeinen Zeitung*, Nr. 189, 16. August 2005).

scher Banken sowie der Mangel an weltweit operierenden deutschen Investmentgesellschaften. Es gibt keine starke, europäisch aufgestellte deutsche Bank. Unternehmensfusionen und -käufe werden überwiegend von angelsächsischen Investmenthäusern durchgeführt oder von Investmenttöchtern deutscher Banken, die ihren Sitz aus guten Gründen in London haben.

Noch vor 30 Jahren waren wir in zehn Wirtschaftssektoren weltweit führend. Heute sind es bestenfalls noch drei.[69] Nicht unerwähnt bleiben soll allerdings, dass sich viele der mittelständischen Unternehmen, die unverändert das Rückgrat der deutschen Wirtschaft bilden, respektable globale Marktpositionen erarbeiten konnten, einige sogar die Weltmarktführerschaft.

Im ersten Drittel des 20. Jahrhunderts erhielten 25 Deutsche Nobelpreise für Chemie und Physik.[70] Sie bildeten den Treibstoff für unsere Erfolge und begründeten die Stellung Deutschlands in der Welt. Heute verlassen junge akademische Spitzenkräfte das Land, weil ihnen anderswo in der Welt deutlich bessere Perspektiven geboten werden.

Die auf vielen Wissensgebieten führenden Amerikaner verfügen zwar über kein Wissenschaftsministerium, sind dafür aber zur Heimat geworden für die auswandernden europäischen Eliten. Laut einer Umfrage der Europäischen Kommission summiert sich ihre Zahl inzwischen auf etwa 400 000 Wissenschaftler. Für den Präsidenten der Texas A&M University, Robert Gates, sind sie mit entscheidend für das Fortschrittstempo Amerikas.[71]

Dass Deutschland trotz aller Defizite Exportweltmeister blei-

---

69 Vgl. Prof. Meinhard Miegel, Archive im gesellschaftlichen Reformprozess, in »Der Archivar«, Beiband 9, S. 40.

70 Schon 1839 hatten die beiden deutschen Forscher Schleiden und Schwann die Grundlagen für die heutige Stammzellenforschung gelegt, das Fundament der modernen Biologie.

71 Robert Gates, ehemaliger US-Geheimdienst-Chef. Gemeinsam saßen wir im Board von TRW.

ben konnte, führt oft zu gefährlichen Fehlschlüssen. Wir erreichten diesen Erfolg nur im Verbund mit wachsenden Zulieferungen aus Niedrigkostenstandorten. Ihr Anteil beträgt inzwischen fast 40 Prozent. Diese internationale Vernetzung sichert in zunehmendem Maße die Wettbewerbsfähigkeit unserer Unternehmen, senkt zugleich aber auch den inländischen Wertschöpfungsanteil, mit entsprechenden negativen Folgen für die Beschäftigung.

* * *

Verloren gegangen ist auch die Wettbewerbsfähigkeit des deutschen Corporate-Governance-Systems, das aus den zwei Seiten einer Medaille, dem Aktienrecht und dem Mitbestimmungsrecht, besteht, einschließlich seines Kerns, dem Betriebsverfassungsgesetz. Konsequenz dieser Entwicklung ist, dass Unternehmenszentralen aus Deutschland abwandern und deutsche Unternehmen bei europäischen Fusionen benachteiligt werden.[72] Unser Modell der Mitbestimmung auf Unternehmens- und Betriebsebene ist international einmalig und isoliert uns. Seine umfassenden Mitwirkungsrechte schrecken ausländische Investoren ebenso ab wie unsere Steuergesetzgebung. Einzigartige Standortvorteile, die wir unverändert besitzen, werden dadurch neutralisiert.

Es ist an der Zeit, unser Handeln und unsere Gesetzgebung aus den 70er-Jahren an die Realitäten anzupassen, wenn wir uns nicht weiterhin bremsen und ausgrenzen wollen. Andernfalls führt die Mitbestimmung in unseren Unternehmen mehr noch als bisher zu einer Zerstörung von Arbeitsplätzen, seltener hingegen zu Fortschritten für diejenigen, die man in den Gewerkschaftszentralen zu schützen und zu fördern vorgibt. Reformen unserer Betriebsverfassung haben bisher keine Modernisierung im Sinne einer Effizienzsteigerung, sondern lediglich eine weitere Bürokratisierung bewirkt.

---

[72] Seit Oktober 2004 können EU-Unternehmen als »Europäische Aktiengesellschaften« (Societas Europaea [SE]) errichtet werden. Mitbestimmte deutsche Unternehmen haben als SE-Partner eher das Nachsehen.

Im Gegensatz zur paritätischen Mitbestimmung im Aufsichtsrat großer Kapitalgesellschaften wird die im Betriebsverfassungsgesetz geregelte innerbetriebliche Mitbestimmung kaum diskutiert, obwohl sie grundlegenden Einfluss auf die deutsche Corporate Governance ausübt, und zwar in allen Betrieben ab fünf Mitarbeitern. Keine Maschine darf verschoben, kein Mitarbeiter eingestellt oder versetzt, keine Überstunde gefahren, keine Taktzeit festgelegt, keine Führungskraft ernannt oder befördert werden, ohne die Gegenzeichnung des Betriebsrats – eine Vetoposition erster Klasse.

Führungskräfte bekommen unter diesen Umständen sehr schnell zu spüren, wie die Kräfteverhältnisse im Unternehmen verteilt sind. Kein Manager kann es sich leisten, für den Umgang mit den »Organen der Betriebsverfassung« als ungeeignet eingestuft zu werden. Man zieht daraus entsprechende Konsequenzen, um nicht beim nächsten Überstundenantrag oder gar der eigenen Beförderung blockiert zu werden. Ein »do ut des« wird daher nicht immer zu vermeiden sein, denn auch Betriebsräte möchten Karriere machen. Die gegenseitige Abhängigkeit bis in die Vorstandsetagen erhöht die Gefahr des Missbrauchs.

VW zeigt exemplarisch, dass das Betriebsverfassungsgesetz der IG Metall einen fast totalen Zugriff auf die Arbeitnehmer gestattet. Bewerber müssen vor der Einstellungsentscheidung das Betriebsratsbüro durchlaufen, was den hohen Organisationsgrad der Belegschaft von 97 Prozent erklärt. Auch vom VW-Management – bis zum Vorstand – sind IG-Metall-Angaben zufolge 75 Prozent gewerkschaftlich organisiert. Für die Mitgliedschaft haben die Mitarbeiter ein Prozent ihres Bruttoeinkommens zu entrichten. In der Volkswagen AG dürfte sich das auf jährlich mehr als 45 Millionen Euro summieren, ohne dass den Mitgliedern Auskunft über die Verwendung dieser Mittel gegeben würde.

Eine solche Konstellation bleibt natürlich nicht ohne Auswirkungen auf das Denken und Handeln. Als sich bei der Versetzung einer Küchenhilfe von unserem Werk in Salzgitter nach Braunschweig herausstellte, dass sie kein IG-Metall-Mitglied war, wurde die Versetzung im letzten Augenblick gestoppt. Nachdem sich die Mitarbeiterin daraufhin an mich gewandt hatte, machte mir der Personalchef des Werks schriftlich klar, dass die Mitgliedschaft im Interesse des betrieblichen Friedens unabdingbar sei. Erst nach meiner Intervention erfolgte die Versetzung.

Dass das Meinungsbild an der Basis offensichtlich differenzierter – und realistischer – ist, als es Funktionäre vermitteln, zeigt eine kleine Begebenheit. Nachdem ich in einer Betriebsversammlung gegen die 35-Stunden-Woche Stellung bezogen hatte, sagten mir Mitarbeiter in der vom Werksorchester verschönten Pause: »Denen haben Sie es aber gegeben.«

Bei aller Kritik soll hier nicht der Eindruck erweckt werden, dass starke, durchsetzungsfähige Betriebsräte oder Vertrauensleute überflüssig wären und wir nicht in den vom Gesetzgeber gesetzten Grenzen gut zusammenarbeiten würden. Arbeitnehmervertreter zeichnet aus, dass sie mit den Realitäten an der Basis auf das Engste vertraut sind. Sie müssen zudem auf vielen Gebieten überdurchschnittlich sein, informieren und in allen Richtungen beraten und vermitteln. Konflikte können dadurch oft bereits im Ansatz vermieden werden. In Großbetrieben lösen sie überdies für den Einzelnen die Anonymität auf. Die Interessen der IG Metall dürfen aber die des jeweiligen Unternehmens nicht überlagern. Wie bei Toyota, sollte sich die Betriebsratsarbeit stets an der Sicherung des langfristigen Unternehmenserfolgs ausrichten, nicht aber an den Vorgaben der Gewerkschaftszentrale.

Der Weg über den Vertrauensmann und Betriebsrat ist für Begabte meist eine der wenigen Möglichkeiten von der Basis nach oben. Das schließt Führungspositionen im Unternehmen nicht aus. Für verdiente Betriebsräte der IG Metall oder Funktionäre anderer Gewerkschaften, die auf ihrer Schiene kein Weiterkommen mehr finden können, stellt diese Option einen Fallschirm dar. Das muss per se kein Negativum sein. Der Bogen scheint allerdings überspannt, wenn diese Verfahrensweise zur Routine wird und auch SPD-Funktionäre oder im Extremfall sogar Ex-Regierungschefs versorgt werden.

Trotz eines paritätischen Einflusses im Aufsichtsrat auf das gesamte Unternehmensgeschehen ist die Grundphilosophie der IG Metall unverändert auf die Konfrontationstheorie ausgelegt. Begründet auf einer 150-jährigen sozialistischen Tradition in Deutschland übernimmt sie die Schutzfunktion vor dem ausbeutenden Kapital und tönt, alle je erzielten Errungenschaften exklusiv erkämpft und zementiert zu haben. Geschlossenheit gegenüber dem Kapital heißt die Parole an die Mitglieder, obwohl die IG-Metall-Vertreter im Aufsichtsrat den Vorstand mitbestellen und kontrollieren, seine Vergütung festlegen, Strategien und Planungen genehmigen und die Kostensituation des Unternehmens ebenso gut kennen wie der Vorstand.

In einem mitbestimmten Aufsichtsrat deutscher Prägung trifft in aller Regel eine homogene, zentral gesteuerte und bestens geschulte Arbeitnehmerseite auf eine heterogen zusammengesetzte Kapitalseite. Bei VW kommt dieses Gremium vier- oder fünfmal im Jahr in Wolfsburg zu einer im Durchschnitt sechsstündigen Sitzung zusammen. Die Arbeit des Kontrollorgans wird dabei entscheidend durch sein Präsidium[73] gesteuert, zu dem in der Regel der Vorstandsvorsitzende hinzugezogen wird.

Angesichts der wachsenden Komplexität der zur Entscheidung anstehenden Themen halte ich es für dringend geboten, die Frequenz von Aufsichtsratssitzungen zu erhöhen. Auf diese Weise wäre schon viel für die Arbeit und das bessere Ver-

[73] Das Präsidium des VW-Aufsichtsrats umfasst vier Mitglieder: zwei Arbeitnehmervertreter, in der Regel den IG-Metall-Vorsitzenden und den Vorsitzenden des Konzernbetriebsrats sowie zwei Vertreter der Anteilseignerseite, darunter einen Vertreter des Landes Niedersachsen. Die Anteilseignerseite stellt außerdem den Vorsitzenden des Präsidiums.

trautwerden der einzelnen Mitglieder der Kapitalseite mit dem Unternehmen und seinen Märkten gewonnen. In US-Boards dauern Strategiesitzungen mitunter mehrere Tage, normale Sitzungen immer häufiger zwei oder drei. Mit einem verkleinerten Kontrollgremium würde man darüber hinaus die Effizienz des heutigen Aufsichtsratspräsidiums erreichen.

Im Falle des VW-Aufsichtsrats bleiben den Vertretern der Anteilseigner während der Dauer ihres Mandats die leitenden Mitarbeiter unterhalb der Vorstandsebene genauso fremd wie die Personalentwicklungspläne für Führungskräfte. Auch kennt von ihnen in der Regel niemand eine Fabrik von innen, einschließlich der in Wolfsburg. Es sollte meines Erachtens aber gerade zu den Kernaufgaben des Aufsichtsrats gehören, die Heranbildung zukünftiger Führungskräfte und damit auch Vorstände zu betreuen. So würde vermieden, Außenstehende in die Unternehmensspitze berufen zu müssen, die dann en passant einen Konzern mit fast 350 000 über den gesamten Erdball verteilten Mitarbeitern kennen und verstehen lernen sollen.

Eine langfristig angelegte Personalpolitik zur Identifizierung und Förderung von Führungskräften mit globaler Erfahrung, regelmäßig mit dem Aufsichtsrat beraten, würde die Gefahr ausschließen, dass das Potenzial unserer Mitarbeiter verkannt wird. Auch dürfen die vom Unternehmenserfolg so direkt abhängigen Händler und Lieferanten nicht zu Fremden im eigenen Haus werden. Keinesfalls dürfen sich die unschätzbaren, teils über Generationen gewachsenen menschlichen Texturen in der Anonymität auflösen. Denn gerade im Zeitalter der Informationsrevolution sind menschliche Netzwerke zu einem unersetzlichen Kapital geworden, das in schwierigen Zeiten Berge versetzen kann.

Das besagt natürlich nicht, dass es manchmal sehr befruchtend wirkt, Quereinsteiger mit erstklassiger Qualifikation für das Unternehmen zu gewinnen. José Ignacio López, unter Piëch zuständig für den Bereich Produktionsoptimierung und Beschaffung, ist ein herausragendes Beispiel dafür. Er hat zu seiner aktiven Zeit nicht nur VW, sondern Europas Industrie wie kein Zweiter Impulse gegeben. Heute dient er vorzugsweise als plausibel anmutende Ausrede für Fehlleistungen. Auch Wolfgang Bernhard, seit Mitte 2005 neuer VW-Markenchef, gehört sicherlich zu den wichtigen Ausnahmen.

Das auf Konsens aufbauende deutsche Mitbestimmungsmodell erweist sich unter den herrschenden globalen Wettbewerbsverhältnissen als nicht mehr zeitgemäß. Die Zeche dafür zahlen acht Millionen Mitbürger plus ihrer Familien. Für die Zukunftssicherung von Unternehmen und damit den Erhalt von Arbeitsplätzen ist eine objektive, unpolitische, das heißt unvoreingenommene und höchst professionelle Personalpolitik eine Conditio sine qua non. Nur sie vermag die globalen geistigen Ressourcen erfolgreich zu mobilisieren. Eine Schlüsselrolle spielt deshalb der Personalvorstand, der die Richtlinien einer solchen Politik entscheidend bestimmt und kontrolliert, durch seine Selektionspolitik das Unternehmen formt. Bei VW wird diese Position, wie man es auch aus montan-mitbestimmten Unternehmen kennt, für gewöhnlich mit einem IG-Metall-Funktionär besetzt. Als so genannter Arbeitsdirektor befindet sich dieses gleichberechtigte Vorstandsmitglied automatisch in einer vom Gesetzgeber geschaffenen Konfliktsituation an einer der kritischsten Schnittstellen der Mitbestimmung. Mit den aktienrechtlichen Pflichten eines Vorstands lässt sich diese Funktion kaum vereinbaren und bedarf deshalb dringend einer Korrektur durch den Gesetzgeber.

Wie die Erfahrung zeigt, mangelt es Arbeitsdirektoren, als den Exponenten der Mitbestimmung, nicht selten auch an der notwendigen Qualifikation und globalen Erfahrung für die Ausübung der zentralen Managementfunktion eines Personalvorstands. Im weltweiten Wettbewerb um Wissen und Ideen bedeutet das ein existenzielles Handicap. Schreckt es nicht gerade hoch qualifizierte Bewerber von einer Laufbahn im Personalwesen ab, wenn diese über ein ganzes Berufsleben hinweg von einem Vertreter der IG-Metall-Politik bestimmt wird und überdies die Spitzenposition – völlig undemokratisch – von vornherein blockiert ist?

Um unser Land als Investitionsstandort wieder attraktiver zu machen, brauchen wir neben einer wettbewerbsfähigen Steuergesetzgebung dringend auch eine Neugestaltung unserer Corporate Governance. Es bleibt deshalb zu hoffen, dass es der von der Regierung eingesetzten Mitbestimmungskommission unter der Leitung von Kurt Biedenkopf gelingt, längst überfällige Anpassungen vorzunehmen, um das deutsche System in einem erweiterten europäischen Markt wetterfest zu machen für die Stürme eines sich zunehmend verschärfenden globalen Wettbewerbs.

Wenn auch das einstufige angelsächsische Board-System keinesfalls perfekt ist, so ist es doch realitätsnäher und effizienter.[74] Die Tatsache, dass sechs der zehn größten US-Unternehmen erst nach 1968 gegründet worden sind, unterstreicht das. Sie alle entstanden in Zukunftsindustrien. Während wir uns in Deutschland akribisch mit den Gefahren neuer Technologien befassten – die IG Metall warnte zu Beginn des Elektronikzeitalters vor dem Verlust von über drei Millionen Arbeitsplätzen –, hat allein die Informationstechnologie in den USA mehr Beschäftigung geschaffen als die Automobil- und Stahlindustrie zusammen. Es gibt wohl kaum ein überzeugenderes Beispiel für die systemimmanente Dynamik angelsächsischer Corporate Governance.

Das Aufsichtsrats- und Mitbestimmungsthema, im Kern ein Eigentümerthema, ist mit unseren wirtschaftspolitischen und politischen Hypotheken und Denkweisen eng verflochten. Es bleibt jedoch schwierig, grundlegende Korrekturen durchzuführen, solange die Mehrheit unserer Mitbürger die Gesetzmäßigkeiten der Marktwirtschaft und Globalisierung noch nicht verinnerlicht hat. Bereits in der Schule gilt es anzusetzen,

[74] US-Treuhandgesellschaften sind nach neuer Gesetzgebung zu einem wichtigen, disziplinierenden Element für das amerikanische Board-System geworden.

wollen wir Mehrheiten für eine realistische Reform- und Wirtschaftspolitik finden.

* * *

Einzigartig in der deutschen Corporate Governance ist das VW-Gesetz in seiner vermeintlichen Schutzfunktion für Menschen und Standorte. So beschränkt der Paragraf 2 des »Gesetzes über die Überführung der Anteilsrechte an der Volkswagenwerk Gesellschaft mit beschränkter Haftung in private Hand«, heute vereinfacht VW-Gesetz genannt, das Stimmrecht von Aktionären auf 20 Prozent, selbst wenn ein Aktionär über mehr stimmberechtigte Aktien verfügt. Das Land Niedersachsen besitzt infolgedessen mit seinem knapp 20-prozentigen Anteil am stimmberechtigten Kapital von Volkswagen eine dominante Stellung. Da nach dem VW-Gesetz bei Beschlüssen der Hauptversammlung, für die das Aktiengesetz eine Dreiviertelmehrheit vorsieht, eine Mehrheit von mehr als 80 Prozent des vertretenen Grundkapitals erforderlich ist, kann das Land de facto nicht überstimmt werden. Das VW-Gesetz gewährt dem Land Niedersachsen darüber hinaus zwei Aufsichtsratsmandate, selbst wenn es lediglich eine einzige Aktie besäße.

Das Größenverhältnis von Niedersachsen zum Volkswagen-Konzern zeigt allerdings, dass im Notfall keine Zugmaschine in Deutschland existierte, schon gar nicht in Niedersachsen, die VW aus dem Straßengraben ziehen könnte. Aber gerade das VW-Gesetz dient als scharfe politische Munition, nachdem die Menschen in Niedersachsen von seiner absoluten Schutzfunktion überzeugt wurden. Keine der Landesparteien konnte es bisher wagen, dagegen auch nur geringste Zweifel anzumelden. So nährt das vermeintliche Schutzgesetz eine gefährliche Vollkaskomentalität ohne Deckung.

Gäbe es keine solche VW-Gesetzgebung, wäre eine arbeitsplatzsichernde, realistische Personalpolitik möglich. Zugleich würde eine wohl recht dramatische Neubewertung der VW-Aktie nach oben eingeleitet, was eine bessere Sicherung gegen feindliche Übernahmen darstellte. Letzten Endes kann aber weder der Aktienkurs noch das VW-Gesetz einen absoluten Schutz vor feindlichen Übernahmen gewährleisten. Die denkbar beste Sicherung besteht in überlegener Wettbewerbsstärke als Treibstoff einer expansiven Unternehmenspolitik.

* * *

Bei VW konnte in der Phase der weltwirtschaftlichen Evolution und der chronischen deutschen Stagnation die 28,8-Stunden-Woche ihr zehnjähriges Jubiläum feiern. Da durch sie damals angeblich die Entlassung von 30 000 Mitarbeitern verhindert wurde, war ihre Einführung 1994 allseits begrüßt worden. Die Belegschaft hatte dafür Opfer in Form von Einkommenseinbußen zu erbringen, die zwar zu deutlichen Einsparungen für das Unternehmen führten, aber nicht zu einer Senkung der Lohn-/Stundenkosten, im Gegenteil. Sich von dieser VW-spezifischen Arbeitszeitregelung bald zu lösen, wird deshalb für die Belegschaft zu einer Existenzfrage. Angesichts des wachsenden Preisdrucks, der zunehmenden Austauschbarkeit der Produktionsstandorte und der inzwischen globalen Souveränität des Kunden kann sich VW die 28,8-Stunden-Woche noch weniger leisten als Deutschland die 35-Stunden-Woche.

Noch verlässt sich die Gewerkschaft auf die direkte und indirekte Subventionierung der deutschen Arbeitskosten durch die erfolgreichen Gesellschaften oder Zulieferer im europäischen Ausland und China und begründet dies in einer globalen Welt mit gottgegebenen Privilegien Deutschlands. Kein Politiker bei uns scheint überdies beunruhigt über die strategischen Konsequenzen, die das Erscheinen des ersten Mittelklassepersonenwagens aus chinesischer Fertigung auf dem europäischen Markt impliziert. Entworfen von Giugiaro und angeboten zum Preis eines Kleinwagens, feierte das Fahrzeug auf der *Automobil International* (Ami) in Leipzig sein internationales Debüt.

Während heute die Länder des Mittleren Ostens chinesischen Herstellern noch als Testmarkt für Exporte in den Westen dienen, verkündete unlängst der ambitionierteste unter ihnen,

Chery, bereits ab 2007 auf dem US-Markt jährlich 250 000 Fahrzeuge verkaufen zu wollen. Gedacht ist dabei nicht etwa an Billigangebote im Kleinwagensegment, sondern an Fahrzeuge für den Premium-Markt, zu Preisen, die um etwa ein Drittel unter denen der Wettbewerber liegen sollen. Gehen diese ehrgeizigen Planungen auf, würde das in der Autobranche Preiserosionen zur Folge haben, vergleichbar denen bei elektronischen Konsumgütern in den letzten Jahren, ausgelöst ebenfalls durch chinesische Anbieter.

Vor 20 Jahren hatte man den Auftritt der ersten koreanischen Fahrzeuge bei uns mit dem Argument einer unzureichenden Qualität noch belächelt. Nicht anders war es japanischen Fahrzeugen weitere 20 Jahre zuvor ergangen. Heute sind koreanische Automobilhersteller die schnellstwachsenden Anbieter auf den Weltmärkten geworden. Vieles spricht dafür, dass die chinesischen Hersteller es ihnen gleichtun werden, allerdings im Zeitraffertempo. Das wird einen Ausleseprozess einleiten, auf den wir uns mit aller Konsequenz vorzubereiten haben. Die Zeit des Reagierens ist längst vorbei, antizipatives Handeln ist gefragt. Die Aufgabenstellung könnte also klarer nicht sein.

Der renommierte Genfer Unternehmensberater Frank-Jürgen Richter zeichnete in der »Frankfurter Allgemeinen« vom 22. Juni 2005 ein Menetekel an die Wand, das uns die Ernsthaftigkeit der Lage nicht deutlicher vor Augen führen könnte: »Die Chinesen kaufen Technologie und Marken – aber sicherlich keine Arbeitskräfte in Deutschland … Wolfsburg wird in der nächsten Dekade als Industriestandort verschwinden. Es gibt keine Möglichkeit, Automobile wie den Golf in einem Hochlohnland wie Deutschland in Konkurrenz etwa zu China zu fertigen.«

Als Wolfsburger bin ich aber überzeugt, dass wir uns nicht in ein solches Schicksal fügen, sondern es offensiv in die Hand nehmen werden, um die düstere Prophezeiung zu widerlegen. Im Klartext bedeutet das für uns, die Realitäten ohne Abstriche anzuerkennen.

*tarifliche Jahresarbeitszeit abzgl. in die Arbeitswoche fallende gesetzliche Feiertage; Japan und USA: 2002; Quellen: WEM, US-Departement of Labour, Statistics of Japan

Verantwortlich für die hohe Arbeitslosigkeit in Deutschland sind nicht mehr konkurrenzfähige Arbeitsplätze. Grundlegende Ursache dafür ist eine primär an ihrer Wiederwahl orientierte Sozial-, Finanz- und Wirtschaftspolitik. Seit nunmehr über 30 Jahren bekämpfen wir die Geißel Arbeitslosigkeit mit einer völlig falschen Medizin und daher erfolglos. Das hat uns bislang aber nicht veranlasst, auf unserem Weg umzukehren. Konsequenz ist, dass in immer weniger Arbeitsstunden immer mehr Gemeinkosten des Unternehmens und der Gemeinwesen, einschließlich der Sozialversicherungen, verdient und in den Preisen untergebracht werden müssen. Die deutschen Bruttoeinkommen liegen international an der Spitze, netto bleibt dem Einzelnen aber immer weniger übrig. Viel Tinte wurde in dieser Zeit bei uns darauf verschwendet, wissenschaftlich zu untermauern, dass der Gesellschaft aufgrund des technologischen Fortschritts unaufhaltsam die Arbeit ausginge. In Wirklichkeit wurde jedoch immer mehr Arbeit – und zwar in noch nie da gewesener Größenordnung und Qualität – nachgefragt, allerdings zu wettbewerbsfähigen Preisen.

Während Deutschland die Arbeitszeit deutlich verringerte,

wurde sie in den USA im gleichen Maße erhöht. Entsprechend groß waren die Einbußen unserer Wirtschaftskraft, deren zentraler Motor der Faktor Arbeit ist und bleibt. Im Verhältnis zu den USA fielen wir qua Arbeitszeit um fast 20 Prozent zurück. Die US-Wirtschaft vermochte sich durch die Arbeitszeitverlängerung aus einer Phase des Niedergangs zu lösen und entwickelte, unterstützt durch Restrukturierungen in den Unternehmen und dank der Flexibilität der Beschäftigten, eine nie da gewesene Dynamik, mit kräftigen Impulsen für die Weltwirtschaft und den eigenen Arbeitsmarkt.

Was also ist zu tun? Mein Vorschlag lautet: Da niemand netto weniger verdienen will und soll, laut Hartz im Falle VW aber eine Reduzierung der Arbeitskosten um 30 Prozent notwendig ist, müssen wir für das gleiche Geld wie bisher länger und härter arbeiten. Das VW-Projekt »5000 × 5000« zur Fertigung des VW-Touran sowie Neueinstellungen zu besonderen Bedingungen sind generell erste Schritte in die richtige Richtung, die aber nur eine Minorität betreffen. Die Welt wird nicht auf uns warten. Während einer Übergangsperiode wird ein größerer Arbeitskräfteüberhang nicht zu vermeiden sein. Handeln wir jedoch nicht, fallen wesentlich mehr Arbeitsplätze weg, und zwar ohne jede Chance auf zukünftigen Zuwachs.

Grundsätzlich muss endlich ein nicht nur rhetorischer Ruck durch das Land gehen, um Auftriebskräfte und Zuversicht zu mobilisieren, eine neue Preis- und Angebotspolitik zu ermöglichen und um die Kumulierung unserer angesammelten Nachteile zu beseitigen. Die zusätzlichen, ohne Lohnausgleich gearbeiteten Stunden würden das deutsche Lohnnebenkostenniveau pro Arbeitsstunde in der gesamten Prozesskette und für alle Produkte und Dienstleistungen deutlich herabsetzen, was mit den in der Politik diskutierten Bruchteilen von Prozentsätzen bei weitem nicht zu realisieren ist. Gleichzeitig ließe sich dadurch auch eine Reduzierung des Outsourcing erreichen.

Mir erscheint in diesem Zusammenhang die Schweiz als Vorbild: Das vierte Mal in 20 Jahren hatte der Schweizer Stimmbürger im März 2002 mit einer Mehrheit von 75 Prozent die gesetzliche Regelarbeitszeit von 42 Stunden pro Woche bestätigt, bei drei Wochen Urlaub und einem Einkommensniveau, das in etwa dem deutschen entspricht.[75] Auch ein anderer Garant des wirtschaftlichen Erfolgs der Schweiz scheint bei uns weitgehend unbekannt: das bereits angesprochene »Schweizer Friedensabkommen« aus dem Jahre 1937 mit seinem Verzicht auf Streiks und Aussperrungen.[76]

Zerstören wir den Sozialstaat, wenn wir so viel wie unsere Schweizer Nachbarn arbeiten und verdienen, oder zerstören wir ihn durch unsere heutige Schuldenanhäufung und mangelnde Wettbewerbsfähigkeit? Die Schweiz wurde im Verhältnis zu uns zu einem Niedrigkostenland, mit geordneten Finanzen und Vollbeschäftigung sowie, anders als in Deutschland, höchst zufriedenen Bürgern.

Teilte man die Kosten unseres Sozialsystems und des Gemeinwesens ebenso wie die Gemeinkosten des Unternehmens und die Einkommen nicht mehr durch 35 Wochenstunden, sondern, wie die Schweizer, durch 42, also 20 Prozent mehr – gemessen an der Wolfsburger 28,8-Stunden-Woche wären es sogar gut 45 Prozent mehr –, erreichte man wieder konkurrenzfähige Lohnkosten sowie ein durchgängig niedrigeres Preisniveau für deutsche Produkte und ihren legendären Ruf. Die längere Arbeitszeit würde gleichzeitig die Entwicklungsgeschwindigkeit von Produkten erhöhen. Abgesehen von der wöchentlichen Arbeitszeitverlängerung erzwingt die demografische Entwicklung Deutschlands auch eine Ausweitung der Lebensarbeitszeit, die von einer zielgerichteten, selektiven Zu-

---

[75] Der Schweizer Gesetzgeber gestattet eine Wochenarbeitszeit von maximal 60 Stunden, die Europäische Union von 48 Stunden.
In der Schweiz liegt die Arbeitslosigkeit bei etwa vier Prozent, während gleichzeitig die Erwerbsquote unter den 15- bis 64-Jährigen um mehr als zehn Prozent über der in Deutschland liegt.

[76] Vgl. Kapitel 1, »Wurzeln, Ausbildungsjahre, …«, S. 24.

wanderungspolitik begleitet werden muss. Angesichts der deutlich gestiegenen Lebenserwartung unserer Mitbürger sollte eine geringfügige Verlängerung der Lebensarbeitszeit kein allzu großes Opfer bedeuten.

Unter dem Strich ließe sich durch ein solches Bündel von Maßnahmen – zusätzlich ergänzt durch einen schrittweisen Übergang von der umlagefinanzierten zur kapitalgedeckten Rente – die Kaufkraft unserer Bürger spürbar erhöhen. Das würde nicht nur die öffentlichen Haushalte entlasten, sondern gleichzeitig auch der Inlandsnachfrage neues Momentum verleihen, mit entsprechenden Impulsen für den Arbeitsmarkt. Bereits ein Wirtschaftswachstum von einem Prozent bedeutete in Deutschland unter normalen Umständen 400 000 zusätzliche Arbeitsplätze.

Als Voraussetzung für eine Korrektur unseres jahrzehntelang fehlgelenkten Denkens und Handelns benötigen wir neue Dialogformen. Auf der Arbeitnehmerseite mangelt es weder am Willen noch am Können, nur an der ungeschminkten Verbreitung der Realitäten. Ostdeutschland hat uns in vieler Hinsicht den Weg gezeigt.[77]

Der Zeitpunkt für einen Richtungswechsel könnte kaum besser gewählt sein. Denn China und Indien, mit ihren rund 2,4 Milliarden Menschen, stehen an der Schwelle einer beispiellosen Expansion, von der mehr und mehr auch Russland mit seinen intellektuellen und materiellen Reichtümern erfasst wird. Damit eröffnet sich für uns ein gewaltiges Nachfragepotenzial, besonders in jenen Industriezweigen, in denen wir traditionell stark sind.

---

[77] Ein Vergleich der Lebensstandards in Ost- und Westdeutschland durch das Institut für Wirtschaft und Gesellschaft (IWG), Bonn, Professor Miegel, verdeutlicht, dass mit nominal geringeren Einkommen – sie sind in Ostdeutschland um etwa ein Sechstel niedriger als in Westdeutschland – nicht zwangsläufig ein entsprechender Wohlstandsverlust verbunden sein muss. Grund dafür sind die gleichzeitig niedrigeren ostdeutschen Lebenshaltungskosten, die für eine weitgehende Nivellierung von Kaufkraft und Lebensstandard in Ost und West sorgen.

Asien wird aber auch ein noch nie da gewesenes Tempo des wissenschaftlichen und technischen Fortschritts einläuten, beschleunigt durch die Informationsindustrie. Das bedeutet eine entsprechende Verschärfung des Wettbewerbs, auf die es sich rechtzeitig einzustellen gilt, wenn wir die Entwicklung in den Wachstumsregionen der Welt nicht an der Peripherie mehr und mehr als Zuschauer erleben wollen.[78]

* * *

Deutschland verkündet, gleich zehn Eliteuniversitäten auf einmal per Dekret aus dem Boden stampfen zu wollen, ohne den Weg zu diesem Ziel erkundet zu haben. Unsere führenden Universitäten, wie die TU München oder die Humboldt-Universität Berlin, rangieren in internationalen Rankings »unter ferner liefen«. Die amerikanische Phalanx der zehn Top-Universitäten weltweit wird lediglich von Oxford und Cambridge durchbrochen. Auch unter den 40 führenden europäischen Managementschulen findet sich gerade mal eine deutsche im Mittelfeld.[79]

Ein Schwellenland wie Indien demonstriert uns, wie Eliteuniversitäten geschaffen oder Elitemanagement Universitäten entstehen, bald sogar mit Dependancen nicht nur in Singapur. Wen verwundert es da noch, dass zehn Prozent der Harvard-Professoren Inder sind! Als größte Englisch sprechende Nation ist der Subkontinent Indien vernetzt mit der ganzen Welt und hat in der Informationsindustrie auf vielen Gebieten eine Schrittmacherfunktion übernommen.[80]

Wäre es für uns in Deutschland nicht realistischer, in einer Nach-PISA-Zeit zunächst mit dem Keller unseres Bildungs-

---

[78] In der »EU 25« leben heute rund 456 Millionen Menschen, etwa sieben Prozent der Weltbevölkerung. Es ist davon auszugehen, dass sich dieser Anteil in Zukunft weiter verringern wird.

[79] Financial Times, 6. September 2004; angeführt wird die Liste vom spanischen Instituto de Impresa, dessen internationalem Board ich angehöre.

[80] Das IIT (Indien Institute of Technology), New Delhi, ist eine von sechs Eliteuniversitäten. Das IIM (Indien Institute of Management), Bangalore, wird in Kürze eine Zweigniederlassung in Singapur eröffnen.

hauses zu beginnen, anstatt mit dem Dach? Der Mensch ist zu keinem Zeitpunkt aufnahme- und lernfähiger als etwa ab dem dritten Lebensjahr, was wir in unserem Erziehungssystem ignorieren. Lesen, Schreiben oder Fremdsprachen spielerisch zu erlernen, bereitet Kindern nicht nur Freude und stillt ihren Wissensdurst und Ehrgeiz, sondern trainiert, sprich entwickelt ihr Gehirn. Kein Erwachsener kann, wie wir alle wissen, mit der Lerngeschwindigkeit eines Kindes Schritt halten. Hören wir also auf, die wertvollsten Entwicklungsjahre unserer Kinder zu verschwenden. Es würde dann nur einen kleinen Schritt bedeuten, um auf Wunsch der Eltern die Grundschule bereits mit fünf Jahren zu beginnen und die Schulausbildung, wie in England beispielsweise, mit 16, 17 Jahren zu beenden. Der Abschluss der Ausbildung ließe sich auf diese Weise um einige Jahre vorziehen, was wiederum helfen würde, unsere demografischen Nachteile zu entschärfen und unsere Rentenkasse entscheidend zu entlasten.

Bilden wir entsprechend auch die Erzieher aus, um damit die Fundamente für eine Gesellschaft des 21. Jahrhunderts zu schaffen, die zu Recht mit Elan und Zuversicht in die Welt treten kann. Noch sind Deutschland und Österreich die beiden einzigen Länder Europas, die für die Kindergartenbetreuung keine Hochschulausbildung fordern.[81]

Eine rühmliche Ausnahme bildet der Freistaat Sachsen. Dort wurde der dringende Reformbedarf in der frühkindlichen Erziehung erkannt, und das Kultusministerium plant in enger Zusammenarbeit mit den Ministerien für Wissenschaft und Soziales die Einführung eines Studienabschlusses für Erzieherinnen und Erzieher. Nach einer Übergangszeit von fünf Jahren werden in Sachsen alle Leiter von Kindertageseinrichtungen ein Pädagogikstudium vorzuweisen haben, ein Beispiel, das in ganz Deutschland Schule machen sollte.

---

81 Vgl. Jürgen Kluge, Schluss mit der Bildungsmisere – Ein Sanierungskonzept, S. 16.

Eine erstklassige Bildung stellt die beste soziale Errungenschaft und Absicherung für unsere Menschen, für unsere Werte und für unsere Demokratie dar. Dabei geht es auch um das Abitur für jedermann, nachdem wir trotz einer bisher exklusiven Gebührenfreiheit – also so gut wie automatischen Stipendien à fond perdu – eine unverhältnismäßig niedrige Abiturienten- wie auch Akademikerquote aufweisen. Wenn wir überdies unsere Universitäten privatisierten und nach Wettbewerbsprinzipien organisierten, flankiert von adäquaten Stipendienprogrammen, bräuchten wir uns in Deutschland um die Entwicklung von Eliteuniversitäten keine Sorgen zu machen. Bereits zur internationalen Spitze zählende deutsche Fakultäten zeigen uns den Weg.

Die besten Köpfe der Welt gehen heute auf angelsächsische Elitehochschulen, so wie noch bis Anfang der 30er-Jahre nach Deutschland. Diese angelsächsischen Schulen haben sich über Jahrhunderte herauskristallisiert. Sie sind nicht das Ergebnis von Kabinettsbeschlüssen, sondern von Elitebewusstsein und Eliteanerkennung. Beides ist auch bei uns vonnöten, wenn man dies vorerst auch nur schüchtern anerkennt. Schließlich bestimmen die Eliten eines Landes seine internationale Rangordnung.

Wir dürfen auf dem Bildungssektor keine weitere Zeit mit in der Vergangenheit verwurzelten Kommissionen verlieren, bei gleichzeitig dramatischen Ausgaben. Es ist mehr als deprimierend, dass wir unsere bildungspolitischen Schwächen erst von außen vorgehalten bekommen mussten, obwohl an ideologisch gefärbten und schließlich fehlgeschlagenen Bildungsreformen in Deutschland Überfluss herrscht. Mangelnde Selbstkritik und die fehlende Bereitschaft, von anderen zu lernen, scheinen aber besondere Schwächen einer Nation zu sein, die über mehr als ein Jahrhundert Vorbild für die Welt gewesen ist.

Wir sollten folglich mit größter Sorgfalt registrieren und analysieren, was in der Welt geschieht, und daraus die notwendigen Konsequenzen für unser Bildungssystem ziehen, denn im Wettbewerb, gerade mit den jungen, aufstrebenden Wirtschaftsnationen dieser Welt, werden wir uns nur mit kreativen, besseren Antworten behaupten können.[82]

Bleiben wir jedoch realistisch: Vorausschauende strategische Entscheidungen benötigen Jahre, bis sie wirksam werden. Solange ein Viertel unserer Jugendlichen und damit 25 Prozent des Wählerpotenzials nur den niedrigsten Schulabschluss erreichen, muss man sich um unsere Demokratie sorgen.

* * *

Die Globalisierung wirkt disziplinierend und selektiv. Ineffizienz, Trägheit und mangelnde Flexibilität bestraft sie schonungslos, ohne Ansehen von Herkunft. Unser »Rheinisches Modell«, jahrzehntelang Vorbild für die Welt, hat dies schmerzlich erfahren, wie nicht nur der Blick auf die Arbeitslosenstatistik zeigt. Ohne kompromisslose Anpassungen an die Gesetze und Realitäten des Marktes bleibt uns der Weg zu wirtschaftlichem Wachstum und Prosperität versperrt. Der sich beschleunigende globale Wandel, politisch wie wirtschaftlich, verkürzt überdies dramatisch die Zeit, die uns zum Handeln bleibt. Je länger wir warten, desto schwieriger wird es, Rückstände aufzuholen oder auch nur den Abstieg zu bremsen. Letzten Endes wird uns die Welt als Nation nur entsprechend unserer Leistung entlohnen, nicht aber nach unseren Ansprüchen. Leere Parolen und überzogene Forderungen führen die Mitbürger in die Irre. Die soziale Komponente ist ein integraler Bestandteil unserer marktwirtschaftlichen Ordnung. Soziale Gerechtigkeit stößt allerdings an Grenzen, wenn sie mit Arbeitslosigkeit bezahlt werden muss und uns die Zukunft verbaut.

Zu einer grundlegenden Neuorientierung gehört neben allen Reformzwängen insbesondere auch jener Idealismus, der uns als Wirtschaftsnation einst stark gemacht hat. Andernfalls driften wir ab in eine Post-Religionszeit der geistigen Leere, in der

---

[82] Chinesische Mittelschüler beispielsweise besuchen die Schule täglich von 7.30 bis 12.00 Uhr, von 14.00 bis 17.00 Uhr und weiter von 19.30 bis 20.30 Uhr.

so manche unserer Bürger bereits resigniert angekommen zu sein scheinen. Nur mit einem Geist der Einkehr können wir Umkehr finden nach zu vielen Jahrzehnten auf dem falschen Weg. Wenn wir in Europa als Nation die von uns erwartete Rolle spielen wollen, benötigen wir die Kraft unserer traditionellen Werte, zu denen seit eh und je die Zehn Gebote gehören.

Papst Benedikt XVI. schrieb noch als Kardinal Ratzinger in der Weltbühne im Mai 2004 unter dem Titel »Europa ist krank«:

»Die Kinder, die doch unsere Zukunft sind, werden als Bedrohung der Gegenwart, als Einschränkung unserer Lebensqualität angesehen. In ihnen sieht man nicht die Hoffnungsträger, sondern eine Last für die Gegenwart. Der Vergleich mit dem zerfallenden Römischen Reich drängt sich auf: Der geschichtliche Rahmen funktionierte noch, als es bereits von denjenigen lebte, die seinen Zerfall herbeiführen würden, weil es seine Vitalität eingebüßt hatte. ... Der aktuelle Kampf der Kulturen hält Europa einen unangenehmen Spiegel vor. Denn er entlarvt seinen fehlenden Spiritualismus«.[83]

1989 glaubten wir mit dem Wegfall des Eisernen Vorhangs am Ende der Geschichte angelangt zu sein. Heute müssen wir allerdings feststellen, dass wir inmitten historischer Umwälzungen noch ganz anderer Dimensionen und Risiken stehen, sich Asien als neues Gravitationszentrum herausbildet. Im 19. und 20. Jahrhundert verlief der Wechsel von Vormachtstellungen in der Welt nie ohne Kriege, für die wir immer besser und nunmehr in globalen Dimensionen gerüstet sind. Beschleunigen wir deshalb die Realisierung des Traumes eines vereinten und handlungsfähigen Europas, anstelle ihn weiter zu gefährden. Andernfalls ist nicht nur die Rolle Deutschlands, sondern auch die eines zersplitterten Europas auf der politischen Weltbühne beendet.

Finden wir also zurück zu unseren Stärken, und handeln wir nach den Maximen, die sich nicht mit dem Zeitgeist ändern. Nur dann können die Epoche Europas und die Träume schon

---

[83] Aus Cicero, Magazin für politische Kultur, Mai 2005, S. 58 ff.

unserer Väter in Erfüllung gehen, die Victor Hugo auf dem Pariser Friedenskongress 1849 proklamierte:

»Ein Tag wird kommen, wo du Frankreich, du Deutschland, du England und ihr alle Nationen des Kontinents, ohne eure spezifischen Eigenschaften und glorreichen Individualitäten zu verlieren, alle aufgeht in einer größeren Einheit, indem ihr die europäische Brüderschaft gründet … Es wird einen Tag geben, wo es keine anderen Schlachtfelder mehr geben wird als die Märkte, die sich dem Handel öffnen, und die der Geister, die sich den Ideen öffnen.«[84]

---

[84] Eröffnungsrede Victor Hugos auf dem Zweiten Internationalen Friedenskongress in Paris, 1849; aus Victor Hugo, Douze discours, 1850.

Register

BILDNACHWEIS:

Audi Tradition, Ingolstadt: 38
Auto Motor und Sport, Stuttgart: 34, 80, 81
Hubert Burda Medien, Offenbach: 58
J. H. Darchinger, Bonn: 52 und Seite 2
Foto Jäger, Chemnitz: 75
Fotoatelier Granata, Rom: 77
Gerling, Köln: 70
Manfred Hensel, Wolfsburg: 53
Arturo Mari, L'Osservatore Romano, Citta' Del Vaticano: 76
Helge Mundt: 73
Photodesign Joachim Mottl: 28, 29
Porsche AG, Zuffenhausen 51
M. Povedano, Madrid: 40
Punctum Fotografie/Thilo Kühne: 74

Weitere: Volkswagen AG, Wolfsburg und privat.

Einige der verwendeten Fotos besitzen keinen Urhebervermerk.
Sofern ein Fotograf bzw. Rechteinhaber Urheberrechte beansprucht,
bittet der Verlag um Kontaktaufnahme.

Besuchen Sie uns im Internet!
www.signumverlag.de

Schutzumschlag: Wolfgang Heinzel
Foto: dpa, München
Grafiken: Martin Brinker, Hamburg
Satz: Fotosatz Völkl, Türkenfeld
Druck und Binden: GGP Media GmbH, Pößneck
Printed in Germany
ISBN 3-7766-8000-8